钢筋连接方法与实例

上官子昌　主编

金盾出版社

内 容 提 要

本书主要依据《钢筋机械连接技术规程》(JGJ 107—2016)、《钢筋焊接及验收规程》(JGJ 18—2012)、《钢筋连接用灌浆套筒》(JG/T 398—2012)、《冷轧带肋钢筋》(GB/T 13788—2017)等规范编写。本书共分为四章,详细地介绍了钢筋材料性能与加工、钢筋绑扎搭接方法、钢筋机械连接方法、钢筋焊接方法等内容。

本书内容丰富、语言精练、实用性强,可供相关从业人员以及相关专业院校的师生参考和使用。

图书在版编目(CIP)数据

钢筋连接方法与实例/上官子昌主编. — 北京:金盾出版社,2018.12
ISBN 978-7-5186-1233-8

Ⅰ.①钢… Ⅱ.上… Ⅲ.①钢筋-连接技术 Ⅳ.①TU755.3

中国版本图书馆 CIP 数据核字(2017)第 045327 号

金盾出版社出版、总发行
北京太平路 5 号(地铁万寿路站往南)
邮政编码:100036 电话:68214039 83219215
传真:68276683 网址:www.jdcbs.cn
封面印刷:双峰印刷装订有限公司
正文印刷:双峰印刷装订有限公司
装订:双峰印刷装订有限公司
各地新华书店经销
开本:705×1000 1/16 印张:16.5 字数:307 千字
2018 年 12 月第 1 版第 1 次印刷
印数:1~4 000 册 定价:52.00 元

钢筋连接方法与实例

编委会

主　编　上官子昌

委　员　徐　鑫　孙丽娜　成育芳　范桂清

　　　　李春娜　王昌丁　赵　慧　陶红梅

　　　　白雅君　于　涛

前　　言

随着我国建筑行业的快速发展,各种钢筋混凝土建筑大量的建造,工程建设的需要推动了钢筋连接技术的进步。本书依据《钢筋机械连接技术规程》(JGJ 107—2016)、《钢筋焊接及验收规程》(JGJ 18—2012)、《钢筋连接用灌浆套筒》(JG/T 398—2012)、《冷轧带肋钢筋》(GB/T 13788—2017)等规范进行编写。

通常将钢筋连接技术分为钢筋绑扎搭接、钢筋机械连接以及钢筋焊接。钢筋绑扎搭接是比较传统的连接技术,如今仍在某些条件下使用;钢筋机械连接技术是新兴的钢筋连接工艺;钢筋焊接在钢筋混凝土工程中应用较多。钢筋机械连接被称为继绑扎连接、电焊连接之后的"第三代钢筋接头技术",具有无污染、节省钢材等优点,因而在工程实践中得到广泛的应用。

本书可供钢筋工程技术人员参考使用,也可供相关院校的师生参考使用。

由于编者的经验和学识有限,虽尽心尽力,但仍不免有疏漏和不妥之处,恳请广大读者和有关专家提出宝贵的意见。

作者

目　　录

第一章　钢筋材料性能与加工 ……………………………………… 1

第一节　钢筋的分类 …………………………………………… 1

一、钢筋种类概述 …………………………………………… 1

二、热轧钢筋 ………………………………………………… 3

三、余热处理钢筋 …………………………………………… 5

四、冷拉钢筋 ………………………………………………… 7

五、冷轧带肋钢筋 …………………………………………… 8

第二节　钢筋的性能 …………………………………………… 10

一、物理性能 ………………………………………………… 10

二、化学性能 ………………………………………………… 11

三、力学性能 ………………………………………………… 12

第三节　钢筋的检验与保管 …………………………………… 16

一、钢筋的检验 ……………………………………………… 16

二、钢筋的保管 ……………………………………………… 19

第四节　钢筋的加工 …………………………………………… 20

一、钢筋除锈 ………………………………………………… 20

二、钢筋调直 ………………………………………………… 21

三、钢筋切断 ………………………………………………… 27

四、钢筋弯曲成型 …………………………………………… 33

五、钢筋冷拉 ………………………………………………… 41

六、钢筋冷拔 ………………………………………………… 45

第二章　钢筋绑扎搭接方法与实例 ……………………………… 48

第一节　钢筋绑扎基本知识 …………………………………… 48

一、基本概念 ………………………………………………… 48

二、基本原理 ………………………………………………… 48

三、使用范围 ………………………………………………… 48

四、钢筋绑扎搭接的传力机理 ……………………………… 49

五、钢筋绑扎搭接的工程应用 ……………………………… 50

第二节　钢筋绑扎工具 ………………………………………… 51

一、铅丝钩 ……………………………………………… 51

二、小撬棒 ……………………………………………… 51

三、起拱扳子 …………………………………………… 52

四、绑扎架 ……………………………………………… 52

第三节　钢筋绑扎方法及要求 ……………………………… 53

一、绑扎钢筋操作方法 ………………………………… 53

二、钢筋绑扎要求 ……………………………………… 55

第四节　钢筋绑扎连接 ……………………………………… 56

一、基础钢筋绑扎 ……………………………………… 56

二、柱钢筋绑扎 ………………………………………… 58

三、墙钢筋现场绑扎 …………………………………… 59

四、梁钢筋绑扎 ………………………………………… 59

五、板钢筋绑扎 ………………………………………… 60

六、现浇悬挑雨篷钢筋绑扎 …………………………… 61

七、肋形楼盖钢筋绑扎 ………………………………… 61

八、楼梯钢筋绑扎 ……………………………………… 61

第五节　钢筋绑扎连接实例 ………………………………… 62

第三章　钢筋机械连接方法与实例 ………………………… 64

第一节　钢筋机械连接基本知识 …………………………… 64

一、钢筋机械连接方法分类及适用范围 ……………… 64

二、钢筋机械连接接头的设计原则 …………………… 64

三、钢筋机械连接接头性能等级 ……………………… 65

四、钢筋机械连接接头的应用 ………………………… 66

五、钢筋机械连接的优点 ……………………………… 68

第二节　钢筋机械连接机具 ………………………………… 68

一、钢筋套筒挤压连接的设备 ………………………… 68

二、钢筋镦粗直螺纹的设备 …………………………… 77

三、钢筋锥螺纹套筒的设备 …………………………… 81

第三节　钢筋套筒挤压连接 ………………………………… 86

一、钢筋套筒挤压连接的基本原理 …………………… 86

二、钢筋套筒挤压连接的特点 ………………………… 86

三、钢筋套筒挤压连接的适用范围 …………………… 87

四、钢筋套筒挤压连接的工艺 ………………………… 87

第四节　钢筋镦粗直螺纹连接 ……………………………… 90

一、钢筋镦粗直螺纹的基本原理 ……………… 90

二、钢筋镦粗直螺纹的特点 ……………… 91

三、钢筋镦粗直螺纹的适用范围 ……………… 91

四、钢筋镦粗直螺纹的工艺 ……………… 92

第五节　带肋钢筋熔融金属填充接头连接 ……………… 103

一、带肋钢筋熔融金属填充接头连接的特点 ……………… 103

二、带肋钢筋熔融金属填充接头的适用范围 ……………… 103

三、带肋钢筋熔融金属填充接头连接工艺 ……………… 103

四、带肋钢筋熔融金属填充接头现场操作 ……………… 104

第六节　钢筋锥螺纹套筒连接 ……………… 105

一、钢筋锥螺纹套筒的基本原理 ……………… 105

二、钢筋锥螺纹套筒的特点 ……………… 105

三、钢筋锥螺纹套筒的适用范围 ……………… 106

四、钢筋锥螺纹套筒的工艺 ……………… 106

第七节　钢筋滚轧直螺纹连接 ……………… 107

一、钢筋滚轧直螺纹连接的基本原理 ……………… 107

二、钢筋滚轧直螺纹连接的特点 ……………… 107

三、钢筋滚轧直螺纹连接的适用范围 ……………… 108

四、钢筋滚轧直螺纹连接的工艺 ……………… 108

第八节　钢筋套筒灌浆连接 ……………… 111

一、钢筋套筒灌浆连接接头 ……………… 111

二、钢筋连接用灌浆套筒 ……………… 112

三、钢筋套筒连接用灌浆料 ……………… 117

第九节　钢筋机械连接的质量检验与验收 ……………… 118

一、钢筋套筒挤压接头的质量检验 ……………… 118

二、钢筋镦粗直螺纹接头的质量检验 ……………… 119

三、带肋钢筋熔融金属填充接头连接的质量检验 ……………… 120

四、钢筋滚轧直螺纹连接接头的质量检验 ……………… 121

五、钢筋套筒灌浆连接的检验与验收 ……………… 122

第十节　钢筋机械连接实例 ……………… 124

第四章　钢筋焊接方法与实例 ……………… 133

第一节　钢筋焊接基本知识 ……………… 133

一、钢筋焊接性能 ……………… 133

二、钢筋焊接的基本规定 ……………… 133

三、焊接安全 ……………………………………………… 139

第二节　钢筋焊接机具 ……………………………………… 140

一、电阻点焊的设备 ……………………………………… 140

二、钢筋闪光对焊的设备 ………………………………… 143

三、箍筋闪光对焊的设备 ………………………………… 148

四、钢筋电弧焊的设备 …………………………………… 150

五、钢筋气压焊的设备 …………………………………… 155

六、埋弧压力焊的设备 …………………………………… 167

七、预埋件钢筋埋弧螺柱焊的设备 ……………………… 169

八、电渣焊机具 …………………………………………… 171

第三节　钢筋电阻点焊 ……………………………………… 177

一、电阻点焊的特点 ……………………………………… 177

二、电阻点焊的适用范围 ………………………………… 178

三、交流弧焊电源 ………………………………………… 178

四、直流弧焊电源 ………………………………………… 183

五、焊条 …………………………………………………… 186

六、焊条电弧焊工艺 ……………………………………… 188

第四节　钢筋与箍筋闪光对焊 ……………………………… 193

一、钢筋闪光对焊的基本原理 …………………………… 193

二、钢筋闪光对焊的特点及适用范围 …………………… 196

三、钢筋闪光对焊的工艺 ………………………………… 196

四、特殊钢筋焊接 ………………………………………… 200

五、箍筋闪光对焊的特点 ………………………………… 201

六、箍筋闪光对焊的适用范围 …………………………… 202

七、箍筋闪光对焊的工艺 ………………………………… 203

第五节　钢筋电弧焊 ………………………………………… 204

一、钢筋电弧焊的特点和适用范围 ……………………… 204

二、钢筋电弧焊的工艺 …………………………………… 205

第六节　钢筋电渣压力焊 …………………………………… 211

一、钢筋电渣压力焊的基本原理 ………………………… 211

二、钢筋电渣压力焊的特点及适用范围 ………………… 211

三、钢筋电渣压力焊的工艺 ……………………………… 212

第七节　钢筋气压焊 ………………………………………… 217

一、钢筋气压焊的基本原理 ……………………………… 217

二、钢筋气压焊的特点及适用范围 ……………………… 217

三、钢筋气压焊的工艺 …………………………………… 217

四、固态气压焊 …………………………………………… 220

五、熔态气压焊 …………………………………………… 222

第八节　埋弧压力焊 ………………………………………… 224

一、埋弧压力焊的基本原理 ……………………………… 224

二、埋弧压力焊的特点 …………………………………… 225

三、埋弧压力焊的适用范围 ……………………………… 225

四、埋弧压力焊的工艺 …………………………………… 225

五、预埋件钢筋埋弧螺柱焊 ……………………………… 228

第九节　钢筋焊接的质量检验与验收 ……………………… 229

一、质量检验与验收基本规定 …………………………… 229

二、钢筋焊接骨架 ………………………………………… 231

三、钢筋电阻点焊的质量检验 …………………………… 232

四、钢筋焊接网的质量检验 ……………………………… 233

五、钢筋闪光对焊接头的质量检验 ……………………… 234

六、钢筋电弧焊接头的质量检验 ………………………… 236

七、钢筋电渣压力焊接头的质量检验 …………………… 237

八、钢筋气压焊接头的质量检验 ………………………… 238

九、埋弧压力焊接头的质量检验 ………………………… 239

第十节　钢筋焊接连接实例 ………………………………… 240

参考文献 ……………………………………………………… 251

第一章　钢筋材料性能与加工

第一节　钢筋的分类

一、钢筋种类概述

1. 钢材按化学成分分类

钢材的种类较多,但混凝土结构中使用的钢筋按化学成分可分为:碳素钢和合金钢两种。

(1)碳素钢

碳素钢是近代工业中使用最早、用量最大的基本材料。随着含碳量的增加,其强度、硬度增大,但塑性、韧性却减小。建筑中经常使用低碳钢。

$$
碳素钢
\begin{cases}
高碳钢 & 含碳量\ 0.6\%\sim1.4\% \\
中碳钢 & 含碳量\ 0.25\%\sim0.6\% \\
低碳钢 & 含碳量少于\ 0.25\%
\end{cases}
$$

(2)合金钢

在碳素钢中加入某些合金元素(如锰、钛、硅、钒)冶炼成的钢称为合金钢。这些钢中有些含碳量也很高,但由于加入了合金元素,不仅强度提高,而且其他的性能也有所改善。建筑上常用低合金钢。

$$
合金钢
\begin{cases}
高合金钢 & 含合金量10\%\ 以上 \\
中合金钢 & 含合金量3.5\%\sim10\% \\
低合金钢 & 含合金量少于3.5\%
\end{cases}
$$

2. 钢筋按生产工艺分类

钢筋按生产工艺可分为热轧钢筋、余热处理钢筋、冷拉钢筋、冷拔钢丝、碳素钢丝、刻痕钢丝、钢绞线、冷轧带肋钢筋、冷轧扭钢筋等。

(1)热轧钢筋

热轧钢筋是用加热钢坯轧成的条形钢筋。由轧钢厂经过热轧成材供应,钢筋直径一般为 5~50mm,分直条和盘条两种。

(2)余热处理钢筋

余热处理钢筋又称调质钢筋,是经热轧后立即穿水,进行表面控制冷却,然后利用芯部余热自身完成回火处理所得的成品钢筋,其外形一般为有肋的月牙肋,属热轧钢筋一类。

(3)冷加工钢筋

冷加工钢筋有冷拉钢筋和冷拔低碳钢丝两种。冷拉钢筋是将热轧钢筋在常温下进行强力拉伸使其强度提高的一种钢筋。钢丝有低碳钢丝和碳素钢丝两种。冷拔低碳钢丝由直径 6~8mm 的普通热轧圆盘条经多次冷拔而成,分甲、乙两个等级。冷拉钢筋和冷拔低碳钢丝已逐渐被淘汰。

(4)碳素钢丝

碳素钢丝是由优质高碳钢盘条经淬火、酸洗、拔制、回火等工艺而制成的。按生产工艺可分为冷拉及矫直回火两个品种。

(5)刻痕钢丝

刻痕钢丝是把热轧大直径高碳钢条加热,并经铅浴淬火,然后冷拔多次,钢丝表面再经过刻痕处理而制得的钢丝。

(6)钢绞线

钢绞线是把多根光面碳素钢丝在绞线机上进行捻合而成。

(7)冷轧带肋钢筋

冷轧带肋钢筋是用热轧盘条经多道冷轧减径,一道压肋并经消除内应力后形成的一种带有横肋的钢筋。

3. 钢筋按外形划分

(1)光面钢筋

光面钢筋其断面是圆形,表面没有刻纹,使用时应加弯钩。

(2)螺纹钢筋

螺纹钢筋是表面轧制成螺旋纹、人字纹,用以增大与混凝土的黏结力。

(3)精轧螺纹钢筋

钢号为 $40Si_2MnV$ 是精轧螺纹钢筋,是近年开发的预应力钢筋的新品种。

此外,还有刻痕钢丝、压波钢丝等。

4. 钢筋按屈服强度划分

钢筋按屈服强度可划分为 HPB300 级、HRB335 级、HRB400 级、HRB500 级钢筋以及 RRB400 级钢筋。其中,HPB300 级至 HRB500 级是热轧钢筋,RRB400 级钢筋是余热处理钢筋,它们的屈服强度见表 1-1。

5. 钢筋按供货类型划分

钢筋按供货类型可划分为盘圆钢筋(直径≤10mm)及直条钢筋(长度 6~

12m,根据需方要求,可按其他定尺供应)。

表 1-1 屈服强度

钢筋种类	屈服强度/MPa	抗拉强度/MPa
HPB300 级	300	370
HRB335 级	335	490
HRB400 级	400	570
HRB500 级	500	630
RRB400 级	440	600

6. 钢筋按在结构中的作用和形状划分

钢筋按在结构中的作用及形状划分为受拉钢筋、受压钢筋、弯起钢筋、预应力钢筋、分布筋、箍筋、架立筋、吊筋、锚固筋等。

二、热轧钢筋

1. 技术性能

热轧钢筋由于钢厂生产方式不同,供应时有盘圆钢筋及直条钢筋之分。盘圆钢筋(又称盘条),一般以盘圆形式供给,是直径在 10mm 以下的细钢筋及钢丝,每盘应由一条钢筋(或钢丝)组成;其要求应符合国家规定。直条钢筋是以直条形式供应,分为热轧光圆钢筋和热轧带肋钢筋,一般直径大于或等于 12mm,长度一般为 6～12m,如需特长钢筋,可同厂方协议;其要求应符合国家的相关规定。

(1)外形与质量

根据国家标准规定,钢筋混凝土结构中使用的钢筋可分为柔性钢筋和劲性钢筋。常用的普通钢筋都是柔性钢筋,其外形有光圆和带肋两类,带肋钢筋又分为等高肋和月牙肋两类,其外形如图 1-1 所示。

热轧光圆钢筋和带肋钢筋的直径、横截面面积与质量见表 1-2。

图 1-1 钢筋的外形图

表 1-2 热轧光圆钢筋和带肋钢筋的直径、横截面面积与质量表

公称直径/mm	公称横截面面积/mm²	公称质量(kg/m)
6	28.27	0.222
8	50.27	0.395
10	78.54	0.617
12	113.1	0.888
14	153.9	1.21

续表 1-2

公称直径/mm	公称横截面面积/mm²	公称质量(kg/m)
16	201.1	1.58
18	254.5	2.00
20	314.2	2.47
22	380.1	2.98
25	490.9	3.85
28	615.8	4.83
30	706.9	5.55
32	804.3	6.31
34	907.9	7.13
36	1017.9	7.99
40	1256.6	9.87
50	1964	15.42

注:质量允许偏差为 $\phi 6 \sim 12mm$ 为 $\pm 7\%$, $\phi 14 \sim 20mm$ 为 $\pm 5\%$, $\phi 22 \sim 40mm$ 为 $\pm 4\%$。

(2)钢筋的化学成分

钢筋的化学成分应符合表 1-3 的规定。

表 1-3　热轧钢筋的化学成分

表面形状	牌号	化学成分(%)不大于					
		C	Si	Mn	P	S	C_{eq}
					不大于		
光圆	HPB300	0.25	0.55	1.50	0.045	0.050	—
月牙肋	HRB335	0.25	0.80	1.60	0.045	0.045	0.52
	HRB400	0.25	0.80	1.60	0.045	0.045	0.54
	HRB500	0.25	0.80	1.60	0.045	0.045	0.55

(3)钢筋的力学性能与工艺性能

热轧钢筋按屈服强度(MPa)可分为:300、335、400、500 级四个等级。除 300 级钢筋为光圆钢筋外,其他均为变形钢筋。其中 400 级又分为热轧钢筋和余热处理钢筋两个种类,详见表 1-4 所示。

表 1-4　钢筋的等级

外形	强度等级代号	屈服强度/抗拉强度/MPa
光圆钢筋	HPB300	300/420
变形钢筋	HPB300	300/420

续表 1-4

外形	强度等级代号	屈服强度/抗拉强度/MPa
变形钢筋	HRB400	400/540
	RRB400	440/540
	HRB500	500/630

热轧钢筋的力学性能与工艺性能,应符合表 1-5 的规定。

表 1-5　热轧钢筋的力学性能与工艺性能

品种		强度等级代号	公称直径/mm	屈服点 R_{el}/MPa	抗拉强度 R_m/MPa	伸长率 A_5(%)	冷弯	
表面形状	钢筋级别			不小于			弯曲角度	弯心直径
光圆钢筋	300	HPB300	8～20	300	420	25	180°	d
月牙肋	335	HRB335	6～25	335	455	17	180°	$3d$
			28～50				180°	$4d$
			>40～50				180°	$5d$
	400	HRB400	6～25	400	540	16	180°	$4d$
			28～40				180°	$5d$
			>40～50				180°	$6d$
	500	HRB500	6～25	500	630	15	180°	$6d$
			28～40				180°	$7d$
			>40～50				180°	$8d$

2. 钢筋应用

①HPB300 级钢筋为热轧光圆钢筋,强度较低,塑性及焊接性能较好。其盘圆是加工冷拔低碳钢丝的原材料。

②HRB335 级钢筋强度、塑性、焊接等综合使用性均比较好,是应用最广泛的钢筋品种,主要用于普通钢筋混凝土结构和经过冷拉之后作预应力钢筋用。

③HRB400 级变形钢筋具有较高的强度,可直接在普通钢筋混凝土结构中使用,也可以经冷拉后用作预应力钢筋。

④HRB500 级钢筋强度较高,屈服强度特征值为 500MPa。

三、余热处理钢筋

余热处理钢筋是将热轧钢筋热轧后立即蘸水,使钢筋表面温度得到控制,然后利用钢筋芯部余热自身完成回火处理所得的成品钢筋。其表面形状同热轧月牙肋钢筋,强度相当于热轧钢筋的Ⅲ级。

余热处理钢筋又称调质钢筋,应符合《钢筋混凝土用余热处理钢筋》(GB 13014—2013)的规定。

1. 力学性能

①力学性能试验条件为交货状态或人工时效状态。在有争议时,试验条件按人工时效进行。

②钢筋的力学性能特性值应符合表 1-6 的规定。

表 1-6　余热处理钢筋的力学性能

牌号	R_{eL}/MPa	R_m/MPa	$A(\%)$	$A_{gt}(\%)$
	不小于			
RRB400	400	540	14	5.0
RRB500	500	630	13	
RRB400W	430	570	16	7.5

注:数据为时效后检验结果。

③直径 28～40mm 各牌号钢筋的断后伸长率 A 可降低 1%,直径大于 40mm 各牌号钢筋的断后伸长率可降低 2%。

④对于没有明显屈服强度的钢筋,屈服强度特性值 R_{eL} 应采用规定非比例延伸强度 $R_{p0.2}$。

⑤根据供需双方协议,伸长率类型可从 A 或 A_{gt} 中选定,如伸长率类型未经协议确定,则伸长率采用 A,仲裁试验时采用 A_{gt}。

2. 工艺性能

(1)弯曲性能

余热处理钢筋的弯曲性能按表 1-7 规定的弯心直径弯曲 180°后,钢筋受弯曲部位表面不得产生裂纹。

表 1-7　余热处理钢筋的弯曲性能　　　　　　　(单位:mm)

牌号	公称直径 d	弯心直径
RRB400	8～25	$4d$
RRB400W	28～40	$5d$
RRB500	8～25	$6d$

(2)反向弯曲性能

①根据需方要求,钢筋可进行反向弯曲性能试验。

②反向弯曲试验的弯心直径比弯曲试验相应增加一个钢筋直径。

③反向弯曲试验。先正向弯曲 90°后再反向弯曲 20°。经反向弯曲试验后,钢筋受弯曲部位表面不得产生裂纹。

3. 公称横截面面积与理论质量

钢筋的公称横截面面积与理论质量列于表 1-8。

表 1-8　钢筋的公称横截面面积与理论质量

公称直径/mm	公称横截面面积/mm²	理论质量（kg/m）
8	50.27	0.395
10	78.54	0.617
12	113.1	0.888
14	153.9	1.21
16	201.1	1.58
18	254.5	2.00
20	314.2	2.47
22	380.1	2.98
25	490.9	3.85
28	615.8	4.83
32	804.2	6.31
36	1018	7.99
40	1257	9.87
50	1964	15.42

注：理论质量按密度 7.85g/cm³ 计算。

四、冷拉钢筋

冷拉钢筋是对热轧钢筋在常温 20℃±3℃ 下，进行强力拉伸而得的。冷拉 HPB300 级钢筋适用于钢筋混凝土结构中的受拉钢筋，冷拉 HRB335 级、HRB400 级、HRB500 级钢筋均可用作预应力钢筋，而冷拉钢筋在承受冲击及振动荷载的结构中不应使用。冷拉钢筋的力学性能应符合国家的相关规定，见表 1-9。

表 1-9　冷拉钢筋的力学性能

钢筋级别	公称直径 d/mm	屈服点 R_{el}（N/mm²）	抗拉强度 R_m（N/mm²）	伸长率 A_{10}（%）	冷弯	
		不小于			弯曲角度	弯心直径
冷拉 HPB300 级	6~12	300	420	11	180°	3d
冷拉 HRB335 级	8~25	450	510	10	90°	3d
	28~40	430	490			4d
冷拉 HRB400 级	8~40	500	570	8	90°	5d
冷拉 HRB500 级	10~28	700	835	6	90°	5d

注：表中 d 为钢筋直径，直径大于 25mm 的冷拉 HRB335~HRB500 级钢筋，冷弯弯心直径应增加 1d。

五、冷轧带肋钢筋

冷轧带肋钢筋是以普通低碳钢或低合金钢热轧盘圆条为母材,经冷轧或冷拔减径后在其表面冷轧成具有横肋的钢筋。这类钢筋同热轧钢筋相比,具有强度高、塑性好、握裹力强等优点,因此被广泛应用于工业与民用建筑中。其性能应符合国家标准《冷轧带肋钢筋》(GB/T 13788—2017)的规定。

1. 力学性能和工艺性能

①钢筋的力学性能和工艺性能应符合表 1-10 的规定。当进行弯曲试验时,受弯曲部位表面不得产生裂纹。反复弯曲试验的弯曲半径应符合表 1-11 的规定。

表 1-10　力学性能和工艺性能

分类	牌号	规定塑性延伸强度 $R_{p0.2}$/ MPa 不小于	抗拉强度 R_m/ MPa 不小于	R_m/ $R_{p0.2}$ 不小于	断后伸长率(%)不小于		最大力总延伸率(%)不小于	弯曲试验① 180°	反复弯曲次数	应力松弛初始应力应相当于公称抗拉强度的 70% 1000h(%)不大于
					A	A_{100}	A_{gt}			
普通钢筋混凝土用	CRB550	500	550	1.05	11.0	—	2.5	$D=3d$	—	—
	CRB600H	540	600	1.05	14.0	—	5.0	$D=3d$	—	—
	CRB680H②	600	680	1.05	14.0	—	5.0	$D=3d$	4	5
预应力混凝土用	CRB650	585	650	1.05	—	4.0	2.5		3	8
	CRB800	720	800	1.05	—	4.0	2.5		3	8
	CRB800H	720	800	1.05	—	7.0	4.0		4	5

注:①表中 D 为弯心直径,d 为钢筋公称直径。
　　②当该牌号钢筋作为普通钢筋混凝土用钢筋使用时,对反复弯曲和应力松弛不做要求;当该牌号钢筋作为预应力混凝土用钢筋使用时应进行反复 弯曲试验代替 180°弯曲试验,并检测松弛率。

表 1-11　反复弯曲试验的弯曲半径

钢筋公称半径/mm	4	5	6
弯曲半径/mm	10	15	15

②经供需双方协议,钢筋可用最大力总延伸率代替断后伸长率。

③供方在保证 1000h 松弛率合格基础上,允许使用推算法确定 1000h 松弛。

2. 尺寸、质量及允许偏差

三面肋和二面肋钢筋的尺寸、质量及允许偏差应符合表 1-12 的规定。

表 1-12　三面肋和二面肋钢筋的尺寸、质量及允许偏差

公称直径 d/mm	公称横截面面积/mm²	质量		横肋中点高		横肋1/4处高 h₁/₄/mm	横肋顶宽 b/mm	横肋间隙		相对肋面积 f_r 不小于
		理论质量(kg/m)	允许偏差(%)	h/mm	允许偏差/mm	$h_{1/4}$/mm	b/mm	l/mm	允许偏差(%)	
4	12.6	0.099		0.30		0.24		4.0		0.036
4.5	15.9	0.125		0.32		0.26		4.0		0.039
5	19.6	0.154		0.32		0.26		4.0		0.039
5.5	23.7	0.186		0.40		0.32		5.0		0.039
6	28.3	0.222		0.40	+0.10 −0.05	0.32		5.0		0.039
6.5	33.2	0.261		0.46		0.37		5.0		0.045
7	28.6	0.302		0.46		0.37		5.0		0.045
7.5	44.2	0.347		0.55		0.44		5.0		0.045
8	50.3	0.395	±4	0.55		0.44	0.2d	6.0	±15	0.045
8.5	56.7	0.445		0.55		0.44		7.0		0.045
9	63.6	0.499		0.75		0.60		7.0		0.052
9.5	70.8	0.556		0.75		0.60		7.0		0.052
10	78.5	0.617		0.75	±0.10	0.60		7.0		0.052
10.5	86.5	0.679		0.75		0.60		7.4		0.052
11	95.0	0.746		0.85		0.68		7.4		0.056
11.5	103.8	0.815		0.95		0.76		8.4		0.056
12	113.1	0.888		0.95		0.76		8.4		0.056

注：横肋1/4处高、肋顶宽供孔型设计用；二面肋钢筋允许有高度不大于0.5h的纵肋。

四面肋钢筋的尺寸、质量及允许偏差应符合表 1-13 的规定。

表 1-13　四面肋钢筋的尺寸、质量及允许偏差

公称直径 d/mm	公称横截面面积/mm²	质量		h/mm	允许偏差/mm	横肋1/4处高 $h_{1/4}$/mm	横肋顶宽 b/mm	横肋间隙		相对肋面积 f_r 不小于
		理论质量(kg/m)	允许偏差(%)	h/mm	允许偏差/mm	$h_{1/4}$/mm	b/mm	l/mm	允许偏差(%)	
6.0	28.3	0.222		0.39		0.28		5.0		0.039
7.0	28.6	0.302		0.45	+0.10 −0.05	0.32		5.3		0.045
8.0	50.3	0.395		0.52		0.36		5.7		0.045
9.0	63.6	0.499	±4	0.59		0.41	0.2d	6.1	±15	0.052
10	78.5	0.617		0.65	±0.10	0.45		6.5		0.052
11	95.0	0.746		0.72		0.50		6.8		0.056
12	113	0.888		0.78		0.54		7.2		0.056

第二节　钢筋的性能

一、物理性能

1. 密度

单位体积钢材的质量(现称质量)为密度,单位为 g/cm^3。对于不同的钢材,其密度亦稍有不同,钢筋的密度按 $7.85g/cm^3$ 计算。

钢丝及钢筋的公称横截面面积与理论质量见表1-14。

表 1-14　钢丝及钢筋公称横截面面积与理论质量

公称直径/mm	公称横截面面积/mm²	理论质量(kg/m)
8	50.27	0.395
10	78.57	0.617
12	113.1	0.888
14	153.9	1.21
16	201.1	1.58
18	254.5	2.00
20	314.2	2.47
22	380.1	2.98
25	490.9	3.85
28	615.8	4.83
32	804.2	6.31
36	1018	7.99
40	1257	9.87
50	1964	15.42

注:理论质量按密度 $7.85g/cm^3$ 计算。

2. 可熔性

钢材在常温时为固体,当其温度升高到一定程度,就能熔化成液体,这叫做可熔性。钢材开始熔化的温度叫熔点,纯铁的熔点为1534℃。

3. 线[膨]胀系数

钢材加热时膨胀的能力,叫热膨胀性。受热膨胀的程度,常用线膨胀系数来表示。钢材温度上升1℃时,伸长的长度与原来长度之比值,叫钢材的热[膨]胀系数,单位符号为 mm/(mm·℃)。

4. 热导率

钢材的导热能力用热导率来表示,工业上用的热导率是以面积热流量除以温度梯度来表示,单位符号为 W/(m·k)。

二、化学性能

1. 耐腐蚀性

钢材在介质的侵蚀作用下被破坏的现象,称为腐蚀。钢材抵抗各种介质(大气、水蒸气、酸、碱、盐)侵蚀的能力,称为耐腐蚀性。

2. 抗氧化性

有些钢材在高温下不被氧化而能稳定工作的能力称为抗氧化性。

3. 钢筋中合金元素的影响

在钢中,除绝大部分是铁元素外,还存在很多其他元素。在钢筋中,这些元素有:碳、硅、锰、钒、钛、铌等;此外,还有杂质元素硫、磷,以及可能存在的氧、氢、氮。

①碳(C)。碳与铁形成化合物渗碳体,分子式 Fe_3C,性硬而脆。随着钢中含碳量的增加,钢中渗碳体的量也增多,钢的硬度、强度也提高,而塑性、韧性则下降,性能变脆,焊接性能也随之变坏。

②硅(Si)。硅是强脱氧剂,在含量小于 1% 时,能使钢的强度和硬度增加;但含量超过 2% 时,会降低钢的塑性和韧性,并使焊接性能变差。

③锰(Mn)。锰是一种良好的脱氧剂,又是一种很好的脱硫剂。锰能提高钢的强度和硬度;但如果含量过高,会降低钢的塑性和韧性。

④钒(V)。钒是良好的脱氧剂,能除去钢中的氧,钒能形成碳化物碳化钒,提高了钢的强度和淬透性。

⑤钛(Ti)。钛与碳形成稳定的碳化物,能提高钢的强度和韧性,还能改善钢的焊接性。

⑥铌(Nb)。铌作为微合金元素,在钢中形成稳定的化合物碳化铌(NbC)、氮化铌(NbN),或它们的固溶体 Nb(CN),弥散析出,可以阻止奥氏体晶粒粗化,从而细化铁素体晶粒,提高钢的强度。

⑦硫(S)。硫是一种有害杂质。硫几乎不溶于钢,它与铁生成低熔点的硫化铁(FeS),导致热脆性。焊接时,容易产生焊缝热裂纹和热影响区出现液化裂纹,使焊接性能变坏,硫以薄膜形式存在于晶界,使钢的塑性和韧性下降。

⑧磷(P)。磷亦是一种有害杂质。磷使钢的塑性和韧性下降,提高钢的脆性转变温度,引起冷脆性。磷还能恶化钢的焊接性能,使焊缝和热影响区产生冷裂纹。

除此之外,钢中还可能存在氧、氢、氮,有的部分是从原材料中带来的;还有的部分是在冶炼过程中从空气中吸收的。氧、氮超过溶解度时,多数以氧化物、氮化物形式存在。这些元素的存在均会导致钢材强度、塑性、韧性的降低,使钢材性能变坏。但是,当钢中含有钒元素时,由于氮化钒(VN)的存在。能起到沉淀强化、细化晶粒等有利作用。

三、力学性能

1. 抗拉性能

钢筋的抗拉性能,一般是以钢筋在拉力作用下的应力—应变图来表示。热轧钢筋具有软钢性质,有明显的屈服点,软钢受拉时的应力—应变关系如图 1-2 所示。

(1)弹性阶段

图中的 OA 段,施加外力时,钢筋伸长;除去外力时,钢筋恢复到原来的长度。这个阶段称为弹性阶段,在此段内发生的变形称为弹性变形。A 点所对应的应力叫作弹性极限或比例极限,用 σ_p 表示。OA 呈直线状,表明在 OA 阶段内应力与应变的比值为一常数,此常数被称为弹性模量,用符号 E 表示。弹性模量 E 反映了材料抵抗弹性变形的能力。工程上常用的 HPB300 级钢筋,其弹性模量 $E=(2.0\sim2.1)\times10^5\,N/mm^2$。

(2)屈服阶段

图中的 $B_{\perp}B$ 段。应力超过弹性阶段,达到某一数值时,应力与应变不再成正比关系,在 $B_{\overline{F}}B$ 段内图形呈锯齿形,这时应力在一个很小范围内波动,而应变却自动增长,犹如停止了对外力的抵抗,或者说屈服于外力,所以叫作屈服阶段。

钢筋到达屈服阶段时,虽尚未断裂,但一般已不能满足结构的设计要求,所以设计时是以这一阶段的应力值为依据,为了安全起见,取其下限值。这样,屈服下限也叫屈服强度或屈服点,用"R_{el}"表示。如 HPB300 级钢筋的屈服强度(屈服点)为不小于 $300\,N/mm^2$。

(3)强化阶段(BC 段)

经过屈服阶段之后,试件变形能力又有了新的提高,此时变形的发展虽然很快,但它是随着应力的提高而增加的。BC 段称为强化阶段,对应于最高点 C 的应力称为抗拉强度,用"R_m"表示。如:HPB300 级钢筋的抗拉强度 $R_m\geqslant370\,N/mm^2$。

屈服点 R_{el} 与抗拉强度 R_m 的比值叫屈强比。屈强比 R_{el}/R_m 愈小,表明钢材在超过屈服点以后的强度储备能力愈大,则结构的安全性愈高,但屈服比太小,则表明钢材的利用率太低,造成钢材浪费。反之屈服比大,钢材的利用率虽然提高了,但其安全可靠性却降低了。HPB300 级钢筋的屈强比为 0.71 左右。

（4）颈缩阶段（CD）

图 1-2 所示为软钢受拉时的应力—应变图。图 1-2 中的 CD 段，当试件强度达到 C 点后，其抵抗变形的能力开始有明显下降，试件薄弱部件的断面开始出现显著缩小，此现象称为颈缩，图 1-3 所示为颈缩现象示意图。试件在 D 点断裂，故称 CD 段为颈缩阶段。

图 1-2　软钢受拉时的应力—应变图

图 1-3　颈缩现象示意图

硬钢（高碳钢—余热处理钢筋和冷拔钢丝）的应力—应变曲线如图 1-4 所示。从图上可看出其屈服现象不明显，无法测定其屈服点。一般以发生 0.2% 的残余变形时的应力值当作屈服点，用"$\sigma_{0.2}$"表示，$\sigma_{0.2}$ 也称为条件屈服强度。

2. 塑性变形

通过钢材受拉时的应力—应变图，可对其延性（塑性变形）性能进行分析。钢筋的延性必须满足一定的要求，才能防止钢筋在加工时弯曲处出现毛刺、裂纹、翘曲现象及构件在受荷过程中可能出现的脆裂破坏。

图 1-4　硬钢的应力—应变图

影响延性的主要因素是钢筋材质。热轧低碳钢筋强度虽低但延性好。随着加入合金元素和碳当量加大，强度提高但延性减小。对钢筋进行热处理和冷加工同样可提高强度，但延性降低。

钢筋的延性通常用拉伸试验测得的断后伸长率和截面收缩率表示。

断后伸长率用 A 表示,它的计算公式为:

$$A = \frac{\text{标距长度内总伸长值}}{\text{标距长度} \, l} \times 100\% \qquad (1\text{-}1)$$

由于试件标距的长度不同,故断后伸长率的表示方法也不一样。一般热轧钢筋的标距取 10 倍钢筋直径长和 5 倍钢筋直径长,其断后伸长率用 A_{10} 和 A_5 表示。钢丝的标距取 100 倍直径长,则用 A_{100} 表示。钢绞线标距取 200 倍直径长,则用 A_{200} 来表示。

断后伸长率是衡量钢筋(钢丝)塑性的重要指标,断后伸长率越大,钢筋的塑性越好。

断面收缩率计算公式为:

$$\text{断面收缩率} = \frac{\text{试件的原始横截面面积} - \text{试件拉断后断口颈缩处横截面面积}}{\text{试件的原始横截面面积}} \times 100\%$$

$$(1\text{-}2)$$

3. 冲击韧度

冲击韧度是指钢材抵抗冲击荷载的能力。其指标是通过标准试件的弯曲冲击韧度试验确定的。试验以摆锤打击刻槽的试件,于刻槽处将其打断,以试件单位截面面积上打断时所消耗的功作为钢材的冲击韧度值。

计算公式为:

$$\text{冲击韧度值} = \frac{\text{冲断试件所消耗的功}}{\text{试件断口处的横截面面积}} \qquad (1\text{-}3)$$

钢材的冲击韧度是衡量钢材质量的一项指标,冲击韧度越大,表明钢材的冲击韧度越好。

4. 耐疲劳性

构件在交变荷载的反复作用下,钢筋往往在应力远小于抗拉强度时发生突然的脆性断裂,这种现象叫作疲劳破坏。

疲劳破坏的危险应力用疲劳极限(σ_r)来表示。它是指疲劳试验中,试件在交变荷载的反复作用下,在规定的周期基数内不发生断裂所能承受的最大应力。钢筋的疲劳极限与其抗拉强度有关,一般抗拉强度高,其疲劳极限也较高。由于疲劳裂纹是在应力集中处形成和发展的,故钢筋的疲劳极限不仅与其内部组织有关,也和其表面质量有关。

测定钢筋的疲劳极限时,应当根据结构使用条件确定所采用的应力循环类型、应力比值(最小与最大应力之比)和循环基数。通常采用的是承受大小改变的拉应力大循环,非预应力筋的应力比值通常为 $0.1 \sim 0.8$,预应力筋的应力比值通常为 $0.7 \sim 0.85$;循环基数一般为 200 万次或 400 万次以上。

5. 冷弯性能

冷弯性能是指钢筋在常温 20℃±3℃ 条件下承受弯曲变形的能力。钢筋冷弯是考核钢筋的塑性指标,也是钢筋加工所需的。钢筋弯折、做弯钩时应避免钢筋产生裂纹和折断。低强度的热轧钢筋冷弯性能较好,强度较高的稍差,冷加工钢筋的冷弯性能最差。

冷弯性能指标通过冷弯试验确定,常用弯曲角度(a)以及弯心直径(d)对试件的厚度或直径(a)的比值来表示。弯曲角度越大,弯心直径对试件厚度或直径的比值越小,表明钢筋的冷弯性能越好,图 1-5 所示为钢筋冷弯示意图。

图 1-5　钢筋冷弯示意图

按规定的弯曲角度和弯心直径进行试验,试件的弯曲处不产生毛刺、裂纹、裂断和起层,即认为冷弯性能合格。

6. 焊接性能

(1)钢材的可焊性

在建筑工程中,钢筋骨架、接头、预埋件连接等,大多数是采用焊接的,因此要求钢筋应具有良好的可焊性。钢材的可焊性是指被焊钢材在采用一定焊接材料、焊接工艺条件下,获得优质焊接接头的难易程度,也就是钢材对焊接加工的适应性。它包括以下两个方面。

①工艺焊接性。工艺焊接性也就是接合性能,指在一定焊段工艺条件下焊接接头中出现各种裂纹及其他工艺缺陷的敏感性和可能性,这种敏感性和可能性越大,则其工艺焊接性越差。

②使用焊接性。使用焊接性是指在一定焊接条件下焊接接头使用要求的适应性,这种适应性和使用可靠性越大,则其使用焊接性越好。

(2)钢筋的化学成分对钢筋的焊接性能和其他性能有很大的影响

①碳(C)。钢筋中含碳量的多少,对钢筋的性能有决定性的影响。含碳量增加时,强度和硬度提高,但塑性和韧性降低;焊接和冷弯性能也降低;钢的冷脆性

提高。

②硅(Si)。在含量小于1%时,可显著提高钢的抗拉强度、硬度、抗蚀性能、抗氧化能力。但含量过高,则会降低钢的塑性和韧性及焊接性能。

③锰(Mn)。能显著地提高钢的屈服点和抗拉强度,改善钢的热加工性能,故锰的含量不应低于标准规定。它是生产低合金钢的主要元素。

④磷(P)。磷是钢材的有害元素,显著地降低了钢的塑性、韧性和焊接性能。

⑤硫(S)。硫也是钢材的有害元素,能显著降低钢的焊接性能、力学性能、抗蚀性能和疲劳强度,使钢变脆。

(3)钢材的可焊性常用碳当量法来估计

碳当量法就是根据钢材的化学成分与焊接热影响区淬硬性的关系,粗略地评价焊接时产生冷裂纹的倾向和脆化倾向的一种估算方法。

碳素钢和低合金结构钢常用的碳当量 C_{eq} 计算公式为:

$$C_{eq} = C + \frac{Mn}{6} + \frac{Cr + Mo + V}{5} + \frac{Ni + Cu}{15}(\%) \tag{1-4}$$

式中右边各项中的元素符号表示钢材化学成分中的元素含量(%)。C—碳;Mn—锰;Cr—铬;Cu—铜;Mo—钼;V—钒;Ni—镍。

焊接性能随碳当量百分比的增高而降低。国家标准规定不大于 0.55% 时,认为是可焊的。根据我国经验,碳素钢和低合金结构钢,当碳当量 $C_{eq} < 0.4\%$ 时,焊接性能优良;当碳当量 $C_{eq} = 0.4\% \sim 0.55\%$ 时,焊接时需预热和控制焊接工艺;当碳当量 $C_{eq} > 0.55\%$ 时,难焊。

第三节　钢筋的检验与保管

钢筋应有出厂质量证明书或试验报告单,每捆(盘)钢筋均应有标牌。进场时应按炉罐(批)号及直径分批验收。验收内容包括查对标牌、外观检查,并按有关标准的规定取试样进行力学性能试验,合格后方可使用。

钢筋在加工过程中发现脆断、焊接性能不良或力学性能显著不正常等现象时,应进行化学成分检验或其他专项检验。

一、钢筋的检验

1. 热轧钢筋的检验

热轧钢筋进场时,应按批进行检查和验收。每批由同一牌号、同一炉罐号、同一规格的钢筋组成,质量不大于 60t。允许由同一牌号、同一冶炼方法、同一浇注方法的不同炉罐号组成混合批,但各炉罐号含碳量之差不得大于 0.02%,含锰量之差不大于 0.15%。

（1）外观检查

从每批钢筋中抽取 5% 进行外观检查。钢筋表面不得有裂纹、结疤和折叠。钢筋表面允许有凸块，但不得超过横肋的高度，钢筋表面上其他缺陷的深度和高度不得大于所在部位尺寸的允许偏差。

（2）力学性能试验

从每批钢筋中任选两根钢筋，每根取两个试件分别进行拉伸试验（包括屈服点、抗拉强度和断后伸长率）和冷弯试验。如有一项试验结果不符合要求，则从同一批中另取双倍数量的试件重作各项试验。如仍有一个试件不合格，则该批钢筋为不合格品。

2. 余热处理钢筋的检验

（1）检验项目

每批钢筋的检验项目，取样方法和试验方法应符合表 1-15 的规定。

表 1-15　取样方法和试验方法

序号	检验项目	取样数量	取样方法	试验方法
1	化学成分（熔炼分析）	1	GB/T 20066	GB/T 223 GB/T 4336
2	拉伸	2	任选两根钢筋切取	GB/T 228.1、(3)
3	弯曲	2	任选两根钢筋切取	GB/T 28900
4	反向弯曲	1	任选一根	—
5	疲劳试验	协商		
6	连接性能	协商		
7	金相组织	协商		
8	尺寸	逐支	—	(4)
9	表面	逐支		目视
10	质量偏差	(5)		(5)

注：对化学分析和拉伸试验结果有争议时，仲裁试验分别按 GB/T 223、GB/T 228.1 进行。

（2）连接性能试验、金相检验

连接性能试验、金相检验只进行型式试验，即钢筋在生产工艺、设备有重大变化及新产品生产时进行。

（3）拉伸、弯曲、反向弯曲试验

①拉伸、弯曲、反向弯曲试验试样不允许进行车削加工。

②计算钢筋强度用截面面积采用表 1-8 所列公称截面面积。

③最大力下的总伸长率 A_{gt} 的检验，除按表 1-15 规定采用《金属材料 拉伸试验 第 1 部分：室温试验方法》（GB/T 228.1—2010）的有关试验方法外，也可采用《钢筋混凝土用钢材试验方法》（GB/T 28900—2012）。

④反向弯曲试验时,经正向弯曲后的试样,应在 100℃ 温度下保温不少于 30min,经自然冷却后再反向弯曲。当供方能保证钢筋经人工时效后的反向弯曲性能时,正向弯曲后的试样亦可在室温下直接进行反向弯曲。

⑤人工时效工艺条件为加热试样到 100℃,在 100℃±10℃ 下保温 60～75min,然后在静止的空气中自然冷却到室温。

(4)尺寸测量

①带肋钢筋内径的测量精确到 0.1mm。

②带肋钢筋纵肋、横肋高度的测量采用测量同一截面两侧纵肋、横肋中心高度取平均值的方法,即测取钢筋最大外径,减去该处内径,所得数值的一半为该处肋高,应精确到 0.1mm。

③带肋钢筋横肋间距采用测量平均肋距的方法进行测量。即测取钢筋一面上第 1 个与第 11 个横肋的中心距离,该数值除以 10 即为横肋间距,应精确到 0.1mm。

(5)质量偏差的测量

①测量钢筋质量偏差时,试样应从不同根钢筋上截取,试样数量不少于 5 支,每支试样长度不小于 500mm。长度应逐支测量,精确到 1mm。测量试样总质量时,应精确到不大于总质量的 1%。

②钢筋实际质量与理论质量的偏差按式 1-5 计算。

$$质量偏差 = \frac{试样实际总质量 - (试样总长度 \times 理论质量)}{试样总长度 \times 理论质量} \times 100\% \quad (1\text{-}5)$$

3. 冷拉钢筋的检验

冷拉钢筋应分批验收,每批由不大于 20t 的同级别、同直径的冷拉钢筋组成。

(1)外观检查

从每批中抽取 5%(但不少于 5 盘或 5 捆)进行表面质量、尺寸偏差和质量偏差的检查。钢筋表面不得有裂纹和局部缩颈。其中有一盘(捆)不合格,则应将该批钢筋进行逐盘检查。作预应力筋时,应逐根检查。

(2)力学性能试验

从每批冷拉钢筋中抽取两根钢筋,每根取两个试样分别进行拉力和冷弯试验,如有一项试验结果不符合要求时,应另取双倍数量的试样重做各项试验;如仍有一个试样不合格,则该批冷拉钢筋为不合格品。

4. 冷轧带肋钢筋的检验

(1)检验和验收

钢筋的检查和验收由供方质量监督部门进行。需方有权进行检验。

(2)组批规则

冷轧带肋钢筋应按批进行检查和验收。每批由同一牌号、同一外形、同一规格、同一生产工艺和同一交货状态的钢筋组成,每批不大于 60t。

（3）取样数量

钢筋检验的取样数量应符合表 1-16 的规定。

表 1-16　钢筋检验的取样数量

序号	试验项目	试验数量	取样方法	试验方法
1	拉伸试验	每盘 1 个	在每(任)盘中随机切取	GB/T 21839 GB/T 28900
2	弯曲试验	每批 2 个		GB/T 28900
3	反复弯曲试验	每批 2 个		GB/T 21839
4	应力松弛试验	定期 1 个		GB/T 21839(7.3)
5	尺寸	逐盘或逐根	—	7.4
6	表面	逐盘或逐根	—	目视
7	质量偏差	7.5		

（4）复验与判定规则

钢筋的复验与判定规则应符合《钢及钢产品交货一般技术要求》(GB/T 17505—2016)的规定。

5. 有抗震要求的受力钢筋检验

对有抗震要求的框架结构纵向受力钢筋,其检验所得的强度实测值,应符合下列要求:

①钢筋的抗拉强度实测值与屈服强度实测值比值不应小于 1.25。

②钢筋的屈服强度实测值与钢筋的强度标准值的比值不应大于 1.3。

③发现脆断、焊接性能不良或力学性能显著不正常等现象时,应对该批钢筋进行化学成分检验或其他专项检验。

二、钢筋的保管

钢筋运到使用地点后,必须妥善保存和加强管理,否则会造成极大的浪费和损失。钢筋入库时,材料管理人员要详细检查和验收。在分捆发料时,一定要防止钢筋窜捆。分捆后应随时复制标牌并及时捆扎牢固,以避免使用时错用。

钢筋在贮存时应做好保管工作,并注意以下几点:

①钢筋入库要点数验收,要对钢筋的规格等级、牌号进行检验。

②钢筋应尽量堆入仓库或料棚内,当条件不具备时,应选择地势较高、土质坚实、较为平坦的露天场地堆放。在仓库、料棚或场地四周,应有一定排水坡度,或挖掘排水沟,以利泄水。钢筋堆下应有垫木,使钢筋离地不小于 200mm,也可用钢筋存放架存放。

③钢筋应按不同等级、牌号、炉号、规格、长度分别挂牌堆放,并标明其数量。

凡储存的钢筋均应附有出厂证明和试验报告单。

④钢筋不得和酸、盐、油等类物品存放在一起。堆放地点不应和产生有害气体的车间靠近,以防腐蚀钢筋。

第四节　钢筋的加工

一、钢筋除锈

1. 浮锈的清除

浮锈是处于铁锈形成的初期,在混凝土中不影响钢筋与混凝土黏结,除了在焊接操作时在焊点附近需擦干净之外,通常可不进行处理。

2. 陈锈的清除

(1)手工除锈

工作量不大或在工地设置的临时工棚中操作时,可以用麻袋布擦或用钢刷子刷;对于较粗的钢筋来说,可以用砂盘除锈法,是指制作钢槽或木槽,槽盘内放置干燥的粗砂及细石子,将有锈的钢筋穿进砂盘中来回抽拉。图1-6为砂盘除锈示意图。

(2)机械除锈

对于直径较细的盘条钢筋,通过冷拉及调直过程自动去锈;粗钢筋则采用圆盘钢丝刷除锈机除锈。除锈机通常由钢筋加工单位自制,而圆盘钢丝刷有厂家供应成品,也可以自行用钢丝绳废头拆开取丝编制。

图1-7是圆盘钢丝刷除锈机的传动示意图,钢丝刷的直径为200～300mm,厚度50～100mm,通常所用转速1000r/min,电动机功率1～1.5kW。

图1-6　砂盘除锈示意图

图1-7　圆盘钢丝刷除锈机传动示意图

1. 钢筋　2. 滚道　3. 电动机　4. 钢丝刷　5. 机架

使用除锈机操作时须特别注意的安全事项：

①传动皮带、钢丝刷等传动部分应设置防护罩；一定要设有排尘装置（排尘罩或排尘管道），使用前应检查各装置是否处于良好及有效状态。

②应加强操作人员的劳动保护。操作时应扎紧袖口，戴好口罩、手套及防护眼镜。

③操作时须将钢筋放平握紧，操作人员一定要侧身送料，严禁在除锈机的正前方站人；钢筋与钢丝刷松紧程度应适当，防止过紧使钢丝刷损坏，或过松影响除锈效果；钢丝刷转动人员不得在附近清扫锈尘；更换钢丝刷时应认真检查，务必使新换的刷子固定牢靠。

④除锈机多系自制，所以要特别注意电气系统的绝缘以及接地处于良好状况，每次使用前都应检查各部位，确保操作安全。

3. 清除老锈

对于老锈来说，它的起层锈斑若置于混凝土中，钢筋的锈蚀会继续发展，锈皮不断增厚，体积膨胀，致使混凝土产生裂缝。裂缝的出现反过来又会使钢筋锈蚀加速恶化，钢筋截面不断减小，混凝土构件的承载能力趋于下降。因此，对于有起层锈片的钢筋，要先用小锤敲击，使锈片剥落干净，然后用砂盘或除锈机除锈；因麻坑、斑点以及锈皮去除会使钢筋截面减小，故使用前要鉴定是否降级使用或另外进行其他处置。

二、钢筋调直

1. 调直方法

钢筋调直可分为人工调直和机械调直两类。人工调直又可分为绞盘调直（大多用于 12mm 以下的钢筋、板柱）、铁柱调直（用于粗钢筋）、蛇形管调直（用于冷拔低碳钢丝）。机械调直常用的包括钢筋调直机调直（用于冷拔低碳钢丝及细钢筋）、卷扬机调直（用于粗细钢筋）。以下为钢筋调直的具体要求：

①对局部曲折、弯曲或成盘的钢筋须加以调直。

②钢筋调直普遍使用慢速卷扬机拉直及用调直机调直，在缺乏调直设备的情况下，粗钢筋可以采用弯曲机、平直锤或用卡盘、扳手、锤击矫直；细钢筋可以用绞盘（磨）拉直或用导轮、蛇形管调直装置来调直，图 1-8 所示为导轮和蛇形管调直装置。

③当采用钢筋调直机调直冷拔低碳钢丝及细钢筋时，应根据钢筋的直径选用调直模和传送辊，并应恰当掌握调直模的偏移量及压紧程度。

④当用卷扬机拉直钢筋时，须注意控制冷拉率。当用调直机调直钢丝及用锤击法平直粗钢筋时，表面伤痕不得使截面积减少 5% 以上。

图 1-8　导轮和蛇形管调直装置

(a)导轮调直装置　　(b)蛇形管调直装置

1. 辊轮　2. 导轮　3. 旧拔丝模　4. 盘条架　5. 细钢筋或钢丝　6. 蛇形管

7. 旧滚珠轴承　8. 支架　9. 人力牵引

⑤调直后的钢筋须平直,无局部曲折;冷拔低碳钢丝表面不许有明显擦伤。应当注意:冷拔低碳钢丝经调直机调直后,其抗拉强度通常降低 10%～15%,使用前应加强检查,按调直后的抗拉强度选用。

⑥已调直的钢筋须按级别、直径、长短、根数分扎成若干小扎,并分区堆放整齐。

2. 调直机具

(1)钢筋调直机

图 1-9 所示为 GT4×8 钢筋调直机。目前钢筋调直机已发展成多功能机械,有除锈、调直、切断三项功能,对于小钢筋来说可以一次完成。

在钢筋工程中,常用的钢筋调直机型号见表 1-17。

表 1-17　钢筋调直机

型号	钢筋调直直径/mm	钢筋调直速度(m/min)	电动机功率/kW
GT₄×8B	4～8	40	3
GT₄×8	4～8	40	3
GT₄×10	4～10	40	3

(2)卷扬机冷拉钢筋设备

钢筋工程中直径小于 12mm 的线材盘条,应经调直后才能进行加工制作;直径

图 1-9　GT4×8 钢筋调直机

12mm 以上的钢筋,应在其对焊并调直后检验焊接质量。这些工作通常都应通过冷拉设备完成。

图 1-10 所示为卷扬机冷拉钢筋设备工艺布置示意图,钢筋的冷拉设备由卷扬机、滑轮组、冷拉小车、夹具、地锚等构成。

图 1-10　卷扬机冷拉钢筋设备工艺布置示意

1. 卷扬机　2. 滑轮组　3. 冷拉小车　4. 钢筋夹具　5. 钢筋　6. 地锚　7. 防护壁　8. 标尺　9. 回程荷重架　10. 连接杆　11. 弹簧测力器　12. 回程滑轮组　13. 传力架　14. 钢压柱　15. 槽式台座　16. 回程卷扬机　17. 电子秤　18. 液压千斤顶

(3)阻力轮式钢筋冷拉机

①构造:图 1-11 所示为阻力轮式钢筋冷拉机结构示意图,它由阻力轮、绞轮、变速器、调节槽以及支承架等构成。

②工作原理:电动机动力通过变速器使绞轮以 40m/min 的速度旋转,强力使

图 1-11　阻力轮式钢筋冷拉机结构示意
1. 阻力轮　2. 钢筋　3. 绞轮　4. 变速器　5. 调节槽　6. 钢筋　7. 支承架

钢筋通过 4 个不在一条直线上的阻力轮,因而使钢筋拉长,其中一个阻力轮的高度可调节,可方便改变阻力大小,控制冷拉率。

(4)液压式钢筋冷拉机

①构造:图 1-12 所示为液压式钢筋冷拉机结构示意图,其结构与预应力液压拉伸机相同,只是其活塞行程较大,通常大于 600mm。

图 1-12　液压式钢筋冷拉机结构示意
1.尾端挂钩夹具　2.翻料架　3.装料小车　4.前端夹具　5.液压张拉缸　6.泵阀控制器　7.混凝土基座

②工作原理:它由两台电动机分别带动高、低压力液压泵,输出的高、低压力液压油,经由油管、液压控制阀,进入液压张拉缸,完成张拉钢筋与回程动作。液压式钢筋冷拔机液压系统如图 1-13 所示。

(5)测力装置

测力装置用于双控中对冷拉应力的测定,用以确保钢筋的冷拉质量,常用千斤顶式测力计和弹簧式测力计等。

千斤顶测力计:千斤顶测力计安装在冷拉作业线的末端,如图 1-14 所示。钢筋冷拉力经活动横梁给千斤顶活塞一个作用力,活塞将力均匀分布传给密闭液压缸内的液压油,液压油把每平方厘米面积上受到的力,反应到压力表上,即为冷拉力

图 1-13 液压式钢筋冷拔机液压系统

在压力表上的读数。其计算公式如下。

拉力＝压力表读数×活塞底面积

$$(1-6)$$

实际使用中,应该将千斤顶测力计和压力表进行校验,换算出压力表读数与拉力的对照表。

弹簧测力计:它是把弹簧的压缩量换算成钢筋的冷拉力,通过测力计表盘来放大测力的数值,也可以利用弹簧的压缩行程来安装钢筋冷拉自动控制装置。弹簧测力计构造如图 1-15 所示。

图 1-14 千斤顶测力计安装示意

1. 钢筋 2. 夹具 3. 固定横梁
4. 压力表 5. 千斤顶 6. 活动横梁

弹簧测力计的拉力和压缩量的关系,应该预先反复测定后,列出对照表并定期校核。

(6)液压千斤顶

液压千斤顶的冷拉装置如图 1-16 所示,其中图 1-16(c)、(d)使用长冲程液压

图 1-15　弹簧测力计构造

1. 工字钢机架　2. 铁板　3. 弹簧挡板　4. 大压缩弹簧　5. 小压缩弹簧　6. 弹簧后挡板　7. 弹簧拉杆
8. 活动螺钉　9. 自动控制水银开关　10. 弹簧压缩指针表　11. 混凝土基础

图 1-16　用液压千斤顶的冷拉装置
(a)普通液压千斤顶冷拉　(b)用拉伸机冷拉　(c)用长冲程液压千斤顶冷拉　(d)用长冲程液压千斤顶冷拉
1. 横梁　2. 夹具　3. 钢筋　4. 台座压柱或预制构件　5. 长冲程液压千斤顶(活塞行程 1.0～1.4m)
6. 拉伸机　7. 普通液压千斤顶　8. 工字钢轨道　9. 油缸　10. 压力表　11. 传力架　12. 拉杆
13. 充电计数装置　14. 钢丝绳　15. 荷重架

千斤顶,其自动化程度以及生产效率很高。

3. 钢筋调直切断机的安全操作

①料架、料槽须安装平直并对准导向筒、调直筒及下切刀孔的中心线。

②应用手转动飞轮,用以检查传动机构及工作装置,调整间隙,紧固螺栓,在确定正常后启动空运转;检查轴承要无异响,齿轮啮合良好,等运转正常后方可作业。

③按照所调直钢筋的直径,选用适当地调直块以及传动速度,经调试合格才能送料。

④在调直块没有固定、防护罩没有盖好前不可送料。作业中,禁止打开各部防护罩以及调整间隙。

⑤钢筋送入后,手与曳引轮一定要保持一定的距离,不能接近。

⑥送料前要将不直的料切去,导向筒前装一根 1m 长的钢管,钢筋一定要穿过钢管后送入调直机前端的导孔内。

⑦作业后,须松开调直筒的调直块并回到原来的位置,同时预压弹簧一定要回位。

⑧使用后要做好清洁保养工作。

三、钢筋切断

1. 钢筋切断工艺要点

①钢筋切断应合理统筹配料,将相同规格钢筋根据不同长短搭配,统筹排料;一般先断长料,后断短料,以减少短头、接头和损耗。避免用短尺量长料,以防止产生累积误差;应在工作台上标出尺寸刻度并设置控制断料尺寸用的挡板。切断过程中如发现劈裂、缩头或严重的弯头等必须切除。

②向切断机送料时,应将钢筋摆直,避免弯成弧形。操作者应将钢筋握紧,并应在冲切刀片向后退时送进钢筋;切断长 300mm 以上钢筋时,应将钢筋套在钢管内送料,防止发生人身或设备安全事故。

③操作中,如发现钢筋硬度异常,过硬或过软,即当与钢筋级别不相称时,应考虑对该批钢筋进一步检验;热处理预应力钢筋切料时,只允许用切断机或氧乙炔割断,不得用电弧切割。

④切断后的钢筋断口不得有马蹄形或起弯等现象;钢筋长度偏差应小于 ±10mm。

2. 钢筋切断机具设备

(1)机械式切断机

图 1-17 所示为 GQ40 型钢筋切断机,图 1-18 所示为手动液压式切断机。前者为固定式,能切断 φ40 钢筋;后者为移动式,便于现场流动使用,能切断 φ32 以下钢

筋。常用的两种钢筋切断机的技术性能见表 1-18 和表 1-19。在缺乏设备时,可用断丝钳(剪断钢丝)、克丝钳子(切断 $\phi6\sim32$ 钢筋)和手动液压切断器(切断不大于 $\phi16$ 的钢筋)切断钢筋;对 $\phi40$ 以上钢筋可用氧乙炔焰割断。

图 1-17　GQ40 型钢筋切断机

图 1-18　手动液压式切断机

1.滑轨　2.刀片　3.活塞　4.缸体　5.柱塞　6.压杆　7.贮油筒　8.吸油阀　9.回位弹簧

表 1-18　机械式钢筋切断机主要技术性能

参数名称	型　　号				
	GQL40	GQ40	GQ40A	GQ40B	GQ50
切断钢筋直径/mm	6~40	6~40	6~40	6~40	6~50
切断次数(次/min)	38	40	40	40	30
电动机型号	Y100L2-4	Y100L-2	Y100L-2	Y100L-2	Y132S-4
功率/kW	3	3	3	3	5.5
转速(r/min)	1420	2880	2880	2880	1450
外形尺寸:长/mm	685	1150	1395	1200	1600
宽/mm	575	430	556	490	695
高/mm	984	750	780	570	915

续表 1-18

参数名称	型 号				
	GQL40	GQ40	GQ40A	GQ40B	GQ50
整机质量/kg	650	600	720	450	950
传动原理及特点	偏心轴	开式、插销离合器曲柄	凸轮、滑键离合器	全封闭曲柄连杆转键离合器	曲柄连杆传动半开式

表 1-19　液压传动及手持式钢筋切断机主要技术性能

参数名称	形式与型号			
	电动	手动	手持	
	DYJ-32	SYJ-16	CQ-12	GQ-20
切断钢筋直径 d/mm	8～32	16	6～12	6～20
工作总压力/kN	320	80	100	150
活塞直径 d/mm	95	36	—	—
最大行程/mm	28	30	—	—
液压泵柱塞直径 d/mm	12	8	—	—
单位工作压力/MPa	45.5	79	34	34
液压泵输油率(L/min)	4.5	—	—	—
压杆长度/mm	—	438	—	—
压杆作用力/N	—	220	—	—
贮油量/kg	—	35	—	—
电动机 型号	Y 型	—	单相串激	单相串激
电动机 功率/kW	3	—	0.567	0.570
电动机 转速(r/min)	1440	—	—	—
外形尺寸 长/mm	889	680	367	420
外形尺寸 宽/mm	396	—	110	218
外形尺寸 高/mm	398	—	185	130
总重/kg	145	6.5	7.5	14

　　GJ5-40 型、QJ40-1 型、GJ5Y-32 型三种型号是目前工程中最常用的切断机械。其主要性能见表 1-20。

表 1-20　钢筋切断机技术性能

机械型号	切断直径/mm	外形尺寸/mm	功率/kW	质量/kg
GJ5-40	6～40	1770×685×828	7.5	950
QJ40-1	6～40	1400×600×780	5.5	450
GJ5Y-32	8～32	889×396×398	3.0	145

钢筋切断机的安全操作：

①接送料工作台面要与切刀下部保持水平，工作台的长度可以根据加工材料的长度来决定。

②启动前一定要检查切刀，刀体上应没有裂纹；还应检查刀架螺栓是否已紧固，防护罩是否牢靠。用手盘动带轮，检查齿轮啮合间隙，再调整切刀间隙。

③启动后应先空运转，检查各传动部分以及轴承，确认运转正常后才能作业。

④在机械没有达到正常转速时不能切料。切料时一定要使用切刀的中下部位，紧握钢筋对准刀口迅速送入。

⑤不得剪切直径以及强度超过机械铭牌规定的钢筋，也不得剪切烧红的钢筋，一次切断多根钢筋时，钢筋的总截面积要在规定范围内。

⑥切断短料时，手与切刀之间的距离须保持在 150mm 以上，若手握端小于400mm，须使用套管或夹具将钢筋短头压住或夹牢。

⑦在切断强度较高的低合金钢钢筋时，须换用高硬度切刀。一次切断的钢筋根数随直径大小而不同，须符合机械铭牌的规定。

⑧运转中，禁止用手直接清除切刀附近的断头或杂物。在钢筋摆动周围及切刀附近，非操作人员不得停留。

⑨当发现机械运转不正常、有异响或切刀歪斜情况发生，要立即停机检修。

⑩作业后须用钢刷清除切刀间的杂物，还须进行整机清洁保养。

（2）砂轮片切割机

在钢筋连接施工中，为了获得平整的钢筋端面，经常采用砂轮片切割机，不同工厂生产的切割机，其型号也不一样，但基本原理和主要构造相同。

J3G-400 切割机主轴采用高精度密封润滑轴承，利用高速旋转纤维增强砂轮片切割钢筋(型钢)，电源开关直接安装在操作手柄上，操作简单可靠，切割速度快。创强 1 号2.2kW、2 号 3.0kW、3 号单相 3.0kW，创强切割机外观如图 1-19 所示。

1)操作要求：

①操作前详细检查各部件及防护装置是否紧固完好。

②操作人员必须衣着合适，手戴橡皮手套、脚穿防滑绝缘鞋，戴好护目镜、安全帽等防护设施。

图 1-19　创强切割机

③安装砂轮片之前，先试砂轮轴旋转方向是否同防护罩指示相同。

④当钢筋切割时，切割片应与钢筋轴线相垂直。把握机器要平衡，用力均匀，

掌握好切割速度。

⑤应采用优质砂轮片。严禁使用有损伤破裂、过期受潮、无生产许可证和安全线速度不到 70m/s 的砂轮片。更换砂轮片或调整切割机角度时,要先切断电源。使用切割机时必须有良好接地。切割材料(钢筋)必须在夹板内夹紧,操作人员不得站在砂轮片正对的位置。使用时,要用力均匀,不能用力过猛。当速度明显降低时,应适当减少用力。切割机在使用中发现电机有异常声音、发热或有异常气味时,应立即停机检查,排除故障后方可使用。

主要技术参数:主要技术参数详见表 1-21。

表 1-21　J3G-400 切割机的主要技术参数

功率	切割角度	电压	最大钳距	空载转速	切割能力		频率	砂轮片规格
2.2kW /3.0kW	0~45°	380V /220V	150mm	2800 r/min	钢管	$\phi150mm\times 3mm$	50Hz	$\phi400\times3\times\phi32$
					圆钢 (钢筋)	$\phi50mm$		
					角钢	$100mm\times 10mm$		

(3)角向磨光机　图 1-20 为角向磨光机,在钢筋连接施工中,为了磨平钢筋坡口面,或者磨去连接套筒边角毛刺时,需要采用角向磨光机。图 1-21 所示为 DA-100A 角向磨光机的构造简图。

电源及工具安全守则:

①保持工作场地及工作台清洁,否则会引起事故。

图 1-20　角向磨光机

②不要使电源或工具受雨淋,不要在潮湿的场合工作,要确保工作场地有良好的照明。

③禁止闲人进入工作场地。

④工具使用完毕,应放在干燥的高处以免被小孩拿到。

⑤不要使工具超负荷运转,必须在适当的转速下使用工具,确保安全操作。

⑥要选择合适的工具,勿将小工具用于需用大工具加工的工件上。

⑦穿专用工作服,勿使任何物件掉进工具运转部位;在室外作业时,穿戴橡胶手套及胶鞋。

图1-21　DA-100A 角向磨光机的构造简图

1. 砂轮压板　2. 砂轮片　3. 砂轮托　4. 止动锁　5. 机壳　6. 电源开关　7. 砂轮罩　8. 旋转方向

⑧始终佩戴安全眼镜,切削屑尘多时应戴口罩。

⑨不要滥用导线,勿拖着导线移动工具。勿用力拉导线来切断电源;应使导线远离高温、油及有尖端的物体。

⑩操作时,勿用手拿着工件,工件应用夹子或台钳固定住。

⑪操作时要脚步站稳,并保持身体姿势平衡。

⑫工具应妥善保养,只有经常保持锋利、清洁才能发挥其性能;应按规定加注润滑剂及更换附件。

⑬更换附件、砂轮片、砂纸片时必须切断电源。

⑭开动前必须把调整用键和扳手等拆除下来。为了安全必须养成习惯,严格遵守。

⑮谨防误开动。插头一旦插进电源插座,手指就不可随意接触电源开关。插头插进电源插座之前,应检查开关是否已关上。

⑯不要在可燃液体、可燃气体存放处使用此工具,以防开关或操作时产生火花引起火灾。

⑰室外操作时,必须使用专用的延伸电缆。

其他重要的安全守则:

①确认电源:电源电压应与铭牌上所标明的一致,在工具接通电源之前,开关应放在"关"(OFF)的位置上。

②工具不使用时,应把电源插头从插座上拔下。

③应保持电动机的通风孔畅通及清洁。

④要经常检查工具的保护盖内部是否有裂痕或污垢,以免使工具的绝缘性能

降低。

⑤不要莽撞地操作工具。撞击会导致其外壳的变形、断裂或破损。

⑥手上有水时勿使用工具。勿在潮湿的地方或雨中使用,以防漏电。如必须在潮湿的环境中使用,请戴上长橡胶手套和穿上防电胶鞋。

⑦要经常使用砂轮保护器。

⑧应使用人造树脂凝结的砂轮,研磨时应使用砂轮的适当部位,并确保砂轮没有缺口或断裂。

⑨要运离易燃物或危险品,避免研磨时的火花引起火灾,同时注意勿让人体接触火花。

⑩必须使用铭牌所示圆周速度 4300m/min 以上规格的砂轮。

2)技术参数:技术参数见表 1-22。

表 1-22　角向磨光机技术参数

砂轮规格/mm	100(4″)
型号	DA-100A
电源	单向交流 200V　50～60Hz
输入功率/W	680
无负载转速(r/min^{-1})	11000
砂轮材质	A36 为人造树脂砂轮
质量/kg	1.6

3)砂轮的安装方法:

①关闭电源开关,把电源插头从插座上拔下。

②将砂轮机以主轴朝上的位置放置,把砂轮托板的直径 16mm 侧向上拧到主轴上并用扳子拧紧固定。

③将砂轮凸面向下穿进主轴。

④把砂轮压板螺母的凹面向下拧到主轴上。

⑤按下止动锁固定住主轴,然后用扳子牢固地拧紧砂轮压板。

⑥安装好砂轮后,在无人处进行 3min 以上的试运转,以确认砂轮是否有异常。

四、钢筋弯曲成型

1. 钢筋弯钩、弯折的规定

(1)钢筋的弯折规定

①光圆钢筋,不应小于钢筋直径的 2.5 倍。

②335MPa 级、400MPa 级带肋钢筋,不应小于钢筋直径的 4 倍。

③500MPa 级带肋钢筋,当直径为 28mm 以下时不应小于钢筋直径的 6 倍,当直径为 28mm 及以上时不应小于钢筋直径的 7 倍。

④箍筋弯折处尚不应小于纵向受力钢筋的直径。

⑤纵向受力钢筋的弯折后平直段长度应符合设计要求。光圆钢筋末端作 180°弯钩时,弯钩的平直段长度不应小于钢筋直径的 3 倍。

(2)箍筋的弯钩规定

①对一般结构构件,箍筋弯钩的弯折角度不应小于 90°,弯折后平直段长度不应小于箍筋直径的 5 倍;对有抗震设防要求或设计有专门要求的结构构件,箍筋弯钩的弯折角度不应小于 135°,弯折后平直段长度不应小于箍筋直径的 10 倍。

②圆形箍筋的搭接长度不应小于其受拉锚固长度,且两末端弯钩的弯折角度不应小于 135°,弯折后平直段长度对一般结构构件不应小于箍筋直径的 5 倍,对有抗震设防要求的结构构件不应小于箍筋直径的 10 倍。

③梁、柱复合箍筋中的单肢箍筋两端弯钩的弯折角度均不应小于 135°,弯折后平直段长度应符合对箍筋的有关规定。

2. 钢筋弯曲画线

在钢筋弯曲前,对形状复杂的钢筋(如弯起钢筋),应根据钢筋料牌上标明的尺寸,用石笔将各弯曲点位置画出。常见的钢筋弯曲形状如图 1-22 所示。画线时要注意以下几点:

①依据不同的弯曲角度扣除弯曲调整值,其扣除方法是从相邻两段长度中各扣一半。

②当钢筋端部带半圆弯钩时,该

图 1-22　常见钢筋弯曲形状

段长度画线时应增加 0.5d(d 为钢筋直径)。

③画线工作应从钢筋中线开始向两边进行;两边不对称的钢筋,也可以从钢筋一端开始画线,若画到另一端有出入,则需重新调整。

3. 钢筋弯曲成型的机具设备

(1)常用弯曲机、弯箍机型号及技术性能

图 1-23 所示为 GW40 型钢筋弯曲机结构图,钢筋弯曲机型号及技术性能见表 1-23,钢筋弯箍机型号及技术性能见表 1-24。在缺乏设备或对少量钢筋加工时,可用手工弯曲成型。手工弯曲是在成型台上用手摇扳手,每次弯 4～8 根 φ8～10 以下细钢筋,或用卡盘和扳手,可弯曲 φ12～32 粗钢筋,当弯曲 φ28 以下钢筋时,可用两个板柱加不同厚度钢套。钢筋扳手口直径应比钢筋大 2mm。

图 1-23 GW40 型钢筋弯曲机结构

表 1-23 钢筋弯曲机型号及技术性能

参数名称	型 号				
	GW32	GW32A	GW40	GW40A	GW50
弯曲钢筋直径 d/mm	6～32	6～32	6～40	6～40	25～50
钢筋抗拉强度/MPa	450	450	450	450	450
弯曲速度(r/min)	10/20	8.8/16.7	5	9	2.5
工作盘直径 d/mm	360	—	350	350	320

续表 1-23

参数名称		型　号				
		GW32	GW32A	GW40	GW40A	GW50
电动机	型号	YEJ100L1-4	柴油机、电动机	Y100L2-4	YEJ100L2-4	Y112M-4
	功率/kW	2.2	4	3	3	4
	转速(r/min)	1420	—	1420	1420	1420
外形尺寸	长/mm	875	1220	870	1050	1450
	宽/mm	615	1010	760	760	800
	高/mm	945	865	710	828	760
整机质量/kg		340	755	400	450	580
结构原理及特点		齿轮传动，角度控制半自动双速	全齿轮传动，半自动化双速	蜗轮蜗杆传动单速	齿轮传动，角度控制半自动单速	蜗轮蜗杆传动，角度控制半自动单速

表 1-24　钢筋弯箍机型号及技术性能

项目		型　号			
		SGWK8B	GJG4/10	GJG4/12	LGW60Z
弯曲钢筋直径 d/mm		4～8	4～10	4～12	4～10
钢筋抗拉强度/MPa		450	450	450	450
工作盘转速(r/min)		18	30	18	22
电动机	型号	Y112M-6	Y100L1-4	YA100-4	—
	功率/kW	2.2	2.2	2.2	3
	转速(r/min)	1420	1430	1420	—
外形尺寸	长/mm	1560	910	1280	2000
	宽/mm	650	710	810	950
	高/mm	1550	860	790	950

在工程实践中，直径 10 以下钢筋大多由人工在操作台上进行弯钩、弯曲钢箍等弯曲操作。直径 12 及以上直径的钢筋都使用机械成型，该机械通常由传动部分、机架及工作台三部分组成。常用的弯曲机包括 GJ7-40、WJ40-1 等型号，其弯曲直径为 12～40d/mm，功率约为 2.8kW。不同的生产厂生产弯曲机的外形尺寸及机重不同。

1)弯曲机的使用要点：

①弯曲操作前须充分了解工作盘的速度及允许弯曲钢筋直径的范围，可以先

试弯一根钢筋,摸索一下规律,然后再根据曲度大小来控制开关。

②正式大量弯曲成型前,要检查机械的各部件、油杯及蜗轮箱内的润滑油是否充足,并须进行空载试运转,等试运转正常后再正式操作。

③不得在运转过程中更换心轴,成型轴也不得在运转过程中加油或清扫。

④弯曲机应有地线接地,电源应安装在闸刀开关上。

⑤每次工作完毕,应及时清除工作盘以及插座内的铁屑及杂物等。

2)钢筋弯曲机的安全操作:

①工作台与弯曲机台面应保持水平,并须准备好各种心轴以及工具。

②按照所加工钢筋的直径及要求的弯曲半径装好心轴、成型轴、挡铁轴或可变挡架。

③检查心轴、挡铁轴、转盘,它们应没有损坏和裂纹,而且防护罩须紧固可靠,若发现损坏,要立即更换,经空运转确认后,才能进行作业。

④作业时,应将钢筋需弯的一头插在转盘固定销的间隙内,另一端紧靠机身固定销,并要用手压紧,检查机身固定销的确安在挡住钢筋的一侧后才能开动。

⑤作业中禁止更换心轴、销子、变换角度和调速等,也不许加油或清扫。

⑥弯曲较高强度的低合金钢钢筋时,须按机械铭牌规定换算最大限制直径且调换相应的心轴。

⑦弯曲钢筋时,禁止超过本机规定的钢筋直径、根数以及机械转速。

⑧禁止在弯曲钢筋的作业半径内及机身不设固定销的一侧站人。弯曲好的半成品须堆放整齐,弯钩不许朝上。

⑨如要进行转盘换向,一定要在停稳后进行。

(2)手摇扳手

在缺少机具设备的条件下,可以采用手摇扳手弯制细钢筋,卡盘与扳头弯制粗钢筋。手摇扳手主要尺寸见表1-25,卡盘与扳头(模口扳手)主要尺寸见表1-26。

表 1-25 手摇扳手主要尺寸

项 次	钢筋直径/mm	a/mm	b/mm	c/mm	d/mm
1	6	500	18	16	16
2	8~10	600	~22	18	20

表 1-26 卡盘与扳头(横口扳手)主要尺寸

项次	钢筋直径 /mm	卡盘/mm			扳头/mm			
		a	b	c	d	e	h	l
1	12~16	50	80	20	22	18	40	1200
2	18~22	65	90	25	28	24	50	1350
3	25~32	80	100	30	38	34	76	2100

4. 弯曲成型工艺要点

(1)划线

钢筋弯曲前,对形状复杂的钢筋(如弯起钢筋),应根据钢筋料牌上标明的尺寸,用石笔将各弯曲点位置划出。划线时应注意:

①根据不同的弯曲角度扣除弯曲调整值,其扣法是从相邻两段长度中各扣一半。

②钢筋端部带半圆弯钩时,该段长度划线时增加 0.5d(d 为钢筋直径)。

③划线工作宜从钢筋中线开始向两边进行;两边不对称的钢筋,也可从钢筋一端开始划线,如划到另一端有出入时,则应重新调整。

④划线应在工作台上进行,如无划线台而直接以尺度量进行划线时,应使用长度适当的木尺,不宜用短尺(木折尺)接量,以防发生差错。

(2)钢筋弯曲成型

钢筋在弯曲机上成型时,心轴直径应是钢筋直径的 2.5~5.0 倍,成型轴宜加偏心轴套,以便适应不同直径的钢筋弯曲需要。弯曲细钢筋时,为了使弯弧一侧的钢筋保持平直,挡铁轴宜做成可变挡架或固定挡架(加铁板调整)。图 1-24 所示为钢筋弯曲成型的工作简图及可变挡架构造图。

(a)　　　　　　　　　　(b)

图 1-24　钢筋弯曲成型的工作简图及可变挡架构造

(a)工作简图　(b)可变挡架构造

1. 工作盘　2. 心轴　3. 成型轴　4. 可变挡架　5. 插座　6. 钢筋

钢筋弯曲点线与心轴的关系,如图 1-25 所示。由于成型轴和心轴在同时转动,就会带动钢筋向前滑移。因此,钢筋弯 90°时,弯曲点线约与心轴内边缘齐;弯 180°时,弯曲点线距心轴内边缘为(1.0~1.5)d(钢筋硬时取大值)。

(a)　　　　　　　　　　　　　　　(b)

图 1-25　钢筋弯曲点线与心轴关系

(a)弯 90°　(b)弯 180°

1. 工作盘　2. 心轴　3. 成型轴　4. 固定挡铁　5. 钢筋　6. 弯曲点线

注意:对 HRB335 与 HRB400 钢筋,不能弯过头再弯回来,以免钢筋弯曲点处产生裂纹。

第一根钢筋弯曲成型后与配料表进行复核,符合要求后再成批加工;对于复杂的弯曲钢筋,如预制柱牛腿、屋架节点等宜先弯一根,经过试组装后,方可成批弯制。

(3)曲线形钢筋成型

图 1-26 所示为曲线型钢筋成型的工作简图及钢套详图。弯制曲线形钢筋时,可在原有钢筋弯曲机的工作盘中央放置一个十字撑和钢套;另外在工作盘 4 个孔内插上短轴和成型钢套(和中央钢套相切)。插座板上的挡轴钢套尺寸可根据钢筋曲线形状选用。钢筋成型过程中,成型钢套起顶弯作用,十字撑只协助推进。

(a)　　　　　　　　(b)　　　　　　　　(c)

图 1-26　曲线形钢筋成型的工作简图及钢套详图

(a)工作简图　(b)十字撑及钢套详图　(c)桩柱及钢套详图

1. 工作盘　2. 十字撑及钢套　3. 桩柱及钢套　4. 挡轴钢套　5. 插座板　6. 钢筋

(4)螺旋形钢筋成型

图 1-27 所示为螺旋形钢筋成型示意图,用于小直径钢筋,较粗($\phi 16 \sim 30$)钢筋可在钢筋弯曲机的工作盘上安设一个型钢制成的加工圆盘,图 1-28 所示为大直径螺旋箍筋成型装置,圆盘外直径相当于需加工螺旋筋(或圆箍筋)的内径,插孔相当于弯曲机板柱间距。使用时将钢筋一端固定,即可按一般钢筋弯曲加工方法弯成所需要的螺旋形钢筋。

图 1-27　螺旋形钢筋成型示意图

1. 支架　2. 卷筒　3. 钢筋　4. 摇把

图 1-28　大直径螺旋箍筋成型装置

1. 加工圆盘　2. 板柱插孔,间距 250mm　3. 螺旋箍筋

由于钢筋有弹性,滚筒直径应比螺旋筋内径略小,表 1-27 是滚筒直径与螺旋筋直径关系,可作为参考。

表 1-27　滚筒直径与螺旋筋直径关系

滚筒外径/mm	螺旋箍内径/mm	
	$\phi 6$	$\phi 8$
260	270	288
310	325	360

续表 1-27

滚筒外径/mm	螺旋箍内径/mm	
	$\phi6$	$\phi8$
365	390	418
410	440	485
465	500	575
510	565	630
555	640	700
600	690	760
660	765	845
710	820	—
760	885	—
810	965	—

（5）钢筋弯曲温度

要求钢筋弯曲均应在常温下进行，不允许将钢筋加热后弯曲。

（6）钢筋弯曲成型后表面要求

成型后的钢筋要求形状正确，平面上无凹凸、翘曲不平现象，弯曲点处无裂缝，对 HRB335 级及 HRB335 级以上的钢筋，不能弯过头再弯回来。

五、钢筋冷拉

1. 钢筋冷拉

（1）冷拉原理及时效强化

冷拉强化是指工程中将钢材于常温下进行冷拉使之产生塑性变形，进而提高钢材屈服强度的过程。产生冷拉强化的原理是：钢材在塑性变形中晶格缺陷增多，而有缺陷的晶格发生严重畸变将对晶格进一步滑移起到阻碍作用，所以钢材的屈服点提高，塑性及韧性降低。因为塑性变形中产生了内应力，所以钢材的弹性模量降低。将经过冷拉的钢筋置于常温下存放 15～20 天或加热到 100℃～200℃且保持一定时间，这个过程被称时效处理，前者称自然时效，后者称人工时效。冷拉后再经时效处理的钢筋，其屈服点将进一步提高，抗拉极限强度也有所增长，塑性将继续降低。随着时效强化处理过程中内应力的消减，弹性模量可基本恢复。工地或预制构件厂经常利用这一原理，对钢筋或低碳钢盘条按照性能要求进行冷拉或冷拔加工，用以提高屈服强度、节约钢材。

热轧钢筋的拉伸特性曲线（应力—应变图）如图 1-29 所示，若拉伸钢筋使其应力超过屈服点（图中 c 点），再卸去外力，因为钢筋已产生塑性变形，卸荷过程中应力—应变曲线沿着直线 co_1 而变化。若再立即重新拉伸,新的应力—应变曲线将是 o_1cde,且在 c 点附近出现新的屈服点 c'。这个屈服点高于冷拉前的屈服点。这是由于塑性变形后,钢筋内部晶格滑移,晶粒变形,使钢筋的屈服点得以提高,并导致弹性模量有所降低。

图 1-29　钢筋拉伸特性曲线

(2)钢筋冷拉参数及控制方法

影响钢筋冷拉质量的两个主要参数是钢筋的冷拉应力和冷拉率。钢筋的冷拉率是指钢筋冷拉时其弹性和塑性变形的总伸长值与钢筋原长的比值(%)。在一定的限度范围内,冷拉应力或冷拉率越大,则屈服强度提高越多,而塑性降低也越多。但在钢筋冷拉后仍会有一定的塑性,其屈服强度与抗拉强度之比值(屈服强比)不应太大,以使钢筋有一定的强度储备。钢筋冷拉可以采用通过控制应力来控制冷拉率的方法。用做预应力筋的钢筋,冷拉时应采用控制应力的方法,或采用既可控制应力,又可控制冷拉率的方法。若不能分清炉批号的热轧钢筋的冷拉不得采用控制冷拉率的方法。

$$冷拉应力 = \frac{冷拉力}{钢筋公称面积} \tag{1-7}$$

$$冷拉率 = \frac{钢筋冷拉伸长值}{钢筋原有长度} \tag{1-8}$$

$$钢筋冷拉伸长值 = 钢筋冷拉后长度 - 钢筋原有长度 \tag{1-9}$$

控制应力的方法:当采用控制应力的方法冷拉钢筋时,其冷拉控制应力以及最大冷拉率须符合表 1-28 的规定,冷拉时要随时检查钢筋的冷拉率,若超过表 1-28 的规定,须进行力学性能检验。冷拉多根连接的钢筋,冷拉率可以按总长计算,但冷拉后每根钢筋的冷拉率,须符合表 1-28 的规定。

表 1-28　冷拉控制应力及最大冷拉率

钢筋级别	钢筋直径/mm	冷拉控制应力/MPa	最大冷拉率/%
HPB300	≤22	370	4.0
HRB335	≤25	450	5.5
	28~40	430	5.5
HRB400	8~40	500	1.0

控制冷拉率的方法:当采用控制冷拉率的方法冷拉钢筋时,其冷拉率须由试验确定。就是在同炉批的钢筋中切取试样(不少于 4 个),按照表 1-29 给出的测定冷

拉率时钢筋的冷拉应力来测定各试样的冷拉率,取平均值作为该批钢筋实际采用的冷拉率。冷拉率确定后,便可以根据钢筋的长度求出钢筋的冷拉长度。

表 1-29　测定冷拉率时钢筋的冷拉应力

钢筋级别	钢筋直径/mm	冷拉应力/MPa
HPB300	≤22	370
HRB335	≤25	480
	28～40	460
HRB400	8～40	530

注:当钢筋平均冷拉率低于 1%时,仍应按 1%进行冷拉。

(3)钢筋冷拉操作

钢筋冷拉主要工序包括钢筋上盘、放圈、切断、夹紧夹具、冷拉开始、观察控制值、停止冷拉、放松夹具、捆扎堆放。

冷拉设备主要由拉力装置、承力结构、钢筋夹具以及测量装置等组成。拉力装置通常由卷扬机、张拉小车以及滑轮组等组成。若缺乏卷扬机,也可以采用普通液压千斤顶、长冲程千斤顶或预应力用的千斤顶等代替。但用千斤顶冷拉时生产率较低,且千斤顶易磨损。承力结构可以采用钢筋混凝土压杆;若拉力较小或临时性工程中,可以采用地锚。

冷拉长度测量可以用标尺,测力计可以用电子秤、附有油压表的液压千斤顶或弹簧测力计。测力计通常应设置在张拉端定滑轮组处,如设置在固定端,须设防护装置,以防钢筋断裂时损坏测力计。为安全起见,冷拉时钢筋须缓缓拉伸,缓缓放松,且须防止斜拉,正对钢筋两端不得站人,冷拉时人员不许跨越钢筋。

以下是冷拉操作要点:

①应对钢筋的炉号和原材料的质量进行检查,不同炉号的钢筋应分别进行冷拉,不能混杂。

②冷拉前,须对设备,特别是测力计进行校验及复核,并应做好记录以及确保冷拉质量。

③钢筋需先拉直(约为冷拉应力的 10%),后量其长度,再行冷拉。

④冷拉时,为使钢筋变形充分发展,冷拉速度不应快,通常以 0.5～1m/min 为宜,若达到规定的控制应力(或冷拉长度)后,应稍停(约 1～2min),等钢筋变形充分发展后放松钢筋,结束冷拉。若钢筋在负温下进行冷拉,其温度不应低于-20℃。若采用控制应力方法,冷拉控制应力应比常温下提高 30MPa;若采用控制冷拉率方法,冷拉率应与常温下相同。

⑤钢筋伸长的起点要以钢筋发生初应力时为准。如无仪表观测,可以观测钢筋表面的浮锈或氧化铁皮,以开始剥落时起计。

⑥预应力钢筋要先对焊后冷拉,以防焊后因高温而使冷拉后的强度降低。若焊接接头被拉断,可以切除该焊区,总长约是 200~300mm,重新焊接后再冷拉,但通常不超过两次。

⑦钢筋时效可以采用自然时效,冷拉后应在常温(15℃~20℃)下放置一定时间(通常是 7~14 天)后使用。

⑧钢筋冷拉后要避免经常雨淋、水湿,因钢筋冷拉后性质尚未稳定,遇水易变脆,并容易生锈。

(4)冷拉钢筋质量要求

冷拉后,钢筋表面不得有裂纹或局部颈缩现象,并应按施工规范要求进行拉力试验及冷弯试验。其质量须符合表 1-30 冷拉钢筋质量指标的各项指标。冷弯试验后,钢筋不能有裂纹、起层等现象。

表 1-30　冷拉钢筋质量指标

钢筋级别	钢筋直径/mm	屈服强度 /MPa	抗拉强度 /MPa	伸长率 δ/%	冷 弯	
		不小于			弯曲角度	弯曲直径
HPB300	≤22	300	370	11	180°	d
HRB335	≤25	450	510	10	90°	$3d$
	28~40	460	490	10	90°	$4d$
HRB400	8~40	500	570	8	90°	$5d$

注:d 为钢筋直径。

2. 钢筋冷拉设备安全操作

①卷扬机的型号和性能应经过合理选用,适应被冷拉钢筋的直径大小。卷扬钢丝绳须经封闭式导向滑轮并与被拉钢筋方向垂直。卷扬机的位置一定要使操作人员可见到全部冷拉场地。

②须在冷拉场地的两端地锚外侧设置警戒区,警戒区应装有防护栏杆并设有警告标志。禁止与施工无关的人员在警戒区停留。作业时,操作人员所在的位置一定要与被拉钢筋保持 2m 以上的距离。

③作业前,须检查冷拉夹具,夹齿一定要完好,滑轮、拖拉小车须润滑灵活,拉钩、地锚以及防护装置都要齐全牢固,确认良好后才能进行作业。

④用配重控制的设备一定要与滑轮匹配,并有指示起落的记号,若无记号就应有专人指挥。配重筐提起时高度要限制在离地面 300mm 以内;配重架四周应有栏杆以及警告标志。

⑤卷扬机操作人员一定要在看到指挥人员发出信号,并且所有人员都离开危险区后才能作业。冷拉须缓慢均匀地进行,随时注意停车信号;若看到有人进入危

险区,立即停拉,且稍稍放松卷扬钢丝绳。

⑥用以控制冷拉力的装置一定要装设明显的限位标志,且应有专人负责指挥。

⑦夜间工作的照明设施须设在冷拉危险区外。若一定要装设在场地上空,它的高度应离地面 5m 以上;灯泡须加防护罩,不得用裸线作为导线。

⑧冷拉作业结束后,须放松卷扬钢丝绳,落下配重,切断电源,锁好开关箱。

六、钢筋冷拔

1. 钢筋冷拔原理及应用

冷拔是指使直径 6～8mm 的 HPB300 级钢筋在常温下,强力利用特制的直径逐渐减小的钨合金拔丝模孔,致使钢筋产生塑性变形,进而改变物理力学性能,图 1-30 所示为钢筋冷拔示意图。钢筋冷拔后会横向压缩纵向拉伸,内部晶格产生滑移,抗拉强度可提高 50%～90%;塑性降低,硬度将提高。这种经冷拔加工的钢丝称为冷拔低碳钢丝。与冷拉相比较:冷拉是一种纯拉伸线应力,但冷拔既有拉伸应力又有压缩应力。冷拔后冷拔低碳钢丝无明显的屈服现象,按材质特性划分可分为甲、乙两级,甲级钢丝适用于做预应力筋,乙级钢丝适用于做焊接网、焊接骨架、箍筋以及构造钢筋。

图 1-30 钢筋冷拔示意图

2. 钢筋冷拔工艺

冷拔工艺过程为:轧头→剥壳→通过润滑剂盒→进入拔丝模孔。

轧头是在轧头机上进行,其目的是将钢筋端头轧细,以便穿过拔丝模孔。剥壳是利用 3～6 个上下排列的辊子,用以除去钢筋表面坚硬的渣壳。润滑剂通常用石灰、动植物油、肥皂、白蜡以及水按照一定的比例制成。剥壳和通过润滑剂可使铁渣不至于进入拔丝模孔口,用以提高拔丝模的使用寿命,且可消除因拔丝模孔存在铁渣致使钢丝表面擦伤的现象。剥壳后,钢筋通过润滑剂盒润滑,再进入拔丝模进行冷拔。

3. 钢筋冷拔操作

①冷拔前须对原材料进行必要的检验。对钢号不明或没有出厂证明的钢材须取样检验。若遇截面不规整的扁圆、带刺、过硬、潮湿的钢筋,不得用于拔制,以防损坏拔丝模及影响质量。

②钢筋冷拔前一定要经轧头和除锈处理。除锈装置可利用拔丝机卷筒及盘条

转架,其中设有 3～6 个单向错开或上下交错排列的带槽剥壳轮,钢筋经上下左右反复弯曲,就可以除锈。也可以使用与钢筋直径基本相同的废拔丝模以机械方法除锈。

③为了方便钢筋穿过拔丝模孔,钢筋头应轧细一段(150～200mm),轧压至直径比拔丝模孔小 0.5～0.8mm,以便于顺利穿过模孔。为了减少轧头次数,可以用对焊方法将钢筋连接,但要将焊缝处的凸缝用砂轮锉平磨滑,用以保护设备以及拉丝模。

④在操作前,要按常规对设备进行检查及空载运转一次。安装拔丝模时,应分清正反面,安装后要将固定螺栓拧紧。

⑤为了减少拔丝对拔丝模孔损耗,抽拔时应涂以润滑剂,通常在拔丝模前安装一个润滑盒,致使钢筋黏滞润滑剂进入拔丝模。润滑剂的配方是:动物油(羊油或牛油):肥皂:石蜡:生石灰:水 =(0.15～0.20):(1.6～3.0):1:2:2。

⑥拔丝速度应控制在 50～70m/min。钢筋连拔不应超过 3 次,若再拔,须消除钢筋内应力,采用低温(600℃～800℃)退火处理使钢筋变软,加热后取出埋入砂中缓冷,冷却速度控制在 150℃/h 以内。

⑦须随时检查拔丝的成品,是否有砂孔、沟痕、夹皮等缺陷,以便随时更换拔丝模或调整转速。

4. 钢筋冷拔质量控制与要求

原材料质量和冷拔总压缩率(β)是影响钢筋冷拔质量的主要因素。为稳定冷拔低碳钢丝的质量,要求原材料应按照钢厂、钢号、直径分别堆放及使用。甲级冷拔低碳钢丝须采用符合 HPB300 热轧钢筋标准的圆盘条拔制。

总压缩率指的是由盘条拔至成品钢丝的横截面总缩减率,可以按下式计算:

$$\beta = \frac{d_0^2 - d^2}{d_0^2} \times 100\% \tag{1-10}$$

式中　β——总压缩率;d_0——原料钢筋直径;d——成品钢丝直径。

总压缩率越大,抗拉强度就提高得越多,但塑性降低得也就越多。因此一定要控制总压缩率,通常 Φ^b5 钢丝由 $\Phi8$ 盘条拔制而成,Φ^b3 和 Φ^b4 钢丝由 $\phi6.5$ 盘条拔制而成。

冷拔低碳钢丝通常应经过多次冷拔才可达到预定的总压缩率。每次冷拔的压缩率不应过大,否则容易将钢丝拔断,且易损坏拔丝模。前、后道钢丝直径之比以1.15:1 为宜。钢筋冷拔次数不应过多,否则容易使钢丝变脆。

当冷拔低碳钢丝验收时,应逐盘进行外观检查,钢丝表面不得有裂纹及机械损伤。外观检查合格后还应按照规范要求进行机械性能检验,即分别做拉力以及反复弯曲试验,其质量指标须符合表 1-31 冷拔低碳钢丝的机械性能的规定。甲级冷拔低碳钢丝须逐盘检验,并应按照其抗拉强度确定该盘丝的组别。对乙级冷拔低碳钢丝可以分批抽样检验。

表 1-31 冷拔低碳钢丝的机械性能

钢丝级别	直径/mm	抗拉强度/MPa		伸长率 $\delta_{10}/\%$	反复弯曲 (180°)次数
		Ⅰ组	Ⅱ组		
		不小于			
甲级	5	650	600	3	4
	4	700	650	2.5	
乙级	3~6	550		2	4

第二章　钢筋绑扎搭接方法与实例

第一节　钢筋绑扎基本知识

一、基本概念

钢筋产品的长度有限,而混凝土结构的尺度很大,因而工程结构中钢筋的连接就难以避免。绑扎搭接连接是最早应用,并且至今仍在广泛采用的钢筋连接形式。从结构受力的角度而言,连接接头应具有尽量接近整体钢筋的传力性能,才能维持结构应有的力学性能。包括强度(承载力)、延性(破坏状态)、刚度(变形)、恢复性能、疲劳性能、耐久性,施工适应性及质量稳定性等。从构件的结构性能而言,希望钢筋的连接接头具有接近整体钢筋的传力性能。

二、基本原理

钢筋绑扎搭接的基本原理,将两根钢筋搭接一定长度,用细钢丝在多处将两钢筋绑扎牢固,放入混凝土中。承受荷载后,由一根钢筋中的力通过钢筋与混凝土之间的握裹力(黏结力)传递给混凝土,接着由混凝土传递给另一根钢筋。在受拉区域 HPB300 光圆钢筋绑扎搭接接头过程中,通过钢筋末端的弯钩,来增强钢筋与混凝土之间力的传递。

三、使用范围

钢筋绑扎搭接使用范围有如下规定:

(1)《混凝土结构设计规范》(GB 50010—2010)中的规定

①受力钢筋的接头宜设置在受力较小处。在同一根钢筋上宜少设接头。

②轴心受拉及小偏心受拉杆件的纵向受力钢筋不得采用绑扎搭接;其他构件中的钢筋采用绑扎搭接时,受拉钢筋直径不宜大于 25mm,受压钢筋直径不宜大于 28mm。

(2)《混凝土结构工程施工质量验收规范》(GB 50204—2015)中的规定

①钢筋的连接方式应符合设计要求。

②钢筋接头的位置应符合设计和施工方案要求。有抗震设防要求的结构中,

梁端、柱端箍筋加密区范围内不应进行钢筋搭接。接头末端至钢筋弯起点的距离不应小于钢筋直径的 10 倍。

四、钢筋绑扎搭接的传力机理

1. 传力机理

(1)搭接传力的本质

搭接钢筋之间能够传递内力,完全仰仗周围握裹层混凝土的粘结锚固作用。相背受力的两根钢筋分别将内力传递给混凝土,实际上就是通过握裹层混凝土完成了内力的过渡。因此钢筋搭接传力的本质,就是钢筋与混凝土的粘结锚固作用。

深入分析钢筋与混凝土的粘结锚固机理,主要是依靠钢筋横肋对混凝土咬合齿的挤压作用。由于钢筋横肋的挤压面是斜向的,因此挤压推力也是斜向的,这就形成了粘结锚固在界面上的锥楔作用,如图 2-1(a)所示。锥楔作用在纵向的分力即为锚固力,而在径向的推挤力,往往就引起握裹层混凝土顺着钢筋方向的纵向劈裂力,如图 2-1(b)所示,并形成沿钢筋轴线方向的劈裂裂缝。

图 2-1　钢筋与混凝土界面的锥楔作用和纵向劈裂

(a)界面的锥楔作用　(b)纵向劈裂力

(2)搭接传力的特点

钢筋的搭接传力基本是锚固问题,但也有其特点:一是两根钢筋的重叠部位混凝土握裹力受到削弱,因此钢筋的搭接强度小于其锚固强度,钢筋的搭接长度通常以相应的锚固长度折算,并且长度也稍大。二是搭接的两根钢筋锥楔作用的推力都是向外的,如图 2-2(a)、(b)所示,因此在两根搭接钢筋之间就特别容易产生劈裂裂缝,即搭接钢筋之间的缝间裂缝,如图 2-2(c)所示。而搭接长度范围内的围箍约束作用,对于保证搭接连接的传力,有着防止搭接钢筋分离的控制作用,如图 2-2(b)所示。搭接钢筋之间的这种裂缝继续发展,最终将形成构件搭接传力的破坏,如图 2-2(d)所示。

2. 传力性能

绑扎搭接连接是施工中最为简便的钢筋连接方式。经过系统的试验研究和长期的工程经验,采取一定的构造措施,绑扎搭接连接能够满足可靠传力的承载力要求。但是,由于两根钢筋之间的相对滑移,搭接连接区段的伸长变形往往加大,割

图 2-2　钢筋搭接的传力机理

(a)搭接钢筋之间的推力　(b)钢筋之间的推挤力及劈裂裂缝　(c)受弯构件的搭接裂缝　(d)构件搭接接头的破坏

线模量 E_c 肯定会减小,小于钢筋弹性模量 E_s,如图 2-3 所示。而且构件卸载以后,搭接连接区段还会留下残余变形 ε_r 和在搭接接头两端的残余裂缝,如图 2-4 所示,因此搭接接头处受力以后的恢复性能变差。通常,钢筋搭接连接的破坏是延性的,只要有配箍约束使绑扎搭接的两根钢筋不分离,就不会发生钢筋传力中断的突然性破坏。

图 2-3　搭接钢筋的割线模量　　　　图 2-4　连接接头处的残余裂缝

五、钢筋绑扎搭接的工程应用

1. 应用范围

一般情况下,钢筋绑扎搭接的施工操作比较简单。但是近年高强度钢筋和大直径的粗钢筋应用增多,因此搭接长度加大,造成施工困难、耗钢较多而成本增加。因此,绑扎搭接连接只适用于直径较小的钢筋。一般直径 16mm 及以下中、小直径的钢筋,适宜采用搭接连接的方式。

2. 直径限制

鉴于近年各种连接技术的迅速发展,加之粗钢筋绑扎搭接连接施工不便且耗费材料,故对搭接连接的应用范围,较之原规范适当加严。新修订的规范,对搭接连接钢筋直径的限制如下:受拉钢筋由 28mm 改为 25mm;受压钢筋由 32mm 改为 28mm。

3. 受力状态限制

(1)受拉构件

绑扎搭接的连接方式,对于完全依靠钢筋拉力承载的轴心受拉及小偏心受拉杆件,受力就不十分可靠。例如,混凝土结构屋架的下弦拉杆,以及混凝土结构抗连续倒塌设计的拉接构件法,配置的受力钢筋就不能有绑扎搭接的连接。

因此设计规范规定:"轴心受拉及小偏心受拉杆件的纵向受力钢筋,不得采用绑扎搭接"。

(2)疲劳构件

承受疲劳荷载作用的构件,由于受力钢筋要经受反复疲劳荷载的作用,搭接连接的传力性能将蜕化而受到削弱。因此设计规范规定:"需进行疲劳验算的构件,其纵向受拉钢筋不得采用绑扎搭接接头……"。

第二节　钢筋绑扎工具

一、铅丝钩

铅丝钩是主要的钢筋绑扎工具,其形状如图 2-5 所示,是用直径为 12~16mm、长度为 160~200mm 圆钢筋制作。根据工程需要,可在其尾部加上套管、小扳口等形式的钩子。

二、小撬棒

小撬棒用来调整钢筋间距、矫直钢筋的部分弯曲、垫保护层

图 2-5　铅丝钩

水泥垫块等,如图 2-6 所示。

三、起拱扳子

起拱扳子是绑扎现浇楼板时,用来弯制楼板弯起钢筋的工具。

楼板弯起钢筋不得预先弯曲成型后再绑扎,而是在弯起钢筋及分布钢筋绑扎成网后,用起拱扳子来操作,如图 2-7 所示。

图 2-6　小撬棒　　　　　　　　图 2-7　起拱扳子

四、绑扎架

绑扎钢筋骨架一定要用钢筋绑扎架,根据绑扎骨架的轻重、形状,可以选用不同规格的轻型、重型、坡式等的钢筋骨架,如图 2-8 至图 2-10 所示。

图 2-8　轻型骨架绑扎架

(a)　　　　　　　　　　　(b)

图 2-9　重型骨架绑扎架

图 2-10 坡式钢筋绑扎架

第三节 钢筋绑扎方法及要求

一、绑扎钢筋操作方法

绑扎钢筋是借助钢筋钩,用铁丝把各种单根钢筋绑扎成整体骨架或网片。绑扎钢筋的扎扣方法按稳固、顺势等操作的要求可分为若干种,其中,最常用的是一面顺扣绑扎法。

1. 一面顺扣操作法

钢筋一面顺扣绑扎法如图 2-11 所示,绑扎时先将铁丝扣穿套钢筋交叉点,接着用钢筋钩钩住铁丝弯成圆圈的一端,旋转钢筋钩,一般旋 1.5~2.5 转即可。操

(a)   (b)   (c)

图 2-11 钢筋一面顺扣绑扎法

作时,扎扣要短,才能少转快扎。这种方法操作简便,绑点牢靠,适用于钢筋网、骨架各个部位的绑扎。

2. 其他扎扣方法

钢筋绑扎除一面顺扣操作法之外,还有十字花扣、反十字花扣、兜扣、缠扣、兜扣加缠、套扣等,这些方法主要根据绑扎部位的实际需要进行选择,表 2-1 所示为其他几种扎扣方式。

表 2-1　钢筋的其他绑扎方法

序号	名称	样式
1	兜扣	
2	十字花扣	
3	缠扣	
4	反十字花扣	
5	套扣	

续表 2-1

序号	名称	样式
6	兜扣加缠	1　2　3　4

①平板钢筋网及箍筋处的绑扎用十字花扣、兜扣的方法。

②墙钢筋网和柱箍的绑扎用缠扣的方法。

③梁骨架的箍筋和主筋的绑扎用反十字花扣、兜扣加缠的方法。

④梁的架立钢筋及箍筋的绑扎用套扣的方法。

二、钢筋绑扎要求

钢筋绑扎搭接接头连接区段以及接头面积百分率须符合要求。纵向受力钢筋绑扎搭接接头的最小搭接长度要符合以下规定。

若纵向受拉钢筋的绑扎搭接接头面积百分率不大于 25％，则其最小搭接长度须符合表 2-2 的规定。

表 2-2　纵向受拉钢筋的最小搭接长度　　　　　（单位：mm）

钢筋种类	混凝土强度等级			
	C15	C20～C25	C30～C35	≥C40
HPB300 级光圆钢筋	$45d$	$35d$	$30d$	$25d$
HRB335 级带肋钢筋	$55d$	$45d$	$35d$	$30d$
HRB400 级带肋钢筋	—	$55d$	$40d$	$35d$

注：在任何情况下，纵向受拉钢筋的搭接长度应不小于300mm，受压钢筋搭接长度应不小于200mm；受压钢筋绑扎接头的搭接长度应为表中数值的 0.7 倍。两根直径不同钢筋的搭接长度，以较细钢筋直径计算。

若纵向受拉钢筋搭接接头面积百分率大于 25％且小于 50％，则其最小搭接长度要按相应数值乘以系数 1.2 取用；若接头面积百分率大于 50％，则其要按相应的数值乘以系数 1.35 取用。

若符合以下条件，纵向受拉钢筋的最小搭接长度须根据上述两条确定后，按以下规定进行修正：

①若带肋钢筋的直径大于 25mm，则其最小搭接长度要按相应数值乘以系数 1.1 取用。

②若在混凝土凝固过程中受力钢筋易受拨动，则其最小搭接长度要按相应数

值乘以系数 1.1 取用。

③对于环氧树脂涂层的带肋钢筋,其最小搭接长度要按相应数值乘以系数
1.25 取用。

④若带肋钢筋的混凝土保护层厚度大于搭接钢筋直径的 3 倍并配有箍筋,则
其最小搭接长度可以按相应数值乘以系数 0.8 取用。

⑤对于末端采用机械锚固措施的带肋钢筋,其最小搭接长度可以按相应数值
乘以系数 0.7 取用。

⑥对于有抗震设防要求的结构构件,其受力钢筋的最小搭接长度对一、二级抗
震等级要按相应数值乘以系数 1.15 采用;对三级抗震等级要按相应数值乘以系数
1.05 采用。无论在何种情况下,受拉钢筋的搭接长度不得小于 300mm。

当纵向受压钢筋搭接时,其最小搭接长度要根据以上三条的规定确定相应数
值后,乘以系数 0.7 取用。无论在何种情况下,受压钢筋的搭接长度不得小
于 200mm。

第四节　钢筋绑扎连接

一、基础钢筋绑扎

①应将基础垫层清扫干净,再用石笔及墨斗在上面弹放钢筋位置线。

②应按钢筋位置线布放基础钢筋。

③绑扎钢筋。四周两行钢筋交叉点要每点绑扎牢。中间分交叉点可以相隔交
错扎牢,但一定要确保受力钢筋不位移。双主筋的钢筋网,则要将全部钢筋相交点
扎牢。相邻绑扎点的丝扣呈"八"字形,以防网片歪斜变形。

④当基础底板采用双层钢筋网时,在上层钢筋网下面要设置钢筋撑脚或混凝
土撑脚,以确保钢筋位置正确,钢筋撑脚要垫在下层钢筋网上,如图 2-12 所示。

(a)　　　　　　　　　　(b)

图 2-12　钢筋撑脚的形式

1. 上层钢筋网　2. 下层钢筋网　3. 撑脚　4. 水泥砂浆垫块

钢筋撑脚的形式如图2-12所示。图2-12(a)所示类型撑脚是每隔1m放置1个。若板厚$h\leqslant300mm$,其直径选用8~10mm;若板厚$300mm<h\leqslant500mm$,直径则选用12~14mm;若板厚$h>500mm$应选用图2-12(b)所示撑脚,其直径是16~18mm。钢筋撑脚沿短向通长布置,间距以能确保钢筋位置为准。

⑤现浇柱与基础连接用的插筋,其箍筋要比柱的箍筋缩小一个柱筋直径,以便连接。插筋位置必须固定牢靠,以防造成柱轴线偏移。

⑥对厚片筏上部钢筋网片,可以采用钢管临时支撑体系。图2-13(a)是绑扎上部钢筋网片用的钢管支撑。在上部钢筋片绑扎完毕后,应置换出水平钢管,为此另取一些垂直钢管通过直角扣件与上部钢筋网片的下层钢筋相连接(该处应另用短钢筋段加强),来替换原支撑体系,如图2-13(b)所示。在混凝土浇筑过程中,应逐步抽出垂直钢管,如图2-13(c)所示。这时,上部荷载可以由附近的钢管以及上、下端均与钢筋网焊接的多个拉结筋来承受。因为混凝土不断浇筑与凝固,拉结筋细长比相应减小,所以提高了承载力。

(a)   (b)

(c)

图2-13 厚片筏上部钢筋网片的钢管临时支撑
(a)绑扎上部钢筋网片时 (b)浇筑混凝土前 (c)浇筑混凝土时
1.垂直钢管 2.水平钢管 3.直角扣件 4.下层水平钢筋 5.待拔钢管 6.混凝土浇筑方向

⑦钢筋的弯钩应朝上,不应倒向一边;双层钢筋网的上层钢筋弯钩要朝下。

⑧独立柱基础为双向弯曲,其底面的短向钢筋要放在长向钢筋的上面。

⑨基础中纵向受力钢筋的混凝土保护层厚度不得小于 40mm,若无垫层不得小于 70mm。

二、柱钢筋绑扎

1. 套柱箍筋

按图样要求间距,计算好每根柱箍筋数量,应先将箍筋套在下层伸出的搭接筋上,再立柱子钢筋。在搭接长度内,绑扣不少于 3 个,绑扣应向柱中心。若柱子主筋采用光圆钢筋搭接,则角部弯钩要与模板成 45°角,中间钢筋的弯钩要与模板成 90°角。

2. 搭接绑扎竖向受力筋

柱主筋立起后,绑扎接头的搭接长度、接头面积百分率须符合设计要求。

3. 画箍筋间距线

在立好的柱子竖向钢筋上,应按图样要求用粉笔画箍筋间距线。

4. 柱箍筋绑扎要领

①按已画好的箍筋位置线,将已套好的箍筋往上移动,应由上向下采用缠扣绑扎。

②箍筋与主筋要垂直,箍筋转角处与主筋交点都应绑扎,主筋与箍筋非转角部分的相交点成梅花交错绑扎。

③箍筋的弯钩叠合处须沿柱子竖筋交错布置,且绑扎牢固,如图 2-14 所示。

④有抗震要求的地区,柱箍筋端头要弯成 135°,平直部分长度应不小于 $10d$(d 是箍筋直径),如图 2-15 所示。若箍筋采用 90°搭接,搭接处须焊接,焊缝长度单面焊缝应不小于 $10d$。

图 2-14　柱箍筋交错布置示意

图 2-15　箍筋抗震要求示意

⑤柱基、柱顶、梁柱交接处箍筋间距要按设计要求加密。柱上下两端箍筋须加密,加密区长度以及加密区内箍筋间距须符合设计图样要求。若设计要求箍筋设拉筋,拉筋须钩住箍筋,如图 2-16 所示。

⑥柱筋保护层厚度须符合规范要求,主筋外皮厚度 25mm,垫块须绑在柱竖筋外皮上,间距通常为 1000mm(或用塑料卡卡在外竖筋上),以确保主筋保护层厚度

准确。若柱截面尺寸有变化,则柱应在板内弯折,弯后的尺寸要符合设计要求。

三、墙钢筋现场绑扎

①将预留钢筋调直理顺,并且应将表面砂浆等杂物清理干净。先立 2～4 根纵向筋,并画好横筋分档标志,再于下部以及齐胸处绑两根定位水平筋,并在横筋上画好分档标志,随后绑其余纵向筋,最后绑其余横筋。若墙中有暗梁、暗柱,要先绑暗梁、暗柱再绑周围横筋。

②墙的纵向钢筋每段钢筋长度不应超过 4m(钢筋直径≤12mm)或 6m(钢筋直径>12mm),水平段每段长度不应超过 8m,以利于绑扎。

③墙的钢筋网绑扎与基础相同,钢筋的弯钩要朝向混凝土内。

④采用双层钢筋网时,在两层钢筋间须设置撑铁,用以固定钢筋间距。撑铁可以用直径 6～10mm 的钢筋制成,长度等于两层网片的净距,如图 2-17 所示,间距约为 1m,相互错开排列。

图 2-16　拉筋布置示意图

图 2-17　墙钢筋的撑铁
1. 钢筋网　2. 撑铁

⑤墙的钢筋网绑扎时,全部钢筋的相交点均应扎牢,相邻绑扎点的铁丝扣呈八字形,以防网片歪斜变形。

⑥为了控制墙体钢筋保护层厚度,应采用比墙体竖向钢筋大一型号的钢筋梯子凳,在原位替代墙体钢筋,间距应在 1500mm 左右。

⑦墙体钢筋,可以在基础钢筋绑扎之后、浇筑混凝土前插入基础内。

⑧墙的钢筋也要在模板安装前进行绑扎。

四、梁钢筋绑扎

①核对图样,应严格按施工方案组织绑扎工作。

②在梁侧模板上应画出箍筋间距,摆放箍筋。

③应先穿主梁的下部纵向受力钢筋以及弯起钢筋,将箍筋按已画好的间距逐个分开,然后穿次梁的下部纵向受力钢筋以及弯起钢筋,并套好箍筋;再放主次梁的架立筋;隔一定间距将架立筋与箍筋绑扎牢固;调整箍筋间距使其间距符合设计要求,绑架立筋,最后绑主筋,主次梁同时配合进行。

④框架梁上部纵向钢筋要贯穿中间节点,梁下部纵向钢筋伸入中间节点的锚固长度以及伸过中心线的长度应符合设计要求。框架梁纵向钢筋在端节点内的锚固长度也应符合设计要求。

⑤绑梁七部纵向筋的箍筋,应用套扣法绑扎。

⑥梁钢筋的绑扎与模板安装之间的配合关系如下:梁的高度相对较小时,梁的钢筋架空在梁顶上绑扎后,再落位;梁的高度相对较大(≥1.0m)时,梁的钢筋应在梁底模上绑扎,其两侧模或一侧模后装。

⑦绑扎时要防止水电管线将钢筋抬起或压下。

⑧板、次梁与主梁交叉处,板的钢筋在上,次梁的钢筋居中,主梁的钢筋在下,如图 2-18 所示;若有圈梁或垫梁,则应主梁的钢筋在上,如图 2-19 所示。

图 2-18　板、次梁与主梁交叉处钢筋的放置   **图 2-19　主梁与垫梁交叉处钢筋的放置**
　1. 板的钢筋　2. 次梁钢筋　3. 主梁钢筋   1. 主梁钢筋　2. 垫梁钢筋

⑨当框架节点处钢筋穿插十分稠密时,须特别注意梁顶面主筋间的净距应有30mm,以利于浇筑混凝土。

⑩箍筋在叠合处的弯钩,在梁中须交错绑扎,箍筋弯钩是 135°,平直部分长度是 $10d$,若做成封闭箍,单面焊缝长度是 $5d$(d 是钢筋直径)。

⑪梁端第一个箍筋须设置在距离柱节点边缘 50mm 处。梁端与柱交接处箍筋要加密,其间距与加密区长度都应符合设计要求。

⑫在主、次梁受力筋下加垫块(或塑料卡),以确保保护层的厚度。受力筋为双排时,可以用短钢筋垫在两层钢筋间,确保钢筋排间距符合设计要求。

五、板钢筋绑扎

①应清理模板上面的杂物,并用粉笔在模板上画好主筋、分布筋间距。

②应按画好的间距,先摆放受力主筋,后放分布筋。预埋件、电线管、预留孔等应及时配合安装。

③在现浇板中有板带梁时,应先绑板带梁钢筋,再绑板钢筋。

④绑扎板钢筋时采用顺扣或八字扣,除外围两根钢筋的相交点要全部绑扎外,其余各点可以交错绑扎(双向板相交需全部绑扎)。若板是双层钢筋,两层钢筋之

间应加钢筋撑,以保证上部钢筋的位置。负弯矩钢筋每个相交点都应绑扎。

⑤在钢筋的下面垫好砂浆垫块,间距是 1.5m。垫块的厚度与保护层厚度相同,须满足设计要求,若设计没有要求,板的保护层厚度应是 15mm。

六、现浇悬挑雨篷钢筋绑扎

雨篷板是悬挑式构件,其板的上部受拉、下部受压。因此,雨篷板的受力筋配置在构件断面的上部,并且将受力筋伸进雨篷梁内,如图 2-20 所示。其绑扎注意事项如下:

①主、负筋位置必须摆放正确,不可放错。

②雨篷梁与板的钢筋须保证锚固尺寸。

③雨篷钢筋骨架在模内绑扎时,禁止脚踩在钢筋骨架上进行绑扎。

④钢筋的弯钩须全部向内。

⑤雨篷板的上部受拉,所以受力筋在上,分布筋在下,切勿颠倒。

⑥雨篷板双向钢筋的交叉点都要绑扎,铁丝方向应呈"八"字形。

⑦要垫放足够数量的钢筋撑脚,以保证钢筋位置准确。

⑧高处作业时注意安全。

图 2-20　雨篷配筋图

七、肋形楼盖钢筋绑扎

①处理好主梁、次梁、板三者的关系。

②纵向受力钢筋采用双排布置时,两排钢筋之间应垫以直径≥25mm 的短钢筋,用以保持其间距一致。

③箍筋的接头须交错布置在两根架立钢筋上。

④应严格控制板上的负弯矩筋位置,避免被踩踏下移。

⑤板、次梁与主梁的交叉处,板的钢筋在上、次梁的钢筋居中、主梁的钢筋在下。若有圈梁或垫梁与主梁连接,则主梁的钢筋在上。

八、楼梯钢筋绑扎

楼梯钢筋骨架通常在底模板支设后进行绑扎,如图 2-21 所示。

图 2-21　现浇钢筋混凝土楼梯配筋图

①在楼梯底板上画主筋及分布筋的位置线。

②钢筋的弯钩须全部向内,不得踩在钢筋骨架上进行绑扎。

③根据设计图样中主筋、分布筋的方向,应先绑扎主筋后绑扎分布筋,每个交点均要绑扎。若有楼梯梁,则应先绑梁筋后绑板筋。板筋应锚固到梁内。

④底板筋绑完,待踏步模板吊绑支好后,再绑扎踏步钢筋。主筋接头数量及位置都应符合设计及施工质量验收规范。

第五节　钢筋绑扎连接实例

【例 1】　某地新建一座 7 层楼房,墙体采用钢筋绑扎的方式进行连接,如图 2-22所示。

图 2-22　某 7 层楼房外墙钢筋绑扎

【例2】　某构件二级抗震等级,混凝土强度等级 C35,纵向受拉钢筋采用 RRB400(Ⅲ)级 ϕ28 环氧树脂涂层钢筋,绑扎接头面积百分率介于 40%,试确定其搭接长度。

计算:最小搭接长度＝$40d \times 1.2 \times 1.1 \times 1.25 \times 1.15 = 75.9d = 2125.2$mm

钢筋每个接头可按增加 2150mm 长度备料。

【例3】　某无垫层基础梁构件,最小混凝土保护层厚度 70mm,按 3 级抗震等级要求设防,混凝土强度等级 C30,纵向受拉钢筋采用 HRB400(Ⅲ)级 ϕ22 带肋钢筋,绑扎接头面积百分率 40%,试确定其搭接长度。

计算:最小搭接长度＝$40d \times 1.2 \times 0.8 \times 1.05 = 40.32d = 887.04$mm

钢筋每个接头可按增加 900mm 长度备料。

【例4】　某构件无抗震设防要求,混凝土强度等级 C25,纵向受压钢筋采用 HRB335(Ⅱ)级 ϕ18 带肋钢筋,绑扎接头面积百分率介于 60%,试确定其搭接长度。

计算:最小搭接长度＝$45d \times 1.35 \times 0.7 = 42.525d = 765.45$mm

钢筋每个接头可按增加 800mm 长度备料。

第三章 钢筋机械连接方法与实例

第一节 钢筋机械连接基本知识

一、钢筋机械连接方法分类及适用范围

钢筋机械连接的方法分类及适用范围见表 3-1。钢筋机械连接接头的设计、应用与验收要符合行业标准《钢筋机械连接技术规程》(JGJ 107—2016)和各种机械连接接头技术规程的规定。用于机械连接的钢筋应符合现行国家标准《钢筋混凝土用钢 第 2 部分热轧带肋钢筋》(GB 1499.2—2007/XG1—2009)以及《钢筋混凝土用余热处理钢筋》(GB 13014—2013)的要求。

表 3-1 钢筋机械连接的方法分类及适用范围

机械连接方法		适用范围	
		钢筋级别	钢筋直径/mm
钢筋套筒挤压连接		HRB335、HRB400	16~40
		RRB400	16~40
钢筋锥螺纹套筒连接		HRB335、HRB400	16~40
		RRB400	16~40
钢筋镦粗直螺纹套筒连接		HRB335、HRB400	16~40
钢筋滚轧直螺纹套筒连接	直接滚轧	HRB335、HRB400	16~40
	挤肋滚轧		16~40
	剥肋滚轧		16~50

二、钢筋机械连接接头的设计原则

①接头设计应满足强度及变形性能的要求。

②接头性能应包括单向拉伸、高应力反复拉压、大变形反复拉压和疲劳性能，应根据接头的性能等级和应用场合选择相应的检验项目。

③对直接承受重复荷载的结构构件,设计应根据钢筋应力幅提出接头的抗疲劳性能要求。当设计无专门要求时,剥肋滚轧直螺纹钢筋接头、镦粗直螺纹钢筋接头和带肋钢筋套筒挤压接头的疲劳应力幅限值不应小于现行国家标准《混凝土结构设计规范》(GB 50010—2010)中普通钢筋疲劳应力幅限值的80%。

三、钢筋机械连接接头性能等级

1. 接头分级规定

根据极限抗拉强度、残余变形、最大力下总伸长率以及高应力和大变形条件下反复拉压性能,分为Ⅰ级、Ⅱ级、Ⅲ级三个等级。

2. 接头抗拉强度

Ⅰ级、Ⅱ级、Ⅲ级接头的极限抗拉强度要符合表3-2的规定。

表 3-2　接头的极限抗拉强度

接头等级	Ⅰ级	Ⅱ级	Ⅲ级
极限抗拉强度	$f_{mst}^0 \geqslant f_{stk}$钢筋拉断 或$f_{mst}^0 \geqslant 1.10 f_{stk}$连接件破坏	$f_{mst}^0 \geqslant f_{stk}$	$f_{mst}^0 \geqslant 1.25 f_{yk}$

注:1. 钢筋拉断指断于钢筋母材、套筒外钢筋丝头和钢筋镦粗过渡段;

2. 连接件破坏指断于套筒、套筒纵向开裂或钢筋从套筒中拔出以及其他连接组件破坏。

3. 接头变形性能

钢筋接头对混凝土结构有重要影响的性能包括两种:强度性能及变形性能。变形性能包括总伸长率、非弹性变形及残余变形。总伸长率是指接头试件在最大受力下且在规定标距内测得的总伸长率;非弹性变形是指接头试件按规定加载制度第3次加载至0.6倍钢筋屈服强度标准值时,且在规定标距内测得的伸长值减同标距内钢筋理论弹性伸长值的变形值;残余变形是指接头试件按规定的加载制度加载并卸载后,再在规定标距内所测得的变形。

Ⅰ级、Ⅱ级、Ⅲ级接头的变形性能须符合表3-3的规定。

表 3-3　接头的变形性能

接头等级		Ⅰ级	Ⅱ级	Ⅲ级
单向拉伸	残余变形/mm	$u_0 \leqslant 0.10(d \leqslant 32)$ $u_0 \leqslant 0.14(d > 32)$	$u_0 \leqslant 0.14(d \leqslant 32)$ $u_0 \leqslant 0.16(d > 32)$	$u_0 \leqslant 0.14(d \leqslant 32)$ $u_0 \leqslant 0.16(d > 32)$
	最大力总伸长率(%)	$A_{sgt} \geqslant 6.0$	$A_{sgt} \geqslant 6.0$	$A_{sgt} \geqslant 3.0$
高应力反复拉压	残余变形/mm	$u_{20} \leqslant 0.3$	$u_{20} \leqslant 0.3$	$u_{20} \leqslant 0.3$
大变形反复拉压	残余变形/mm	$u_4 \leqslant 0.3$ 且$u_8 \leqslant 0.6$	$u_4 \leqslant 0.3$ 且$u_8 \leqslant 0.6$	$u_4 \leqslant 0.6$

注:u——接头的非弹性变形;u_{20}——接头经高应力反复拉压20次后的残余变形;u_4——接头经大变形反复拉压4次后的残余变形;u_8——接头经大变形反复拉压8次后的残余变形;δ_{sgt}——接头试件总伸长率。

四、钢筋机械连接接头的应用

1. 接头性能等级的选定

接头性能等级的选定须符合下列规定：

①混凝土结构中要求充分发挥钢筋强度或对接头延性要求较高的部位，须采用Ⅰ级或Ⅱ级接头。Ⅰ级接头能在结构任何部位中使用，且接头的百分率可以不受限制（有抗震要求设防的框架梁端、柱端箍筋加密区除外）。该规定便于地下连续墙与水平钢筋的连接、滑模或提模施工中垂直构件与水平钢筋的连接、装配式结构接头处的钢筋连接、钢筋笼的对接、分段施工或新旧结构连接处的钢筋连接等。应特别注意：尽管规程允许必要时可以在同一连接区段实施 100% 钢筋连接，但规程并不鼓励在同一连接区段实施 100% 钢筋连接。

②在混凝土结构中钢筋受力小或对接头延性要求不高的部位，可以采用Ⅲ级接头。

2. 混凝土保护层厚度

（1）厚度要求

根据《混凝土结构设计规范》（GB 50010—2010），保护层厚度不再是纵向钢筋（非箍筋）外缘至混凝土表面的最小距离，而是"以最外层钢筋（包括箍筋、构造筋、分布筋等）的外缘计算混凝土的保护层厚度"。

保护层最小厚度的规定是为了使混凝土结构构件满足耐久性要求和对受力钢筋有效锚固的要求。

混凝土保护层厚度越大，构件的受力钢筋粘结锚固性能、耐久性和防火性能越好。但是，过大的保护层厚度又会使构件受力后产生的裂缝宽度过大，因而影响其使用性能（如破坏构件表面的装修层、过大的裂缝宽度会使人恐慌不安），而且由于设计中是不考虑混凝土的抗拉作用的，过大的保护层厚度还必然会造成经济上的浪费。因此，《混凝土结构设计规范》（GB 50010—2010）规定纵向受力的普通钢筋及预应力钢筋，其混凝土保护层厚度（钢筋外边缘至混凝土表面的距离）不应小于钢筋的公称直径 d，且应符合表 3-4 中混凝土保护层最小厚度的规定。一般设计中是采用最小值。

表 3-4　混凝土保护层最小厚度（mm）

环境类别	板、墙、壳	梁、柱、杆
一	15	20
二 a	20	25
二 b	25	35
三 a	30	40
三 b	40	50

注：①混凝土强度等级不大于 C25 时，表中保护层数值增加 5mm。②钢筋混凝土基础宜设置混凝土垫层，基础中钢筋的混凝土保护层厚度应从垫层顶面算起，且不应小于 40mm。

（2）厚度规定

①处于一类环境且由工厂生产的预制构件，当混凝土强度等级不低于 C20 时，其保护层厚度可按《混凝土结构设计规范》(GB 50010—2010)中表 9.2.1 中规定减少 5mm，但预应力钢筋的保护层厚度不应小于 15mm；处于二类环境且由工厂生产的预制构件，当表面采取有效保护措施时，保护层厚度可按《混凝土结构设计规范》(GB 50010—2010)中表 9.2.1 中一类环境数值取用。预制钢筋混凝土受弯构件钢筋端头的保护层厚度不应小于 10mm；预制肋形板主肋钢筋的保护层厚度应按梁的数值取用。

②板、墙、壳中分布钢筋的保护层厚度不应小于《混凝土结构设计规范》(GB 50010—2010)中表 9.2.1 中相应数值减 10mm，且不应小于 10mm；梁、柱中箍筋和构造钢筋的保护层厚度不应小于 15mm。

③当梁、柱中纵向受力钢筋的混凝土保护层厚度大于 40mm 时，应对保护层采取有效的防裂构造措施。处于二、三类环境中的悬臂板，其上表面应采取有效的保护措施。

④对有防火要求的建筑物，其混凝土保护层厚度尚应符合国家现行有关标准的要求。处于四、五类环境中的建筑物，其混凝土保护层厚度尚应符合国家现行有关标准的要求。

⑤国家标准《混凝土结构工程施工质量验收规范》(GB 50204—2015)规定必须对重要部位进行结构实体检验，主要检验混凝土强度和钢筋保护层厚度。钢筋保护层厚度检验，需要对重要构件，特别是悬挑梁和板构件，以及易发生钢筋位移、易露筋的部位，采用非破损（用先进的钢筋保护层厚度测定仪）或局部破损的方法检验。此时，纵向受力钢筋保护层厚度的允许偏差，对梁类构件为 $-7 \sim +10$mm；对板类构件为 $-5 \sim +8$mm。钢筋保护层厚度检验的合格点率为 90% 及以上时为合格。当合格点率小于 90%，但不小于 80%，可再抽取相同数量的构件检验，当两次抽减总和计算的合格点率为 90% 及以上时才能判为合格。且每次抽样结果中不合格点的最大偏差均不应大于允许偏差的 1.5 倍。

3. 接头的位置和接头受力钢筋截面面积的百分率

结构构件中纵向受力钢筋的接头宜相互错开。钢筋机械连接的连接区段长度应按 35d 计算，当直径不同的钢筋连接时，按直径较小的钢筋计算。位于同一连接区段内的钢筋机构连接接头的面积百分率应符合下列规定：

①接头宜设置在结构构件受拉钢筋应力较小部位，高应力部位设置接头时，同一连接区段内Ⅲ级接头的接头面积百分率不应大于 25%，Ⅱ级接头的接头面积百分率不应大于 50%。Ⅰ级接头的连头面积百分率除本条第②款和第④款所列情况外可不受限制。

②接头宜避开有抗震设防要求的框架的梁端、柱端箍筋加密区；当无法避开时，应采用Ⅱ级接头或Ⅰ级接头，且接头面积百分率不应大于50%。

③受拉钢筋应力较小部位或纵向受压钢筋，接头面积百分率可不受限制。

④对直接承受重复荷载的结构构件，接头面积百分率不应大于50%。

4. 接头的选用

对直接承受重复荷载的结构，接头应选用包含有疲劳性能的型式检验报告的认证产品。

五、钢筋机械连接的优点

钢筋机械连接与传统的焊接相比，具有如下优点：

①连接强度较高、质量稳定且可靠。

②操作简单、施工快捷。

③使用范围较广，适合各种方位同、异直径钢筋的连接。

④钢筋的化学成分对连接质量没有影响。

⑤连接质量受人为因素影响小。

⑥现场施工不受气候条件影响。

⑦耗电低、节约能源。

⑧无污染、无火灾及爆炸隐患，施工安全可靠。

⑨综合经济效益好。

第二节 钢筋机械连接机具

一、钢筋套筒挤压连接的设备

1. 超高压液压泵站

超高压液压泵站是半挤压机、挤压机的动力源。电动机功率2.2kW，电压380V，控制按钮开关电压6V。

超高压液压泵的主要技术参数见表3-5。

表3-5 超高压液压泵的主要技术参数

超高压泵额定压力/MPa	70
超高压泵额定流量（L/min）	2.5
低压泵额定压力/MPa	6
低压泵额定流量（L/min）	6
高压继电器调定压力/MPa	72

2. 半挤压机

半挤压机是指大批量钢筋连接时,预先将钢筋接头的套筒挤压连接到一根钢筋上,用以缩短安装钢筋的连接时间。半挤压机额定油压为 70MPa;最大工作行程为 110mm。

3. 挤压机

挤压机主要用于连接钢筋及少量钢筋半接头的挤压连接。挤压机额定工作油压为 70MPa;最大工作行程为 104mm。

4. 压模

压模分半挤压机压模和挤压机压模两类,各有 $\phi25$、$\phi28$、$\phi32$ 三种规格。压模是冷作模具钢,硬度是 HRC60~62。

5. 手拉葫芦

手拉葫芦主要用于挤压机压接钢筋施工时的升降作业。其规格型号为 HS-I/2A 型;起质量为 0.5t;提升高度为 2.5m。

6. 画线尺

画线尺是在钢筋上画套筒握裹长度的工具。

不同规格钢筋,要用不同规格的画线尺,表 3-6 给出不同直径钢筋用画线尺。画线时将画线尺右端顶靠在钢筋端头放平到钢筋上,通过画线孔用毛笔或喷涂,在钢筋的表面做出油漆标记。

表 3-6　不同直径钢筋用画线尺

钢筋规格 ϕ/mm	25	28	32
钢筋插入套筒长度 L/mm	105	110	115
画线尺内径 d/mm	$D+1.5$		

注:D 为钢筋外径。

7. 卡规

卡规是检查套筒紧固钢筋接头是否合格的量规,如图 3-1 所示。不同直径钢筋,应用不同规格的卡规,详见表 3-7。

图 3-1　卡规

表 3-7　不同直径钢筋用卡规

钢筋规格 ϕ/mm	25	28	32
A/mm	39.1	43	49.2
B/mm	35	40	45

8. 套筒

对 HRB335、HRB400 级带肋钢筋轴向挤压接头所用的套筒材料须选用压延性好的钢材,其力学性能须符合表 3-8 的要求。通常可采用 20 热轧无缝钢管制成。

表 3-8　套筒材料的力学性能

项目	力学性能指标
屈服强度/MPa	225～350
抗拉强度/MPa	375～500
伸长率 A_5/%	≥20
硬度 HRB	60～80
硬度 HB	102～133

设计连接套筒时,套筒的承载力须符合下列要求:

$$f_{slyk}A_{sl} \geqslant 1.10 f_{yk}A_s \tag{3-1}$$

$$f_{sltk}A_{sl} \geqslant 1.10 f_{tk}A_s \tag{3-2}$$

式中　f_{slyk}——套筒屈服强度标准值;f_{sltk}——套筒抗拉强度标准值;f_{yk}——钢筋屈服强度标准值;f_{tk}——钢筋抗压强度标准值;A_{sl}——套筒的横截面面积;A_s——钢筋的横截面面积。

套筒的规格尺寸及公差见表 3-9。

表 3-9　钢套筒规格尺寸及公差

套筒型号	钢筋公称直径/mm	套筒尺寸/mm		
		外径	内径	长度
T32	ϕ32	$\phi 55.5 + ^{0.1}_{0}$	$\phi 39 - ^{0}_{0.1}$	$210 + ^{0.3}_{0}$
T28	ϕ28	$\phi 49.1 + ^{0.1}_{0}$	$\phi 35 - ^{0}_{0.1}$	$200 + ^{0.3}_{0}$
T25	ϕ25	$\phi 45 + ^{0.1}_{0}$	$\phi 33 - ^{0}_{0.1}$	$190 + ^{0.3}_{0}$

套筒要有出厂合格证。套筒在运输及储存中,需按不同规格分别堆放整齐;不能露天堆放,防止生锈及玷污。

9. 带肋钢筋套筒径向挤压连接机具

带肋钢筋套筒径向挤压连接工艺是采用挤压机将钢套筒挤压变形,使之紧密地咬住变形钢筋的横肋,实现两根钢筋的连接,图 3-2 所示为套筒挤压连接图。它适用于任何直径变形钢筋的连接,包括同径和异径(当套筒两端外径和壁厚相同时,被连接钢筋的直径相差应不大于 5mm)钢筋。适用于直径 16~40 的 HPB300、HRB400 级带肋钢筋的径向挤压连接。

图 3-2　套筒挤压连接

1. 已挤压的钢筋　2. 钢套筒　3. 未挤压的钢筋

　　(1)设备组成　　设备主要由挤压机、超高压泵站、平衡器、吊挂小车等组成,图 3-3 所示为钢筋径向挤压连接设备示意图。

图 3-3　钢筋径向挤压连接设备示意图

1. 超高压泵站　2. 吊挂小车　3. 挤压机　4. 平衡器
5. 超高压软管　6. 钢套筒　7. 模具　8. 钢筋

　　采用径向挤压连接工艺使用的挤压机有以下几种。

　　YJ-32 型:可用于直径 25~32mm 变形钢筋的挤压连接。该机由于采用双作用油路和双作用油缸体,所以压接和回程速度较快。但机架宽度较小,只可用于挤压间距较小(但净距必须大于 60mm)的钢筋,图 3-4 所示为 YJ-32 型挤压机构造简图。其主要技术性能见表 3-10。

图 3-4 YJ-32 型挤压机构造简图

1. 手把 2. 进油口 3. 缸体 4. 回油口 5. 吊环；6. 活塞 7. 机架 8、9. 压模 10. 卡板 11. 链条

表 3-10 YJ-32 型挤压机主要技术性能

额定工作油压力	108MPa
额定压力	650kN
工作行程	50mm
挤压一次循环时间	≤10s
外形尺寸	ϕ130mm×160mm(机架宽)×426mm
自重	约 28kg

该机的动力源（超高压泵站）为二极定量轴向柱塞泵，输出油压为 31.38～122.8MPa，连续可调。它设有中、高压二级自动转换装置，在中压范围内输出流量可达 2.86dm³/min，使挤压机在中压范围内进入有较快速度的返程。当进入高压或超高压范围内，中压泵自动卸荷，用超高压的压力来保证足够的压接力。

YJ650 型：用于直径 32mm 以下变形钢筋的挤压连接，图 3-5 所示为 YJ650 型研压机构造简图，其主要技术性能见表 3-11。

图 3-5 YJ650 型研压机构造简图

1. 手把 2. 液压缸 3. 动压模 4. 定压模

表 3-11 YJ650 型主要技术性能

额定压力	650kN
外形尺寸	$\phi144mm \times 450mm$
自 重	43kg

该机液压源可选用 ZB0.6/630 型油泵,额定油压 63MPa。

YJ800 型:用于直径 32mm 以上变形钢筋的挤压连接,其主要技术性能见表 3-12。

表 3-12 YJ800 型主要技术性能

额定压力	800kN
外形尺寸	$\phi170mm \times 468mm$
自 重	55kg

该机液压源可选用 ZB4/500 高压油泵,额定油压为 50MPa。

YJH-25、YJH-32 和 YJH-40 径向挤压设备:其性能见表 3-13。平衡器是一种辅助工具,它是利用卷簧张紧力的变化进行平衡力调节。利用平衡器吊挂挤压机,将平衡质量调节到与挤压机质量一致或稍大时,使挤压机在任何位置均达到平衡,即操作人员手持挤压机处于无重状态,在被挤压的钢筋接头附近的空间进行挤压施工作业,从而大大减轻了工人的劳动强度,提高挤压效率。

表 3-13 钢筋径向挤压连接设备主要技术参数

设备组成	项目	设备型号及技术参数		
		YJH-25	YJH-32	YJH-40
压接钳	额定压力/MPa	80	80	80
	额定挤压力/kN	760	760	900
	外形尺寸/mm	$\phi150 \times 433$	$\phi150 \times 480$	$\phi170 \times 530$
	质量/kg	23 (不带压模)	27 (不带压模)	34 (不带压模)
压模	可配压模型号	M18、M20、M22、M25	M20、M22、M25、M28、M32	M32、M36、M40
	可连接钢筋的直径/mm	$\phi18$、$\phi20$、$\phi22$、$\phi25$	$\phi20$、$\phi22$、$\phi25$、$\phi28$、$\phi32$	$\phi32$、$\phi36$、$\phi40$
	质量/(kg/副)	5.6	6	7

续表 3-13

设备组成	项目	设备型号及技术参数		
		YJH-25	YJH-32	YJH-40
超高压泵站	电动机	输入电压：380V 50Hz(220V 60Hz)　功率：1.5kW		
	高压泵	额定压力：80MPa　高压流量：0.8L/min		
	低压泵	额定压力：2.0MPa　低压流量：4.0～6.0L/min		
	外形尺寸/mm×mm×mm	790×540×785（长×宽×高）		
	质量/kg	96	油箱容积/L	20
超高压软管	额定压力/MPa	100		
	内径/mm	6.0		
	长度/m	3.0(5.0)		

注：电动机项目中括号内的数据为出口型。

　　吊挂小车是车底盘下部有四个轮子，并将超高压泵放在车上，将挤压机和平衡器吊于挂钩下。这样，靠吊挂小车移动进行操作。

　　(2)钢筋

　　用于挤压连接的钢筋应符合现行标准《钢筋混凝土用余热处理钢筋》(GB 13014—2013)的要求。

　　(3)钢套筒

　　钢套筒的材料宜选用强度适中、延性好的优质钢材，其力学性能宜符合表 3-14 的要求。

　　考虑到套筒的尺寸及强度偏差，套筒的设计屈服承载力和极限承载力应比钢筋的标准屈服承载力和极限承载力大 10%。

表 3-14　套筒材料的力学性能

项目	力学性能指标	项目	力学性能指标
屈服强度/MPa	225～350	伸长率 δ_5(%)	≥20
抗拉强度/MPa	375～500	硬度/HRB 或/HB	60～80 102～133

　　钢套筒的规格和尺寸，宜符合表 3-15 的规定。其允许偏差：当外径小于或等于 50mm 时，为 ±0.5mm；外径大于 50mm 时，为 ±0.01mm；壁厚为 +12%、−10%，长度为 ±2mm。

表 3-15　钢套筒的规格和尺寸

钢筋筒型号	钢套筒尺寸/mm			压接标志道数
	外径	壁厚	长度	
G40	70	12	240	8×2
G36	63	11	216	7×2
G32	56	10	192	6×2
G28	50	8	168	5×2
G25	45	7.5	150	4×2
G22	40	6.5	132	3×2
G20	36	6	120	3×2

10. 带肋钢筋套筒轴向挤压连接机具

钢筋轴向挤压连接是采用挤压机和压模对钢套筒和插入的两根对接钢筋,沿其轴线方向进行挤压,使套筒咬合到变形钢筋的肋间,结合成一体图 3-6 所示为钢筋轴向挤压连接示意图。与钢筋径向挤压连接相同,它适用于同直径或相差一个型号直径的钢筋连接,如 $\phi 25$ 与 $\phi 28$、$\phi 28$ 与 $\phi 32$。其适用材料及组成部件介绍如下。

图 3-6　钢筋轴向挤压连接示意图
1. 压模　2. 钢套筒　3. 钢筋

（1）钢筋

与钢筋径向挤压连接相同。

（2）钢套筒

钢套筒材质应符合现行标准《高压锅炉用无缝钢管》(GB 5310—2008)的优质碳素结构钢,其力学性能应符合表 3-16 的要求。

表 3-16　钢套筒力学性能

项目	力学性能	项目	力学性能
屈服强度/MPa	≥225	伸长率 δ_5/%	≥24
抗拉强度/MPa	≥420～560	HRB	≤75

钢套筒的规格尺寸和要求见表3-17。

表 3-17　钢套筒规格尺寸（单位：mm）

钢筋直径 　　　　套筒尺寸		$\phi 25$	$\phi 28$	$\phi 32$
外径		$\phi 45^{+0.1}_{0}$	$\phi 49^{+0.1}_{0}$	$\phi 55.5^{+0.1}_{0}$
内径		$\phi 33^{0}_{-0.1}$	$\phi 35^{0}_{-0.1}$	$\phi 39^{0}_{-0.1}$
长度	钢筋端面紧贴连接时	$190^{+0.3}_{0}$	$200^{+0.3}_{0}$	$210^{+0.3}_{0}$
	钢筋端面间隙小于或等于30mm连接时	$200^{+0.3}_{0}$	$230^{+0.3}_{0}$	$240^{+0.3}_{0}$

（3）主要设备

主要组成设备有挤压机、半挤压机、超高压泵站等，现分别介绍如下。

挤压机可用于全套筒钢筋接头的压接和少量半套筒接头的压接，图 3-7 所示为 GTZ32 型挤压机简图。其主要技术参数见表 3-18。

图 3-7　GTZ32 型挤压机简图

1. 油缸　2. 压模座　3. 压模　4. 导向杆　5. 撑力架
6. 管拉头　7. 垫块座　8. 套筒

表 3-18　挤压机主要技术参数

钢筋公称直径/mm	套管直径/mm		压膜直径/mm	
	内径	外径	内径钢筋及异径钢筋粗径用	异径钢筋接头细径用
$\phi 25$	$\phi 33$	$\phi 45$	38.4 ± 0.02	40 ± 0.02
$\phi 28$	$\phi 35$	$\phi 49.1$	42.3 ± 0.02	45 ± 0.02
$\phi 32$	$\phi 39$	$\phi 55.5$	18.3 ± 0.02	—

半挤压机适用于半套筒钢筋接头的压接，图 3-8 所示为 GTZ32 型半挤压机简图。其主要技术参数见表 3-19。

图 3-8 GTZ32 型半挤压机简图

1. 油缸 2. 压模座 3. 压模 4. 导向杆 5. 限位器 6. 撑力架 7、8. 管接头 9. 套管

表 3-19 半挤压机主要技术参数

项次	项目	技术性能	
		挤压机	半挤压机
1	额定工作压力/MPa	70	70
2	额定工作推力/kN	400	470
3	油缸最大行程/mm	104	110
4	外形尺寸(长×宽×高) /mm×mm×mm	755×158×215	180×180×780
5	自重/kg	65	70

超高压泵站为双泵双油路电控液压泵站。由电动机驱动高、低压泵。当三位四通换向阀左边接通时,油缸大腔进油,当压力达到 65MPa 时,高压继电器断电,换向阀回到中位;当换向阀右边接通时,油缸小腔进油,当压力达到 35MPa 时,低压继电器断电,换向阀又回到中位。其技术性能参见表 3-20。

表 3-20 超高压泵站技术性能

项次	项目	技术性能	
		挤压机	半挤压机
1	额定工作压力/MPa	70	7
2	额定流量(L/min)	2.5	7
3	继电器调定压力(N/min)	72	36
4	电动机(J100L_2-4-B_5) 电压/V 功率/kW 频率/Hz	380 3 50	—

二、钢筋镦粗直螺纹的设备

1. 直螺纹镦粗、套丝设备

镦粗直螺纹使用的机具设备主要包括镦头机、套丝机和高压油泵等,其型号见

表 3-21。

表 3-21　镦粗直螺纹机具设备表

镦头机			套丝机		高压油泵	
型号	LD700	LD800	LD1800	型号	TS40	
镦压力/kN	700	1000	2000	功率/kW	4.0	电机功率/kW	3.0
行程/mm	40	50	65	转速（r/min）	40	最高额定压力/MPa	63
适用钢筋直径/mm	16～25	16～32	28～40	适用钢筋直径/mm	16～40	流量（L/min）	6
质量/kg	200	385	550	质量/kg	400	质量/kg	60
外形尺寸/mm	575×250×250	690×400×370	830×425×425	外形尺寸/mm	1200×1050×550	外形尺寸/mm	645×525×335

　　上述设备机具须配套使用。每套设备平均 40s 生产 1 个丝头，每台班可生产 400～600 个丝头。

2. 检验工具

　　①环规用以检验丝头质量。每种丝头直螺纹的检验工具分为通端螺纹环规和止端螺纹环规两种。

　　②塞规用以检验套筒质量。每种套筒直螺纹的检验工具分为通端螺纹塞规和止端螺纹塞规两种。

　　③卡尺等。

3. 钢筋冷镦粗机

　　钢筋冷镦粗设备的结构按夹紧方式分类，一般有单油缸楔形块夹紧式结构和双油缸夹紧式结构两种形式。

　　(1)单油缸楔形块夹紧式镦粗机

　　单油缸楔形块夹紧式机构形式的优点是：夹紧机构通过力学上的斜面作用分力，在镦粗的同时即形成对钢筋的夹紧力，而不再需要另施加这一必需的夹紧力。依据夹紧力的需要而设计的楔形角度使夹持力与镦粗力呈一定放大的倍数关系，保证了可靠地夹紧钢筋。该类设备结构简单，体积较小，造价较低；缺点是在夹紧钢筋的过程中钢筋端头的位置会随夹紧楔块的移动而移动，钢筋的外形及尺寸偏差可能会影响夹紧过程的移动量及实际镦粗变形长度的精确控制。

　　镦粗机是钢筋端部镦粗的关键设备。镦粗机包括油缸、机架、导柱、挂板、拉板、模框、凹模、凸模、压力表、限位装置和电器箱等部分。

　　以 GD150 型镦粗机为例，适用于直径为 12～40mm 钢筋，其构造简图如图 3-9 所示。

图 3-9 GD150 型镦粗机构造简图

1. 钢筋托架 2. 螺母 3. 座板 4. 模框 5. 凹模 6. 导板 7. 导轨轴 8. 拉杆 9. 凸模
10. 压板螺母 11. 定位板 12. 油缸总成 13. 压力表 14. 电器箱 15. 工具箱 16. 回油口
17. 进油口 18. 换向装置 19. 行程指板 20. 移动轮

凹模由两块组成,长为 170mm,两块合成后,大头宽度约为 150mm,缝隙为 2～3mm。高度分两种:若钢筋直径是 32mm 及以下,高 75mm;若钢筋直径为 36～40mm,高 90mm。空腔、内螺纹等尺寸均随钢筋直径而改变。空腔用来使钢筋端部镦成所需要的镦粗头,内螺纹用来将钢筋紧紧咬住。

凸模,长为 79.5mm,顶头直径为 d,随钢筋直径而改变。模底直径 D 有 3 种规格:若钢筋直径是 16～22mm 时,D 为 $\phi48$;若钢筋直径是 25mm 时,D 为 $\phi52$;若钢筋直径是 28～40mm,D 为 $\phi70$。

每台镦粗机配备了多种规格的凹模和凸模,在正常情况下凹模和凸模都是损耗部件。

(2)双油缸夹紧式镦粗机

双油缸夹紧式机构的优点是:夹持钢筋动作和镦粗动作分别由两个独立的油缸完成,可以分别控制两油缸的动作和工作参数,如精确地控制夹紧力和镦粗长度等,因而可以针对不同钢筋设计不同的镦粗工艺参数,以保证任何钢筋加工的镦粗质量都满足设计要求。缺点是:该机构两个大吨位油缸和安装两油缸的框架增加了设备结构和操作上的复杂性,主机外形尺寸较大。

4. 钢筋热镦粗机

因为钢筋热镦粗设备比冷镦粗设备多了一个加热系统。所以,热镦粗设备比冷镦粗设备稍庞大,通常适用于中、大型钢筋工程。钢筋热镦粗工艺中的镦粗头是在高温状态下进行热镦粗的,不需要冷镦粗设备中的高压泵站(超高压柱塞泵)以及与其配套的液压系统、高压镦粗机。热镦粗设备的液压装置压力较低,最大工作压力仅250kN。

目前常用的钢筋热镦粗设备通常由加热装置、压紧装置、挤压装置、气动装置、控制系统及机架等主要部件组成。图3-10所示是HD-GRD-40型钢筋热镦机液压系统图。

图 3-10　HD-GRD-40 型钢筋热镦机液压系统图

1. 油箱　2. 滤油器　3. 齿轮泵　4. 电机　5. 溢流阀　6. 单向阀　7. 手动换向阀　8. 压紧油缸
9. 挤压油缸　10. 电液换向阀　11. 压力表　12. 压力表开关

(1)中频加热装置

中频加热装置是利用可控硅元件将50Hz工频的三相交流电变换成单相交流电,作为钢筋热镦粗加热的供电电源,它是一种静止变频器。

中频加热装置的主要优点是:

①效率高达90%以上,且由于控制灵活,启动、停止方便,调节迅速,便于参数调整与工艺改善,易提高效率。

②频率可自动跟踪负载频率变化,操作更方便。

③启动时没有电流冲击,交流电源配备简单、经济。

④采用微机控制电路。数字式的控制使控制更灵活、精确,并且控制电路的结

构大大简化,维护、检修更加方便。

⑤采用新的启动方式,省去普通可控硅中频电源的辅助启动电路,主电路结构变得更加简单,同时提高了启动的性能,使运行和操作更加灵活、可靠。

(2)压紧装置

压紧装置主要是由压紧油缸、箱体、可动砧座、工作平台、压紧模具等组成。可动砧座与油缸、活塞杆连接,油缸活塞的往返运动是由手动换向阀控制。压紧装置作用由模具对工件(待镦粗的钢筋)形成压紧。其中手动换向阀有三个工位:前后两个位置是用来控制压紧油缸油塞的升、降,中间的位置是使液压系统卸载,即手柄处于中间位置时,工作的液压油经油泵、手动换向阀直接回到油箱。此时油泵应处于无负荷状态,可以减少电能消耗以及液压系统发热。

(3)挤压装置

挤压装置应由挤压油缸、箱体、挤压头、电气控制回路、脚踏开关、电液换向阀组成。脚踏开关、电液换向阀控制油缸活塞做往返运动,对加工件(待镦粗的钢筋端头)挤压成形。

(4)气动装置

气动装置主要由气泵、储气包、固定风嘴、可动风嘴等组成,该装置用于清除在钢筋热镦粗加工过程中吸附或遗留在模具以及工作台上的氧化铁皮,以保证安全生产。

(5)控制系统

控制系统是由配电箱、电气控制回路、液压系统与液压元件、气动系统与气动元件、冷却水回路与水压开关等组成,该系统的作用是保证热镦粗设备正常运行。

(6)机架

机架是由箱体、工作平台、型钢及其他部件组焊而成,箱体用以安装压紧油缸和挤压油缸,油箱焊在机架的下部,采用风冷冷却器冷却油温。

三、钢筋锥螺纹套筒的设备

1. 钢筋锥螺纹套筒的设备

(1)钢筋锥螺纹套丝机

钢筋锥螺纹套丝机用于加工 $\phi16\sim40$ 的 HRB335、HRB400 级钢筋连接端的锥形外螺纹。常用的有 SZ-50A、GZL-40B 等。

(2)量规

量规包括牙形规、卡规或环规、锥螺纹塞规。应由钢筋连接技术单位提供。

①牙形规用于检查钢筋连接端锥螺纹的加工质量,图 3-11 所示为用牙形规检查牙形。

②卡规与环规用于检查钢筋连接端锥螺纹小端直径,图 3-12 用所示为卡规与环规检查小端直径。

图 3-11　用牙形规检查牙形　　　　　图 3-12　用卡规与环规检查小端直径

③锥螺纹塞规用于检查连接套筒锥形内螺纹的加工质量,图 3-13 所示为用锥螺纹塞规检查套筒。

（3）力矩扳子

力矩扳子是钢筋锥螺纹接头连接施工中的必备量具。力矩扳子可根据所连钢筋直径的大小预先设定力矩值。若力矩扳子的拧紧力达到设定的力矩值时,即可发出"咔嗒"声响。示值误差

图 3-13　用锥螺纹塞规检查套筒
1. 锥螺纹套筒　2. 塞规

较小,重复精度较高,使用方便,标定、维修简单,可适合于 $\phi 16 \sim 40$ 范围内 9 种规格钢筋的连接施工。

①力矩扳子技术性能见表 3-22。

表 3-22　力矩扳子技术性能

型号	钢筋直径/mm	额定力矩(N·m)	外形尺寸(长)/mm	质量/kg
HL-01 SF-2	16	118	770	3.5
	18	145		
	20	177		
	22	216		
	25	275		
	28	275		
	32	314		
	36	343		
	40	343		

②力矩扳子检定标准应遵循《扭矩扳子检定规程》(JJG 707—2014)的相关规定。

③力矩扳子须由具有生产计量器具许可证的单位加工制造;工程用的力矩扳子要有检定证书;力矩扳子的检定周期一般不超过 1 年。首次检验或经调整后鉴

定合格的给 6 个月检定周期。

④力矩扳子构造,如图 3-14 所示。

图 3-14　力矩扳子
1. 钳头　2. 外壳　3. 尾部孔　4. 游动标尺　5. 手柄　6. 保护帽　7. 调整丝杆

⑤力矩扳子使用方法。新力矩扳子的游动标尺通常设定在最低位置。使用时,须根据所连钢筋直径,调整扳子旋转调整丝杆,将游动标尺上的钢筋直径刻度值对正手柄外壳上的刻线,再将钳头垂直咬住所连钢筋,用手握住力矩扳子手柄,顺时针均匀地加力。若力矩扳子发出"咔嗒"声响时,即钢筋连接达到规定的力矩值,要停止加力,否则会损坏力矩扳子。力矩扳子反时针旋转时只起到棘轮作用,施加不上力。力矩扳子无声音信号发出时须停止使用,进行修理;修理后的力矩扳子应进行标定才可使用。

⑥力矩扳子的检修和检定。若力矩扳子无"咔嗒"声响发出时,说明力矩扳子里边的滑块被卡住,须送到力矩扳子的销售部门进行检修,并用扭矩仪检定。

⑦力矩扳子使用时应注意:避免水、泥、砂子等进入手柄内;力矩扳子须端平,钳头须垂直钢筋均匀加力,不能过猛;力矩扳子发出"咔嗒"响声时就不能继续加力,防止过载弄弯扳子;不得用力矩扳子当锤子、撬棍使用,以免弄坏力矩扳子;长期不使用力矩扳子时,须将力矩扳子游动标尺刻度值调到零位,以防手柄里的压簧长期受压,影响力矩扳子精度。

(4)砂轮锯

砂轮锯用于切断挠曲的钢筋接头。

(5)台式砂轮

台式砂轮用于修磨梳刀。

2. GK 型锥螺纹钢筋连接机具

GK 型锥螺纹接头是在钢筋连接端加工前,先对钢筋连接端部沿径向通过压模施加压力,使其产生塑性变形,形成一个圆锥体。然后,按普通锥螺纹工艺,将顶压后的圆锥体加工成锥形外螺纹,再穿入带锥形内螺纹的钢套筒,用力矩扳手拧紧,即可完成钢筋的连接。

由于钢筋端部在预压塑性变形过程中,预压变形后的钢筋端部材料因冷硬化而使强度比钢筋母材可提高 10%～20%,因而使锥螺纹的强度也相应得到提高,弥补了因加工锥螺纹减小钢筋截面而造成接头承载力下降的缺陷,从而可提高锥螺纹接头的强度。

在不改变主要工艺的前提下,可使锥螺纹接头部位的强度大于钢筋母材的实测极限强度。GK 型锥螺纹接头性能可满足 A 级要求。

(1)钢筋径向预压机(GK40 型)

钢筋径向预压机(GK40 型)可将 $\phi16\sim40$ 的 HRB335、HRB400 级钢筋端部预压成圆锥形。该机由以下三部分组成。

①GK40 型径向预压机。其结构形式是直线运动双作用液压缸,该液压缸为单活塞无缓冲式,液压缸为撑力架及模具组合成的液压工作装置。其性能见表 3-23。

表 3-23　GK40 型径向预压机液压缸性能

项次	项　目	指　标
1	额定推力/kN	1780
2	最大推力/kN	1910
3	外伸速度(m/min)	0.12
4	回程速度(m/min)	0.47
5	工作时间/s	20～60
6	外形尺寸/mm×mm	486×230(高×直径)
7	质量/kg	80
8	壁厚/mm	25
9	密封形式	"O"形橡胶密封圈
10	缸体连接	螺纹连接

②超高压液压泵站。YTDB 型超高压泵站,其结构形式是阀配流式径向定量柱塞泵与控制阀、管路、油箱、电动机、压力表组合成的液压动力装置。

钢筋端部径向预压机的动力源主要技术参数见表 3-24。

表 3-24　钢筋端部径向预压机的动力源主要技术参数

项次	项　目	指　标
1	额定压力/MPa	70
2	最大压力/MPa	75
3	电动机功率/kW	3
4	电动机转速(r/min)	1410
5	额定流量(L/min)	3
6	容积效率(%)	≥70
7	质输入电压/V	380
8	油箱容积/L	25
9	外形尺寸/mm×mm×mm	420×335×700(长×宽×高)
10	质量/kg	105

③径向预压模具。用于实现对建筑结构用 $\phi16\sim40$ 钢筋端部的径向预压。材

质为 CrWMn(锻件),淬火硬度 55～60HRC。

(2)钢筋锥螺纹套丝机

钢筋锥螺纹套丝机是加工钢筋锥螺纹丝头的专用机床。它由电动机、行星摆线齿轮减速机、切削头、虎钳、进退刀机构、润滑冷却系统、机架等组成。国内现有的钢筋锥螺纹套丝机,其切削头是利用定位环和弹簧共同推动梳刀座,使梳刀张合,进行锥螺纹的切削加工,如图 3-15 所示。

这种套丝机梳刀长,切削阻力大,转速慢,能自动进给、自动张刀,一次成型,牙形饱满,锥螺纹丝头的锥度稳定,但更换梳刀略麻烦。

目前国内钢筋锥螺纹接头的锥度有 1∶10 和 6°两种。

圆锥体的锥度以锥底直径 D 与椎体高 L 之比,即 D/L 来表示;锥角为 $2a$,斜角(亦称半锥角)为 a,如图 3-16(a)所示。

图 3-15　切削头

1. 梳刀　2. 切削头体　3. 弹簧　4. 梳刀座　5. 进刀环

（a）　　　　　　　　　　（b）

图 3-16　圆锥体锥度

(a)圆锥体　(b)截头圆锥体

钢筋锥螺纹丝头为截头圆锥体,如图 3-16(b)所示,其锥度表示如下:

$$锥度=(D-d)/L=2\tan a$$

当锥度为 1∶10 时,若取 $L=10$,$D-d=1$;锥角 $2a=5.27°$,斜角 a 为 $2.86°$。

当锥角 $2a$ 为 6°时,斜角 a 为 3°;锥度 $D/L=1:9.54$。

梳刀牙形均为 60°;螺距有 2mm、2.5mm、3mm 三种,其中以 2.5mm 居多。牙形角平分线有垂直母线和轴线两种。选用时一定要特别注意,切不可混用。否则会降低钢筋锥螺纹接头的各项力学性能。

第三节　钢筋套筒挤压连接

一、钢筋套筒挤压连接的基本原理

钢筋套筒挤压连接是通过挤压力使连接件钢套塑性变形与带肋钢筋紧密咬合形成接头的连接技术。钢筋套筒挤压连接有两种:一种是钢筋径向套筒挤压连接;另一种是套筒钢筋轴向变形挤压连接。钢筋径向套筒挤压连接应用最多,套筒钢筋轴向变形挤压连接的机具重,应用少。一般套筒挤压连接多指钢筋径向套筒挤压连接,以下简称钢筋套筒挤压连接或钢筋挤压连接,如图 3-17 所示。

图 3-17　钢筋径向挤压连接

二、钢筋套筒挤压连接的特点

与其他钢筋连接相比,钢筋挤压的特点如下。

①接头强度高,刚度和韧性也高。能够承受高应力、大变形反复拉压、动力载荷和疲劳载荷。

按《钢筋机械连接技术规程》(JGJ 107—2016)标准的型式试验,通过单向拉伸、弹性范围反复拉压、塑性范围反复拉压试验,其强度、刚度和韧性均达到最高等级(Ⅰ级)性能的要求。在结构中的使用部位均可不受限制。更适用于只能 100%采用Ⅰ级接头的场合,如桥梁施工中钢筋笼的对接;地下连续墙与水平钢筋的连接;滑模、提模施工中钢筋的连接等场合。

②操作简便。工人经过短时间培训后即可上岗操作。

钢筋套筒挤压连接施工工艺简单,设备操作容易、方便,接头质量控制直观,工人经短时间培训就能独立操作,制作出合格接头。

③作业方便安全。连接时无明火,操作不受气候环境影响,在水中和可燃气体环境中均可作业。

挤压连接设备为液压机械设备,施工时,在环境温度下对钢套筒进行冷挤压,无高温也没有明火,完全不受周围环境的影响,即使雨雪天气、易燃易爆气体环境,甚至水下连接,都能够正常施工作业。

④节约能源。每台设备功率仅为 1.5～2.2kW。

挤压连接设备的动力为小功率三相电机,耗电量小,节省能源。并且,施工无需配备大容量电力设备,减少了现场设备投资,特别适合于电力紧张地区的施工。

⑤接头检验方便。通过外观检查挤压道数和测量压痕处直径即可判定接头质量,现场机械性能抽样数量仅为 0.6%,节省检验试验费用以及质量控制管理费用。现场抽样检验合格率可达到 100%。

⑥施工速度快。连接一个 $\phi 32$ 钢筋接头仅需 2～3min。并且,无需对钢筋端部特别处理。施工时,在加工场区将钢套筒与钢筋连接,完成挤压接头的一半,在现场再挤压另一半,以减少钢筋因两端加工而来回搬运的作业场地。

可见,钢筋径向套筒挤压连接技术是一种质量好、速度快、易掌握、易操作、节约能源和材料、综合经济效益好的钢筋连接技术。

三、钢筋套筒挤压连接的适用范围

钢筋径向挤压连接适用于地震区和非地震区钢筋混凝土结构的带肋钢筋连接施工。可连接 HRB335、HRB400 级直径为 12～40mm 的钢筋。

钢筋轴向挤压连接适用于按一、二级抗震区和非地震区的钢筋混凝土结构的钢筋连接施工。连接钢筋规格为 HRB335、HRB400 级直径为 20～32mm 的竖向、斜向和水平钢筋。

四、钢筋套筒挤压连接的工艺

1. 准备工作

①根据压接连接的钢筋直径、材料及选用的连接套筒,计算并通过试验确定压接力与压接次数。

②进行操作人员的培训。经考试合格后方能准予上岗,无操作证者不得施工操作。

③选择适宜的施工设备,同时应检查设备运行情况是否正常。

④钢套筒运入施工现场后,应从加工的钢套筒中抽取 5% 进行检查验收,不合格者不准进场。

2. 工艺要点

①将钢筋插入套筒内,使钢套筒端面与钢筋伸入位置标记线对齐。

②按照钢套筒压痕位置标记,对正压模位置,并使压模运动方向与钢筋两纵肋所在的平面相垂直,保证最大压接面能在钢筋的横肋上。

③压接采用预先压接一半钢筋接头,然后吊运到作业部位,再完成另一半钢筋接头,这样可以减少高空作业的难度,加快施工速度。

④施工时要正确掌握挤压工艺的三个参数。压接顺序:要从中间逐道向两端压接;压接力:压接力的大小以钢套筒与钢筋紧密紧固为好,可按有关规定执行;压接道数:它直接关系到接头质量和施工速度,亦可按有关规定执行。

3. 挤压连接钢筋半接头工艺

挤压连接钢筋半接头的操作步骤如图 3-18 所示。

图 3-18　挤压连接钢筋半接头的操作步骤

①装好高压油管和钢筋配用的限位器、套筒、压模,且在压模内壁涂上羊油,如图 3-18(a)所示。

②按下手控"上"按钮,使套筒对正压模内孔,然后按手控"停止"按钮,如图 3-18(b)所示。

③插入钢筋,顶到限位器上并扶正,如图3-18(c)所示。

④按下手控"上"按钮,进行挤压,如图3-18(d)所示。

⑤若听到液压油的"吱吱"溢流声,再按手控"下"按钮,退回柱塞,取下压模,如图3-18(e)所示。

⑥取出套筒半接头,结束半接头挤压作业,如图3-18(f)所示。

4. 挤压连接竖向钢筋接头工艺

在待连接钢筋附近搭好脚手架,铺上脚手板。将手拉葫芦挂在脚手架上,先把待连接钢筋插入套筒,使其紧密接触被连接钢筋,再用手拉葫芦把挤压机就位到连接钢筋部位。这时可进行挤压连接作业。其步骤如图3-19所示。

图3-19 挤压连接竖向钢筋接头的操作步骤

①先将半套筒接头插入结构待连接的钢筋上,再使挤压机就位到钢筋半接头的套筒上,摘掉手拉葫芦挂钩后,扶直钢筋,如图3-19(a)所示。

②放置与钢筋配用的压模和垫块B,如图3-19(b)所示。

③按下手控"上"按钮,进行挤压,听到液压油的"吱吱"溢流声即可,如图 3-19(c)所示。

④按下手控"下"按钮,退回柱塞及导向板,装上垫块 C,如图 3-19(d)所示。

⑤按下手控"上"按钮,进行挤压,如图 3-19(e)所示。

⑥按下手控"上"按钮,退回柱塞,再加垫块 D,如图 3-19(f)所示。

⑦按下手控"下"按钮,退回柱塞,按手控"上"按钮,进行挤压,如图 3-19(g)所示。

⑧取下垫块、压模,卸下挤压机,钢筋连接完毕,如图 3-19(h)所示。

5. 挤压连接水平钢筋接头工艺

先将挤压机水平放在两根与挤压机垂直的钢管上,然后把插入半接头的待连接钢筋水平放置到挤压机的压模里,这时就可按挤压竖向钢筋的步骤挤压连接钢筋。

6. 注意事项

①钢筋挤压连接,要求钢筋最小中心间距为 90mm。

②连接钢筋轴线应与钢筋套筒的轴线保持在同一直线上,防止偏心和弯折。

③连接质量必须按规范中的规定要求执行。

7. 钢筋套筒挤压连接异常现象及消除措施

在套筒挤压连接中,当出现异常现象或连接缺陷时,宜按表 3-25 查找原因,采取措施,及时消除。

表 3-25　钢筋套筒挤压连接异常现象及消除措施

项次	异常现象和缺陷	原因或消除措施
1	挤压机无挤压力	高浮油管连接位置不正确;油泵故障
2	钢套筒套不进钢筋	钢筋弯折或纵肋超偏差;砂轮修磨纵肋
3	压痕分布不匀	压接时将压模与钢套筒的压接标志对正
4	接头弯折超过规定值	压接时摆正钢筋;切除或调直钢筋弯头
5	压接程度不够	泵压不足;钢套筒材料不符合要求
6	钢筋伸入套筒内长度不够	未按钢筋伸入位置、标志挤压;钢套筒材料不符合要求
7	压痕明显不均	检查钢筋在套筒内伸入度是否有压空现象

第四节　钢筋镦粗直螺纹连接

一、钢筋镦粗直螺纹的基本原理

钢筋镦粗直螺纹连接分钢筋冷镦粗直螺纹连接和钢筋热镦粗直螺纹连接两种。

1. 钢筋冷镦粗直螺纹连接的基本原理

通过钢筋冷镦粗机把钢筋的端头部位进行镦粗,钢筋端头在镦粗力的作用下产生塑性变形,内部金属晶格变形错位使金属强度提高而强化(即金属冷作硬化),再在钢筋镦粗后将钢筋热轧产生的大量缺陷(如钢筋基圆呈椭圆、基圆上下错位、纵肋过高、截面的负公差等)膨胀到镦粗外表或在镦粗模中挤压变形,加工直螺纹时将上述缺陷切削掉,把两根钢筋分别拧入带有相应内螺纹的连接套筒,两根钢筋在套筒中部相互顶紧,即完成了钢筋冷镦粗直螺纹接头的连接。由于丝头螺纹加工造成的损失全部被钢筋变形的冷作硬化所补足,所以接头钢筋连接部位的强度大于钢筋母材实际强度,接头与钢筋母材达到等强。

2. 钢筋热镦粗直螺纹连接的基本原理

通过钢筋热镦粗机把钢筋的端头部位加热并进行镦粗,由于热镦粗时镦粗部分不产生内应力或脆断等缺陷,因此可以将钢筋镦得更粗,由于丝头螺纹的直径比钢筋粗得多,所以接头钢筋连接部位的强度大于钢筋母材实际强度,接头与钢筋母材等强。

二、钢筋镦粗直螺纹的特点

①接头与钢筋等强,性能达到现行行业标准《钢筋机械连接技术规程》(JGJ 107—2016)中最高等级(Ⅰ级)的要求。

②施工速度快、检验方便,质量可靠、无工程质量隐患。

③连接时不需要电力或其他能源设备,操作不受气候环境影响,在风、雪、雨、水下及可燃性气体环境中均可作业。

④现场操作简便,非技术工人经过简单培训即可上岗操作。钢筋镦粗和螺纹加工设备的操作都很简单、方便,一般经短时间培训,工人即可掌握并制作出合格的接头。

⑤钢筋丝头螺纹加工在现场或预制工厂都可以进行,并且对现场无任何污染。

⑥对钢筋要求较低,焊接性能不好、外形偏差大的钢筋(如钢筋基圆呈椭圆、基圆上下错位、纵肋过高、截面的负公差等)都可以加工出满足Ⅰ级性能要求的接头,接头质量十分稳定。

⑦套筒尺寸小、节约钢材、成本低。

三、钢筋镦粗直螺纹的适用范围

钢筋镦粗直螺纹连接适合于符合现行国家标准《钢筋混凝土用钢 第2部分 热轧带肋钢筋》(GB 1499.2—2007/XG1—2009)中的 HRB335(Ⅱ级钢筋)和HRB400(Ⅲ级钢筋)(见表3-26)。

表 3-26　接头适用钢筋强度级别

序号	接头适用钢筋强度级别	代号
1	HRB335	Ⅱ
2	HRB400	Ⅲ

对于其他热轧钢筋应通过工艺试验确定其工艺参数,通过接头的型式试验确定其性能级别。

四、钢筋镦粗直螺纹的工艺

1. 钢筋冷镦粗工艺

（1）镦粗工艺参数选择原则

①镦粗头部分与后段钢筋过渡的角度（镦粗的过渡坡度）合理:其目的是为避免因截面突变影响金属流动,从而产生内部缺陷,影响连接性能;镦粗的过渡段坡度应小,这有利于减小内应力。理论上镦粗的过渡坡度越小越好,但过渡坡度越小,镦粗时钢筋夹持模外镦粗部分伸出的长度就越长,镦粗时伸出部分易失稳,致使镦粗头产生弯曲。所以,镦粗的过渡坡度过小也不现实。

②镦粗加工变形量准确:镦粗量过小、直径不足,加工出的螺纹牙形不完整;镦粗量过大,钢筋端头内部金属损伤,产生接头脆断现象。

③镦粗时,夹持钢筋的力量应适度,防止因夹持力过大损伤钢筋,从而影响接头以外的钢筋强度。

（2）采用 JM-LDJ40 型镦粗机镦粗参数的调整

钢筋镦粗的最粗值是由镦粗机上的镦粗模的尺寸决定的,利用调整镦粗机的行程开关及压力开关的参数来调整镦粗工艺参数,过程如下:

镦粗机装好模具后,用直角尺测量镦粗头端面至成型模端面的距离,镦粗行程初步设定调整镦粗行程开关（接近开关探头）位置,再接通总电源,启动电机,按动手动控制按钮,使夹持缸和镦粗缸活塞上下和前后移动。

镦粗机执行夹持动作时,观察其夹持活塞到上限位置,并转换为镦粗缸活塞动作的瞬时,泵站压力表压力示值是否符合规定的参考值,若不符,则应调整夹持压力（压力继电器装在泵站电磁换向阀后,通过调整螺杆,顺时针转动提高压力,反之降低压力）。

根据不同钢筋规格,还可以通过调节夹持调整挡片（固定于镦粗机背面下连接板处）,来改变下夹模退回的下限位置,用以增大或减小上、下夹模之间的距离。

当夹持力调定后,再按动黄色启动开关,此时镦粗机自动执行"夹持""镦粗"、"退回""松开"的整套动作,每个动作都由过程指示灯来指示。镦粗机在正常运行时,没有异常声音,在一切正常工作的情况下,可进行镦粗工艺试验工作。

（3）采用 JM-LDJ40 型镦粗机进行冷镦粗作业

首先按下自动控制"启动"钮，镦粗头及夹具最后退至初始位置停止，再将用砂轮锯切锯好的一根 80～100cm 长的钢筋从镦粗机夹持模中部凹槽穿过，直顶到镦粗头端面不动为止。钢筋纵肋应和水平面成 45°左右角度，钢筋应全部落在模具中心的凹槽内，按下"启动"钮，镦粗机自动完成镦粗的全过程（大约 20s）。镦粗完成后，抽出镦好的钢筋，应目测并用直尺、卡规（或游标卡尺）检查钢筋镦粗头的外观质量，检查其是否弯曲、偏心，是否呈椭圆形，表面有无裂纹，有无外径过大处，镦粗长度是否合格。镦粗头的弯曲、偏心、椭圆度以及镦粗段钢筋基圆直径及长度应满足相关要求。

若有弯曲、偏心，须检查模具、镦粗头的安装情况以及钢筋端头垂直度和钢筋弯曲度；若椭圆度过大，须检查钢筋自身椭圆情况及选择的夹持方向、夹持力；若有表面裂纹，须检查镦粗长度，对塑性差的钢筋须调整镦粗长度；若镦粗头外径尺寸不足或过大，须改变镦粗长度。根据实际情况适当地调整镦粗工艺参数，直至加工出合格的镦粗头。

在镦粗工艺参数确定后，连续镦三根钢筋接头试件的镦粗头，检查其镦粗头没有问题和缺陷后，再将该三根钢筋按要求加工螺纹丝头，制作一组镦粗工艺试验试件，送试验单位进行拉伸试验。拉伸结果合格，镦粗机即可正常生产。

（4）采用 GD150 型镦粗机的工艺要求

①镦粗头不许有与钢筋轴线相垂直的表面裂纹。

②不合格的镦粗头，应切去后重新镦粗。

③镦粗机凹凸模架的两平面间距应相等，四角平衡度差距应在 0.5mm 之内，在四根立柱上应能平衡滑动。

④凹模由两块合成；凸模由一个顶头和圆形模架组成。对于不同直径的钢筋应配备相应的凹模和凸模，以进行调换。

⑤凹凸模配合间隙应在 0.4～0.8mm 之间。

⑥凸模在凸模座上，装配应合理，接触面不得有铁屑脏物存留，并应将盖压紧，新换凸模压制 10～15 只后，盖应再次压紧。

⑦凹模在滑板上，滑动应通畅、对称、清洁，并应经常清洗，不得有硬物夹在中间。新换装凹模在最初脱模时，应注意拉力情况。通常在松开压力时，凸模在模座内就能自动弹出，或少许受力就能轻易拉出；若退模拉力大于 3MPa 时，应及时检查原因，绝不能强拉强退。

⑧绝不能超压强工作，通常因压力过高导致凸模断裂。

（5）采用 GD150 型镦粗机进行镦粗作业

①操作者一定要熟悉机床的性能和结构，掌握专业技术以及安全守则，严格执行操作规程，严禁超负荷作业。

②开车前应先检查机床各紧固件是否牢靠,各运转部位以及滑动面有无障碍物,油箱油液是否充足,油质是否良好,限位装置以及安全防护装置是否完善,机壳接地是否良好。

③各部位应保持润滑状态,如导轨、鳄板(凹模)、座板斜面等在工作中,每压满20件应加油一次。

④开始工作前,应作行程试运转3次(冷天操作时,先将油泵保持3min空运转),令其正常运转。

⑤检查各按钮开关、阀门、限位装置等是否灵活可靠,液压系统压力是否正常,模架导轨在立柱上运动是否灵活,一切就绪才能开始工作。

⑥钢筋端面一定要切平,被压工件中心与活塞中心对正。

⑦熟悉各定位装置的调节及应用。一定要熟记各种钢筋端头镦粗的压力,压力公差不许超过规定压力的±1MPa,保证质量合格。

⑧压长工件时,应使用中心定位架撑好,以防由于工件受力变形,松压时倾倒。

⑨工作中应经常检查4个立柱螺母是否紧固,若有松动应及时拧紧,不得在机床加压或卸压出现晃动的情况下进行工作。

⑩发现油缸活塞抖动或油泵发出刺耳声音时,一定要排出气体。

⑪经常注意油箱,观察油面是否合格,禁止油溢出油箱。

⑫保持液压油的油质良好,液压油温升不得超过45℃。

⑬操纵阀与安全阀失灵或安全保护装置不完善时不许进行工作。禁止他人乱调乱动调节阀以及压力表等,操作者在调整完后,一定要把锁紧螺母紧固。

⑭提升油缸,压力过高时,一定要检查调整回油阀门,故障消除后才能进行工作。

⑮在夹持架(凹模)内,因工作中会留下钢筋铁屑,故压制15件为一阶段,一定要用专用工具清理。

⑯镦粗好的钢筋端头,根据规格要求,操作者一定要自查,不合格的应立刻返工,不得含糊过关;返工时应切去镦粗头重新镦粗,不能将带有镦粗的钢筋进行二次镦粗。

⑰停车前,模具应处于开启状态,应先卸工作油压,再停控制电源,最后切断总电源。

⑱工作完毕应擦洗机床,打扫场地,保持整洁并填写好运行记录,做好交接班工作。

(6)冷镦粗头的检验

同批钢筋采用同一工艺参数。操作人员应对其生产的每个镦粗头用目测检查外观质量,10个镦粗头要检查一次镦粗直径尺寸,20个镦粗头应检查一次镦粗头长度。

每种规格、每批钢筋都应进行工艺试验。正式生产时,应使用工艺试验确定的参数和相应规格模具。即使钢筋批号未变,每次拆换、安装模具后,也要先镦一根短钢筋,检查确认其质量合格后,方可成批生产。

不合格的钢筋头应切去头部重新镦粗,不能对尺寸超过允许误差的钢筋头直接进行二次镦粗。

2. 钢筋热镦粗工艺

(1)钢筋热镦粗加热工艺设计

钢筋热镦粗加热工艺的设计依据是:根据现行国家标准中规定的钢筋化学成分,参照国内各个大型钢厂钢筋轧制工艺中初轧温度以及终轧温度实践经验,结合钢筋镦头的特点,制定各种级别钢筋的始镦温度及终镦温度。在生产实践中,取样进行金相检测,试验结果表明热镦后钢筋镦头部位具有与母材一致的金相组织,性能尚有所改善。热镦粗的过渡段坡度要≤1:3。

(2)钢筋热镦粗作业要求

①钢筋热镦机热镦粗不应露天作业。

②钢筋端头镦粗不成形或成形质量不符合要求时,应仔细检查模具、行程、加热温度以及原材料等方面的原因,在查出原因及采取有效措施后,才能继续进行镦粗作业。

③钢筋热镦粗作业应按照作业指导书规定以及作业通知书要求,选择与热镦粗有关的参数进行镦粗作业。

④在钢筋热镦粗操作者作业时,应按镦头检验规程对镦头进行自检,不符合质量要求的镦头可加热重新镦粗。

⑤钢筋热镦粗作业时,应注意个人劳动保护及安全防护。

⑥作业完毕,应及时关闭设备电源,同时应将设备和工作场地清理干净,如实填写运行记录及工程量报表。

3. 钢筋冷镦粗普通直螺纹套筒连接

钢筋冷镦粗普通直螺纹套筒连接是指利用冷镦粗设备将钢筋端部冷镦粗,然后在镦粗端加工直螺纹丝后再将两根已镦粗套丝的钢筋连接端穿入配套加工的连接套筒,就成了一个完整的接头。因为钢筋端部冷镦后,截面加大,强度也提高了。另外,钢筋端部加工直螺纹后,其螺纹底部的最小直径须不小于钢筋母材的直径。所以,该接头可以与钢筋母材等强。工艺流程如图 3-20 所示。

图 3-20　镦粗直螺纹工艺简图

(a)夹紧钢筋　(b)冷镦扩粗　(c)切削丝头　(d)对接钢筋

（1）钢筋端部丝头加工

①钢筋下料前须先进行调直，下料时，切口端面要与钢筋轴线垂直，不能有马蹄形或挠曲。

②镦粗后的基圆直径 d_1 要大于丝头螺纹外径，长度 L_0 要大于 1/2 套筒长度，过渡段坡度要不小于 1：3。镦粗头的外形尺寸如图 3-21 所示，镦粗量参考数据见表 3-27 及表 3-28。

图 3-21　镦粗头外形示意图

表 3-27　镦粗量参考数据表（一）

钢筋直径/mm	16	18	20	22	25	28	32	36	40
镦粗压力/MPa	12～14	15～17	17～19	21～23	22～24	24～26	29～31	26～28	28～30
镦粗基圆直径 d_1/mm	19.5～20.5	21.5～22.5	23.5～24.5	24.5～25.5	28.5～29.5	31.5～32.5	35.5～36.5	39.5～40.5	44.5～45.5
镦粗缩短尺寸/mm	12±3	12±3	12±3	15±3	15±3	15±3	18±3	18±3	18±3
镦粗长度 L_0/mm	16～18	18～20	20～23	22～25	25～28	28～31	32～35	36～39	40～43

表 3-28　镦粗量参考数据表（二）

钢筋直径/mm	22	25	28	32	36	40
镦粗直径 d_1/mm	26	29	32	36	40	44
镦粗长度 L_0/mm	30	33	35	40	44	50

③镦粗头不得有与钢筋轴线相垂直的横向表面裂纹。

④不合格的镦粗头要切去后重新镦粗，不能在原镦粗段进行二次镦粗。若选用热镦工艺镦粗钢筋，则须在室内进行镦头加工。

⑤加工钢筋丝头时，须采用水溶性切削润滑液。若气温低于 0℃，则要有防冻措施，不能在不加润滑液的状态下套丝。

⑥钢筋丝头的螺纹要与连接套筒的螺纹相匹配，标准型丝头及加长型丝头加

工长度的参数见表 3-29 和表 3-30。丝头长度偏差通常不应超过 $+1p$（p 为螺距）。

表 3-29 标准型丝头和加长型丝头加工参考数据表

钢筋直径/mm	16	18	20	22	25	28	32	36	40
标准型 丝头长度/mm	16	18	20	22	25	28	32	36	40
加长型 丝头长度/mm	41	45	49	53	61	67	75	85	93

表 3-30 标准型丝头加工参考数据表

钢筋直径/mm	20	22	25	28	32	36	40
标准型丝头规格	M24×2.5	M26×2.5	M29×2.5	M32×3	M36×3	M40×3	M44×3
标准型 丝头长度/mm	28	30	33	35	40	44	48

⑦冷镦后进行套丝，套丝后的螺牙须没有裂纹、没有断牙以及其他缺陷，表面粗糙度应达到图纸要求。

⑧直螺纹加工检查合格后，须戴上塑料保护帽或拧上连接套，以免碰伤及生锈。

⑨用牙形规检测牙形是否合格，并且用环规检查其中径尺寸是否在规定的误差范围之内。

⑩现场加工的直螺纹要注意防潮，避免强力摔碰，并应堆放整齐。

（2）套筒加工

①套筒内螺纹的公差带须符合《普通螺纹 公差》（GB/T 197—2003）的要求（公差精度可选用 6H，H 表示公差带位置）。进行表面防锈处理。

②套筒材料、尺寸、螺纹规格、公差带以及精度等级还须符合产品设计图纸的要求。

③连接套筒的加工参考数据见表 3-31 至表 3-34。

表 3-31 标准型连接套筒

简图	型号与标记	Md×t	D/mm	L/mm
	A20S-G	M24×2.5	36	50
	A22S-G	M26×2.5	40	55
	A25S-G	M29×2.5	43	60
	A28S-G	M32×3	46	65
	A32S-G	M36×3	52	72
	A36S-G	M40×3	58	80
	A40S-G	M44×3	65	90

表 3-32　正反扣型连接套筒

简　图	型号与标记	Md×t	D/mm	L/mm	l/mm	b/mm
	A20SLR-G	M24×2.5	38	56	24	8
	A22SLR-G	M26×2.5	42	60	26	8
	A25SLR-G	M29×2.5	45	66	29	8
	A28SLR-G	M32×3	48	72	31	10
	A32SLR-G	M36×3	54	80	35	10
	A36SLR-G	M40×3	60	86	38	10
	A40SLR-G	M44×3	67	96	43	10

表 3-33　变径型连接套筒

简　图	型号与标记	Md_1×t	Md_2×t	b/mm	D/mm	l/mm	L/mm
	AS20-22	M26×2.5	M24×2.5	5	42	26	57
	AS22-25	M29×2.5	M26×2.5	5	45	29	63
	AS25-28	M32×3	M29×2.5	5	48	31	67
	AS28-32	M36×3	M32×3	6	54	35	76
	AS32-36	M40×3	M36×3	6	60	38	82
	AS36-60	M44×3	M40×3	6	67	43	92

表 3-34　可调型连接套筒

简　图	型号与标记	钢筋直径/mm	D_0/mm	L_0/mm	L'/mm	L_1/mm	L_2/mm
	DSJ-22	22	40	73	52	35	35
	DSJ-25	25	45	79	52	40	40
	DSJ-28	28	48	87	60	45	45
	DSJ-32	32	55	89	60	50	50
	DSJ-36	36	64	97	66	55	55
	DSJ-40	40	68	121	84	60	60

④半根钢筋挤压的作业步骤见表 3-35。

表 3-35　半根钢筋挤压作业步骤

项　次	图　示	说　明
1	压模座　限位器 压模　套筒　液压缸	装好高压油管和钢筋配用的限位器、套筒、压模，并在压模内孔涂羊油

续表 3-35

项　次	图　示	说　明
2		按手控"上"按钮,使套筒对正压模内孔,再按手控"停止"按钮
3		插入钢筋,顶在限位器立柱上,扶正
4		按手控"上"按钮,进行挤压
5		当听到溢流"吱吱"声,再按手控"下"按钮,退回柱塞,取下压模
6		取出半套筒接头,挤压作业结束

⑤整根钢筋挤压的作业步骤见表 3-36。

表 3-36　整根钢筋挤压作业步骤

项　次	图　示	说　明
1		将半套筒接头,插入结构钢筋,挤压机就位
2	压模　　垫块 B	放置与钢筋配用的垫块 B 和压模
3		手控"上"按钮,进行挤压,听到"吱吱"溢流声
4	导向板　　垫块 C	手控"下"按钮,退回柱塞及导向板,装上垫块 C
5		按手控"上"按钮,进行挤压

续表 3-36

项 次	图 示	说 明
6	垫块 D	按手控"下"按钮,退回柱塞,再加垫块 D
7		按手控"上"按钮,进行挤压;再按手控"下"按钮,退回柱塞
8		取下垫块、模具、挤压机,接头挤压连接完毕

⑥压接后的接头,其套筒握裹钢筋的长度须达到油漆标记线,达不到的接头,可以绑扎补强钢筋或切去重新压接。

⑦压接后的接头,要用量规检测,表 3-37 为量规外形尺寸及通过尺寸 A。凡是量规通不过的套筒接头可以补压一次。如仍达不到要求,则应换压模再行挤压。经过两次挤压,套筒接头仍达不到要求的压模,不得再继续使用。

表 3-37　量规外形尺寸及通过尺寸 A(单位:mm)

量规简图	钢筋直径		
	25	28	32
15 / A / 15 / 45 / 60	39.1	43	49.2

4. 钢筋镦粗直螺纹接头的分类

(1)接头按使用要求分类

①标准型。用于钢筋可以自由转动的场合,利用钢筋端头互相对顶力锁定连接件,可以选用标准型或变径型连接套筒。

②扩口型。用于钢筋相对较难对中的场合,利用转动套筒连接钢筋。

③异径型。用于连接不同直径的钢筋。

④正反螺纹型。用于钢筋完全不能转动而又要求调节钢筋内力的场合,例如施工缝、后浇带等。在连接套筒带正反螺纹,可以在一个旋合方向中松开或拧紧两根钢筋时,要选用带正反螺纹删接套筒。

　　⑤加长丝头型。用于钢筋过于长而密集,不便于转动的场合。连接套筒应预先全部拧入一根钢筋的加长螺纹上,然后再拧入被接钢筋的端螺纹,转动钢筋1/2～1圈就可锁定连接件,可以选用标准型连接套筒。

　　⑥加锁母型。用于钢筋完全不能转动,例如弯折钢筋及桥梁灌注桩等钢筋笼的相互对接。应先将锁母及连接套筒预先拧入加长螺纹,然后反拧入另一根钢筋端头螺纹,再用锁母锁定连接套筒。可以选用标准型或扩口型连接套筒加锁母。

　　各类接头连接方法如图 3-22 所示。

图 3-22　接头按使用场合分类示意图

(a)标准型接头　(b)扩口型接头　(c)异径型接头　(d)正反螺纹型接头　(e)加长丝头型接头　(f)加锁母型接头

（2）套筒按适用的钢筋级别分类

套筒按适用的钢筋级别分类见表 3-38。

表 3-38　套筒按适用的钢筋级别分类

序号	套筒适用的钢筋级别	代号
1	HRB335	Ⅱ
2	HRB400	Ⅲ

（3）按接头套筒分类

①标准型套筒。带有右旋等直径内螺纹，端部两个螺距带锥度，如图 3-23（a）所示。

②扩口型套筒。带有右旋等直径内螺纹，一端带 45°或 60°的扩口，以便对中入扣，如图 3-23（b）所示。

③变径型套筒。带有右旋两端具有不同直径的内螺纹，常用于连接不同直径的钢筋，如图 3-23（c）所示。

④正反扣型套筒。套筒两端各带有左、右旋等直径内螺纹，常用于钢筋不能转动的场合，如图 3-23（d）所示。

⑤可调型套筒。套筒中部带有加长型调节螺纹，常用于钢筋轴向位置不能移动并不能转动时的连接，如图 3-23（e）所示。

图 3-23　按接头套筒分类的接头图

（a）标准型套筒　（b）扩口型套筒　（c）变径型套筒　（d）正反扣型套筒　（e）可调型套筒

第五节　带肋钢筋熔融金属填充接头连接

一、带肋钢筋熔融金属填充接头连接的特点

带肋钢筋熔融金属填充接头连接的特点如下：

①在现场不需要电源，在缺电或供电紧张的地方，例如岩体护坡锚固工程，可进行钢筋连接，并能减少现场施工干扰。

②工效高，在水电工程中便于争取工期。

③接头质量可靠。

④减轻工人的劳动强度。

二、带肋钢筋熔融金属填充接头的适用范围

适用于带肋的 HRB335、HRB400、RRB400 钢筋在水平位置、垂直位置、倾斜某一角度位置的连接。钢筋直径为 20～40mm。在装配式混凝土结构的安装中尤能发挥作用；在特殊工程中有良好的应用效果。

三、带肋钢筋熔融金属填充接头连接工艺

钢筋端面必须切平，最好采用圆片锯切割。当采用气割时，应事先将附在切口端面上的氧化皮、熔渣清除干净。

1. 套筒制作

钢套筒一般采用 45 号优质碳素结构钢或低合金结构钢制成。

设计连接套筒的横截面面积时，套筒的屈服承载力应大于或等于钢筋母材屈服承载力的 1.1 倍，套筒的抗拉承载力应大于或等于钢筋母材抗拉承载力的 1.1 倍。套筒内径与钢筋外径之间应留一定间隙，以使钢水能顺畅地注入各个角落。

设计连接套筒的长度时，应考虑充填金属抗剪承载力。充填金属抗剪承载力等于充填金属抗剪强度乘钢筋外圆面积（套筒长度乘钢筋外圆长度）。充填金属的抗剪强度可按其抗拉强度的 0.6 倍计算。钢筋母材承载力等于国家标准中规定的屈服强度或抗拉强度乘公称横截面面积。充填金属抗拉强度可按 Q215 钢材的抗拉强度 $335N/mm^2$ 计算。

设计连接套筒的内螺纹或齿状沟槽时，应考虑套筒与充填金属之间具有良好的锚固力（咬合力）。应在连接套筒接近中部的适当位置加工一小圆孔，以便钢水从此注入。

2. 热剂准备

热剂的主要成分为雾滴状或花瓣状铝粉和鱼鳞状氧化铁粉，两者比例应通过

计算和试验确定。为了提高填充金属的强度,必要时可以加入少量合金元素。热剂中两种主要成分应调和均匀。若是购入袋装热剂,使用前应抛摔几次,务必使其拌和均匀,以保证反应充分进行。

3. 坩埚准备

坩埚一般由石墨制成。也可由钢板制成,内部涂以耐火材料。耐火材料由清洁且很细的石英砂 3 份及黏土 1 份,再加 1/10 份胶质材料均匀混合,并放水 1/12 份,产生合宜的混合体。若是手工调和,则在未曾混合之前,砂与黏土必须是干燥的,该两种材料经混合后,才可加入胶质材料和水。其中,水分越少越好。胶质材料常用的为水玻璃。

坩埚内壁涂毕耐火材料后,应缓缓使其干燥,直至无潮气存在;若加热干燥,其加热温度不得超过 150℃。

当工程中大量使用该种连接方法时,所有不同规格的连接套筒、热剂、坩埚、一次性衬管、支架等均可由专门工厂批量生产,包装供应,方便施工。

四、带肋钢筋熔融金属填充接头现场操作

1. 固定钢筋

安装并固定钢筋,使两钢筋之间留有约 5mm 的间隙。

2. 安装连接套筒

安装连接套筒,使套筒中心在两钢筋端面之间。

3. 固定坩埚

用支架固定坩埚,放好坩埚衬管、放正封口片;安装钢水浇注槽(导流块),连接好钢水出口与连接套筒的注入孔。用耐火材料封堵所有连接处的缝隙。

4. 坩埚使用

为防止坩埚过热,一个坩埚不应重复使用 15～20min 之久。如果需要接续作业,应配备几个坩埚轮流使用。

使用前,应彻底清刷坩埚内部,但不得使用钢丝刷或金属工具。

5. 热剂放入

先将少量热剂粉末倒入坩埚,检查是否有粉末从底部漏出。然后将所有热剂徐徐放入,使其保持良好调和状态。

6. 点火燃烧

全部准备工作完成后,用点火枪或高温火柴点火,热剂开始化学反应,然后,迅速盖上坩埚盖。

7. 钢水注入套筒

热剂化学反应过程一般为 4～7s,稍待冶金反应平静后,高温的钢水熔化封口

片,随即流入预置的连接套筒内,填满所有间隙。

8. 扭断结渣

冷却后,立即慢慢来回转动坩埚,以便扭断浇口至坩埚底间的结渣。

9. 拆卸各项装置

卸下坩埚、导流块、支承托架和钢筋固定装置,去除浇冒口,清除接头附近熔渣杂物,连接工作结束。

第六节　钢筋锥螺纹套筒连接

一、钢筋锥螺纹套筒的基本原理

钢筋锥螺纹接头是利用锥螺纹能承受拉和压两种作用力,以及自锁性和密封性好的特性,将钢筋的连接端加工成锥螺纹,按规定的力矩值把钢筋连接成一体的接头。GK 型等强钢筋锥螺纹接头的基本思路是:在钢筋端头切削锥螺纹之前,先对钢筋端头沿径向通过压模施加很大的压力,使其塑性变形,形成圆锥桩体,然后再按普通锥螺纹钢筋接头的工艺程序,在预压过的钢筋端头上车削锥形螺纹,最后在用带内锥螺纹的钢套筒用力矩扳子进行拧紧连接。在钢筋端头塑性变形过程中,根据冷作硬化的原理,变形后的钢筋端头材料强度比钢筋母材提高 10%～20%,从而使在其上车削出的锥螺纹强度也相应提高,弥补了由于车削螺纹使钢筋母材截面尺寸减小而造成的接头承载能力下降的缺陷,大大提高了锥螺纹接头的强度,使之不小于相应钢筋母材的强度。由于强化长度可调,所以可有效避免螺纹接头根部弱化现象,从而不用依赖钢筋超强,就可达到行业标准中最高级 I 级接头对强度的要求。

二、钢筋锥螺纹套筒的特点

钢筋锥螺纹接头是一种能承受拉和压两种作用力的机械接头。具有工艺简单、可以预加工、连接速度快、同心度好,不受钢筋含碳量和有无花纹限制,无明火作业,不污染环境,可全天候施工,接头质量安全可靠、施工方便、节约钢材和能源等优点。GK 型等强钢筋锥螺纹钢筋接头基本出发点是在不改变主要工艺、不增加很多成本的前提下,使锥螺纹钢筋接头做到与钢筋母材等强,即做到钢筋锥螺纹接头部位的强度不小于该钢筋母材的实测极限强度。钢筋端头预压过程中,除了增加了端头局部强度,还直接压出光圆的锥面,大大方便了后续钢筋锥螺纹丝头的车削加工,降低了刀具和设备损耗,同时也提高了锥螺纹加工的精度。对于钢筋下料时端头常有的弯曲、马蹄形以及钢筋几何尺寸偏差造成的椭圆截面和错位截面等现象,都可以通过预压来矫形,使之形成规整的圆锥柱体,确保加工出来的锥螺纹丝头无偏扣、缺牙、断扣等现象,从另一方面保证了锥螺纹钢筋接头的质量。

锥螺纹接头还拥有其他连接方式不可替代的优势:

①自锁性。拧紧力矩产生的螺纹推力与锥面产生的抗力平衡,不会因震动消失。形成稳定的摩擦自锁。

②密封性。上述两力使牙面充分贴合,密闭了锥套内部缝隙。

③自韧扣。不需人工韧扣,可自行韧扣。特别对于大直径钢筋的小螺距螺纹,韧扣易完成,不易乱扣。

④精度高。切削螺纹,能达到较高精度等级。

⑤拧紧圈数少。

⑥通过拧紧力矩产生的螺纹推力与锥面产生的抗力平衡,使牙面充分贴合,消除残余变形,不用依赖钢筋对顶,就可满足行业标准中最高级Ⅰ级接头对残余变形的要求。

三、钢筋锥螺纹套筒的适用范围

钢筋锥螺纹套筒连接能在施工现场连接 HRB335、HRB400 级,直径为 16～40mm 的同径或异径的竖向、水平或任何倾角钢筋,不受钢筋有无花纹及含碳量的限制。适用于按一级和二级抗震等级设防的一般工业与民用房屋及构筑物的现浇混凝土结构的梁、柱、板、墙基础的连接施工。所连钢筋直径之差不宜超过 8mm。

四、钢筋锥螺纹套筒的工艺

1. 锥形螺纹连接套连接钢筋施工工艺

钢筋预加工在钢筋加工棚中进行,其施工程序是:钢筋除锈、调直→钢筋端头切平(与钢筋轴线垂直)→下料→磨光毛刺、缝边→将钢筋端头送入套丝机卡盘开口内→车出锥形丝头→测量和检验丝头质量→合格的按规定力矩值拧上锥螺纹连接套,在两端分别拧上塑料保护盖和帽→编号、成捆分类、堆放备用。

2. 施工现场钢筋安装连接程序

钢筋就位→回收待连接钢筋上的密封盖和保护帽→用手拧上钢筋,使首尾对接拧入连接套→按锥螺纹连接的力矩值扭紧钢筋接头,直到力矩扳子发出响声为止→用油漆在接好的钢筋上作标记→质检人员按规定力矩值检查钢筋连接质量,力矩扳子发出响声为合格接头→作钢筋接头的抽检记录。

3. 常用接头连接方法

常用接头连接方法有三种:

①同径或异径普通接头。分别用力矩扳子将下钢筋与连接套和连接套与上钢

筋拧到规定的力矩。

②单向可调接头。分别用力矩扳子将下钢筋与连接套和可调连接器与上钢筋拧到规定的力矩值,再把锁母与连接套拧紧。

③双向可调接头。分别用力矩扳子将下钢筋与可调连接器和可调连接器与上钢筋拧到规定的力矩值,且保持可调连接器的外露丝扣数相等,然后分别夹住上、下可调连接器,把连接套拧紧。

4. 连接钢筋的要求

①连接钢筋时,应对正轴线将钢筋拧入连接套,然后用力矩扳子拧紧。接头拧紧值可按表 3-39 规定的力矩值采用,不得超拧,拧紧后的接头应做上标记。

表 3-39　钢筋接头拧紧力矩值

钢筋直径/mm	16	18	20	22	25～28	32	36～40
拧紧力矩(N·m)	118	145	177	216	275	314	343

②钢筋接头位置应互相错开,其错开间距不得少于 $35d$,且不大于 $500mm$,接头端部距钢筋弯起点不应小于 $10d$。

③接头应避免设在结构的拉应力最大截面上和有抗震设防要求的框架梁端与柱端的箍筋加密区。在结构件受拉区段同一截面上的钢筋接头不得超过钢筋总数的 50%。

④在同一构件的跨间或层高范围内的同一根钢筋上,不得超过两个以上接头。

⑤钢筋连接应做到表面顺直、端面平整,其截面与钢筋轴线垂直,不得歪斜、滑丝。

第七节　钢筋滚轧直螺纹连接

一、钢筋滚轧直螺纹连接的基本原理

钢筋滚轧直螺纹套筒连接是利用金属材料塑性变形后冷作硬化增强金属材料强度的特性,使接头与母材等强的连接方法。

二、钢筋滚轧直螺纹连接的特点

1. 接头强度高(试验中能 100%断于母材)、延性好

钢筋滚丝时相当于冷加工操作,综合力学性能达到并超过国家行业标准的接头标准,确保了接头强度不低于母材强度,能充分发挥钢筋母材的强度和性能。

2. 连接快速方便,适用性强

在施工现场,接头连接仅用力矩扳子即可,对超长的钢筋连接及弯曲钢筋、固定钢筋、钢筋笼等不能移动钢筋的场合只需旋转套筒就可实现连接。

3. 接头质量安全、可靠

即使螺纹松动,只要达到一定的旋合长度,就能保证接头的性能。

4. 便于检测

对于连接后的接头,只要目测钢筋上有螺纹露在套筒外的情况,即可初步判断接头是否合格。

5. 节能环保

节约钢材与能源,无明火操作,不污染环境,可全天候施工。

三、钢筋滚轧直螺纹连接的适用范围

钢筋滚轧直螺纹连接适合于中等或较粗直径的 HRB335(Ⅱ级)、HRB400(Ⅲ级)热轧带肋钢筋及 RRB400(Ⅲ级)余热处理钢筋的连接。

四、钢筋滚轧直螺纹连接的工艺

1. 钢筋滚轧直螺纹连接的工艺流程

钢筋滚轧直螺纹连接的工艺流程为:钢筋原料→切头→机械加工(丝头加工)→套丝加保护套→工地连接。

①所加工的钢筋应先调直后再下料,切口端面与钢筋轴线垂直,不能有马蹄形或挠曲。下料时,不得采用气割下料,可采用钢筋切断机或砂轮切割机。

②丝头加工时应使用水性润滑液,不得使用油性润滑液。

③墩身主钢筋连接接头除倒数第二节的上口制成加长丝外,其余均采用滚轧直螺纹标准型接头,其丝头有效螺纹长度应不小于1/2连接套筒长度,规定一端丝头滚轧 12 道丝;钢筋连接完毕后,连接套筒外应有外露有效螺纹,且连接套筒单边外露有效螺纹不得超过 $2P$,即两口丝。

④已加工完成并检验合格的丝头要加以保护,钢筋一端丝头戴上保护帽,另一端拧上连接套,并按规格分类堆放整齐待用。

⑤钢筋连接时,钢筋的规格和连接套的规格一致,并确保丝头和连接套的丝扣干净、无损。

⑥连接套筒外形尺寸见表 3-40。

表 3-40　连接套筒外形尺寸(单位:mm)

规格	螺距	长度	外径	螺纹小径
$f28$	3	70	44	26.1

2. 常见问题及处理措施

(1)钢筋连接技术的配套问题

连接技术的配套原则：与一般的商品不同，滚轧直螺纹钢筋连接技术是一种配套技术。它包括与相关技术配套的钢筋加工设备、连接套筒的设计、钢筋丝头螺纹参数的设计、螺纹配合参数及精度的设计、钢筋连接施工的工法设计以及相关的质量控制流程，并通过型式检验对这一配套产品进行分等定级。

由于各个生产单位的许多关键技术和工艺参数受到专利保护，各生产单位自行开发钢筋连接技术的相关技术参数各有不同，质量控制要求也不一样。因此，作为配套的钢筋连接技术，都应该配套使用，只有这样才能有效地保证钢筋连接的质量。

违反配套原则的后果：随着滚轧直螺纹钢筋连接技术的推广应用，有些施工单位在对该项技术不甚了解的情况下，盲目从某一生产单位购进钢筋加工设备，又从另一生产单位购进连接套筒，进行现场制作和连接施工。这种做法严重违反了滚轧直螺纹钢筋连接技术的配套使用原则，因此带来的问题可能有以下几个方面。

①质量受到影响。两个生产单位的工艺参数有所不同，钢筋丝头加工与钢筋现场连接的操作规定不同；质量控制要点不同。因不配套地施工，钢筋连接质量必将受到严重的影响。

②无法分等定级。钢筋连接接头的型式检验，是对某一配套连接技术进行参数确定和分等定级的检验。用两种工艺参数制作的钢筋接头无法分等定级。

③无法分清责任。由于是不同生产单位混用的技术，一旦发现质量问题，责任无法分清。

因此，作为配套使用的滚轧直螺纹钢筋连接技术，应该杜绝上述做法。作为滚轧直螺纹钢筋连接技术的各生产单位，也应该拒绝这种对工程不负责任的要求。

(2)套筒无法旋到规定位置

1)现象：钢筋丝头有效螺纹尺寸检验时通规旋入规定位置，止规旋入长度大于$3P$，使连接套筒无法旋入到规定的位置。这种现象一般在加长型钢筋丝头加工时出现，钢筋丝头螺距累计误差并不大，螺纹单一中径误差也小于0.20mm。

2)缺陷产生原因：

①钢筋丝头螺纹中径直线性差。螺纹环通规和环止规与钢筋丝头螺纹旋合长度，属于中等旋合和短旋合，而加长型钢筋丝头与连接套筒的旋合属于长旋合。对于长旋合螺纹配合，在螺纹几何尺寸符合标准要求的情况下，还应考虑螺纹中径直线度的问题。

②滚丝轮结构设计不合理，修正齿过短。

③设备稳定性差，滚丝头沿着钢筋弯曲的轨迹滚轧出钢筋螺纹。

3)纠正措施：

①加长滚丝轮的修正齿,合理设计滚丝轮的结构。

②提高滚丝机的刚度,更换相关零配件。

③用牙型规检查钢筋丝头螺纹牙型,判断是否合格。

(3)套筒两端外露螺纹数量差大

1)现象:标准型钢筋连接接头连接完毕后,连接套筒两端外露的有效螺纹数量相差较大。

2)缺陷产生原因：

①钢筋丝头螺纹长度超差。

②钢筋连接缺少调整工序。

3)纠正措施：

①对这种钢筋接头,应保证两根钢筋丝头在连接套筒内的旋合长度相等。在保证接头力学性能的前提下,可根据相关规定,进行让步验收。

②加强钢筋连接工人的操作培训。钢筋连接施工中,连接完毕后的外露螺纹调整,往往是人们所忽视的一个环节,应引起有关人员的重视。

(4)套筒两端无外露有效螺纹

1)现象:标准型钢筋连接接头连接完毕后,连接套筒两端均无外露有效螺纹。这种现象是钢筋丝头加工和铡筋连接中常出现的问题。前面已经介绍过,这种连接极易出现影响接头承载能力的超短旋合接头。

2)缺陷产生原因:钢筋丝头螺纹加工长度不够。

3)纠正措施:应加强钢筋丝头螺纹加工的检查,坚决杜绝超短丝头的出现。

(5)套筒与丝头旋合困难

1)现象:钢筋连接施工时,连接套筒与钢筋丝头旋合困难,此时严禁强行旋入。强行旋入所造成的螺纹勒扣,将影响接头的承载能力。

2)缺陷产生原因：

①钢筋丝头螺纹中径偏大,或连接套筒内螺纹中径偏小。

②钢筋丝头螺纹或连接套筒内螺纹有杂物,钢筋丝头有机械损伤。

3)纠正措施：

①重新加工钢筋丝头,加强钢筋丝头加工的质量管理。

②钢筋连接施工前,应检查钢筋丝头是否有杂物和机械损伤。

(6)连接施工的拧紧力矩问题

《钢筋机械连接技术规程》(JGJ 107—2016)中规定了钢筋连接施工中拧紧力矩的要求。其目的是使对顶的两根钢筋丝头,通过一定的拧紧力矩拧紧,消除螺纹配合间隙,提高钢筋连接接头的刚度。但是对于小规格的钢筋连接接头,拧紧力不宜过大,以免造成螺纹勒扣,影响连接接头的承载能力。

(7)正反丝扣型接头连接施工中的问题

1)现象:正反丝扣型钢筋连接接头在连接施工中,往往出现连接套筒拧紧后,钢筋仍能旋转的不正常现象。

2)缺陷产生原因:

①钢筋丝头螺纹长度不够,一端钢筋丝头螺纹已全部与连接套筒旋合,而另一端钢筋丝头螺纹并未全部旋合,钢筋丝头并未在连接套筒中对顶。连接套筒拧紧只是与一端钢筋丝头螺尾锁紧,而另一端钢筋丝头与连接套筒仍处于自由旋合状态,螺纹配合间隙并未消除,因此连接套筒即使拧紧,钢筋仍能旋转。

②连接初始时,旋转连接套筒两根钢筋丝头没有同步旋入,且两根钢筋旋入长度相差较大,又没有及时调整,致使钢筋丝头无法在连接套筒中对顶。

③设备稳定性差,滚丝头沿着钢筋弯曲的轨迹滚轧出钢筋螺纹。

3)纠正措施:

①重新加长钢筋丝头,加强钢筋丝头加工的质量管理。

②建议按不同形式接头的连接方法进行施工。

(8)异径钢筋连接施工中存在的问题

1)现象:异径型钢筋接头大规格钢筋丝头旋合长度不足,外露有效螺纹。

2)缺陷产生原因:异径型钢筋接头连接施工常出现小规格钢筋丝头旋入长度过长,使大规格钢筋丝头的旋合长度受到影响。严重时,也有可能对接头的承载能力产生一定的影响。

3)纠正措施:异径型钢筋接头连接,应先将连接套筒与大规格钢筋丝头旋合,拧紧后再与小规格钢筋丝头旋合。这样可以充分保证两种不同规格的钢筋丝头能够达到在连接套筒中规定的旋合长度,这一点也是人们在施工中容易忽视的。

第八节　钢筋套筒灌浆连接

一、钢筋套筒灌浆连接接头

钢筋套筒灌浆连接是用高强、快硬的无收缩无机浆料填充在钢筋与灌浆套筒连接件之间,浆料凝固硬化后形成钢筋接头,图3-24所示为套筒灌浆连接接头连接示意图。灌浆连接主要适用于预制装配式混凝土结构中的竖向构件及横向构件的钢筋连接,也可用于混凝土后浇带钢筋连接、钢筋笼整体对接及加固补强等方面,可连接直径为12～40mm 热轧带肋钢筋或余热处理钢筋。

钢筋套筒灌浆连接接头是预制装配式钢筋混凝土构件连接用的主要钢筋连接

图 3-24　套筒灌浆连接接头连接示意图

1. 柱上端　2. 螺纹端钢筋　3. 水泥灌浆直螺纹连接套筒　4. 出浆孔接头 T-1
5. PVC 管　6. 灌浆孔接头 T-1　7. PVC 管　8. 灌浆端钢筋　9. 柱下端

接头形式之一,适用于钢筋混凝土预制梁、预制柱、预制剪力墙板、预制楼板之间的钢筋连接,具有连接质量稳定可靠、抗震性能好、施工简便、安装速度快、可实现异径钢筋连接等特点。在我国和日本、美国、东南亚、中东、新西兰等国家的钢筋混凝土剪力墙结构、框架结构、框架剪力墙结构工程建设中得到了广泛的应用。

二、钢筋连接用灌浆套筒

钢筋连接用灌浆套筒是指通过水泥基灌浆料的传力作用将钢筋对接连接所用的金属套筒。通常采用铸造工艺或者机械加工工艺制造。

1. 灌浆套筒的分类

灌浆套筒按加工方式分为铸造灌浆套筒和机械加工灌浆套筒;按结构形式分为全灌浆套筒和半灌浆套筒,半灌浆套筒按非灌浆一端连接方式又分为直接滚轧直螺纹灌浆套筒、带肋滚轧直螺纹灌浆套筒和镦粗直螺纹灌浆套筒。

全灌浆套筒的结构简图如图 3-25(a)所示,半灌浆套筒的结构简图如图 3-25(b)所示。

2. 灌浆套筒结构和材料要求

灌浆套筒的结构形式和主要部位尺寸应符合《钢筋连接用灌浆套筒》(JG/T 398—2012)的有关规定。全灌浆套筒的中部、半灌浆套筒的排浆孔位置在计入最

图 3-25　灌浆套筒结构简图

(a)全灌浆套筒　(b)半灌浆套筒

L—灌浆套筒总长　L_0—锚固长度　L_1—预制端预留钢筋安装调整长度

L_2—现场装配端预留钢筋安装调整长度　t—灌浆套筒壁厚　d—灌浆套筒外径

D—内螺纹的公称直径　D_1—内螺纹的基本小径　D_2—半灌浆套筒螺纹端与灌浆端连接处的通孔直径

D_3—灌浆套筒锚固段环形突起部分的内径

1. 灌浆孔　2. 排浆孔　3. 剪力槽　4. 强度验算用截面　5. 钢筋限位挡块　6. 安装密封垫的结构

大负公差后的屈服承载力和抗拉承载力的设计应符合《钢筋机械连接技术规程》(JGJ 107—2016)的规定;套筒长度应根据实验确定,且灌浆连接端长度不宜小于 8 倍钢筋直径,灌浆套筒中间轴向定位点两侧应预留钢筋安装调整长度,预制端不应小于 10mm,现场装配端不应小于 20mm。剪力槽两侧凸台轴向厚度不应小于 2mm;剪力槽的数量应符合表 3-41 的规定。

表 3-41　灌浆套筒剪力槽数量表

连接钢筋直径/mm	12~20	22~32	36~40
剪力槽数量/个	≥3	≥4	≥5

机械加工灌浆套筒的壁厚不应小于 3mm,铸造灌浆套筒的壁厚不应小于 4mm。铸造灌浆套筒宜选用球墨铸铁,机械加工灌浆套筒宜选用优质碳素结构钢、低合金高强度结构钢、合金结构钢或其他经过接头型式检验确定符合要求的钢

材。采用球墨铸铁制造的灌浆套筒，材料性能在符合《球墨铸铁件》(GB/T 1348—2009)规定的同时，其尚应符合表 3-42 的规定。

表 3-42　球墨铸铁灌浆套筒的材料性能

项目	性能指标	项目	性能指标
抗拉强度 R_m/MPa	≥550	球化率(%)	≥85
断后伸长率 A_s(%)	≥5	硬度/HBW	180~250

采用优质碳素结构钢、低合金高强度结构钢、合金结构钢加工的灌浆套筒，其材料的机械性能应符合《低合金高强度结构钢》(GB/T 1591—2008)、《合金结构钢》(GB/T 3077—2015)和《结构用无缝钢管》(GB/T 8162—2008)的规定，同时尚应符合表 3-43 的规定。

表 3-43　钢制灌浆套筒的材料性能

项目	性能指标
屈服强度 R_{el}/MPa	≥355
抗拉强度 R_m/MPa	≥600
断后伸长率 A_s(%)	≥16

3. 灌浆套筒尺寸偏差和外观质量要求

灌浆套筒的尺寸偏差应符合表 3-44 的规定。

表 3-44　灌浆套筒尺寸偏差表

序号	项目	灌浆套筒尺寸偏差表					
		铸造灌浆套筒			机械加工灌浆套筒		
	钢筋直径/mm	12~20	22~32	36~40	12~20	22~32	36~40
1	外径允许偏差/mm	±0.8	±1.0	±1.5	±0.6	±0.8	±0.8
2	壁厚允许偏差/mm	±0.8	±1.0	±1.2	±0.5	±0.6	±0.8
3	长度允许偏差/mm	±(0.01×L)			±2.0		
4	锚固段环形突起部分的内径允许偏差/mm	±1.5			±1.0		
5	锚固段环形突起部分的内径最小尺寸与钢筋公称直径差值/mm	≥10			≥10		
6	直螺纹精度	/			GB/T 197 中 6H 级		

铸造灌浆套筒内外表面不应有影响使用性能的夹渣、冷隔、砂眼、缩孔、裂纹等质量缺陷；机械加工灌浆套筒表面不应有裂纹或影响接头性能的其他缺陷，端面和

外表面的边棱处应无尖棱、毛刺。灌浆套筒外表面标识应清晰,表面不应有锈皮。

4. 灌浆套筒力学性能要求

灌浆套筒应与灌浆料匹配使用,采用灌浆套筒连接钢筋接头的抗拉强度应符合《钢筋机械连接技术规程》(JGJ 107—2016)中Ⅰ级接头的规定。

5. 球墨铸铁套筒铸造要求

采用球墨铸铁制造灌浆套筒时,由于套筒内部结构比较复杂,选用合理铸造成型工艺对铸件的质量影响非常重要。

①由于铸造球墨铸铁是在高碳低硫的条件下产生的,球化过程中铁水的温度会降低,铁水的流动性也会变差,一般应将铁水出炉温度控制在 1300℃以上。铁水含碳量的高低会影响球化效果,一般应该将含碳量控制在 3.8~1.2 左右。

②合理选择铸造用砂,包括外形砂、芯砂,控制用砂含水量。芯砂质量和制作工艺对灌浆套筒内部残砂清理起着至关重要的作用,一旦芯砂质量出现偏差,灌浆套筒内部残砂清理将非常困难。

③合理设计铸造浇注位置、分型面、冒口、拔模斜度,对制造球墨铸铁灌浆套筒的质量有重要影响。

6. 灌浆套筒检验与验收

灌浆套筒质量检验分为出厂检验和型式检验。出厂检验项目包括材料性能、尺寸偏差、外观质量;型式检验除了出厂检验项目外,还要进行套筒力学性能检验。

(1)灌浆套筒材料性能检验

主要检验材料的屈服强度、抗拉强度和断后伸长率,铸造套筒还要检查球化率和硬度。铸造灌浆套筒的材料性能采用单铸试块的方式取样,机械加工灌浆套筒的材料性能通过原材料的方式取样;铸造材料试样制作采用单铸试块的方式进行,试样的制作应符合相关规定;圆钢或钢管的取样和制备应符合《钢及钢产品 力学性能试验取样位置及试样制备》(GB/T 2975—1998)的规定;材料性能试验方法应符合《金属材料 拉伸试验 第1部分:室温试验方法》(GB/T 228.1—2010)的规定。球化率试验采用本体试样,从灌浆套筒的中间位置取样,灌浆套筒尺寸较小时,也可采用单铸试块的方式取样;实验试样的制作应符合《金属显微组织检验方法》(GB/T 13298—2015)的规定;球化率试验方法应符合《球墨铸铁金相检验》(GB/T 9441—2009)的规定,以球化分级图中 80% 和 90% 的标准图片为依据,球化形态居两者中间状态以上为合格。硬度试验采用本体试样,从灌浆套筒中间位置截取约 15mm 高的环形试样,灌浆套筒壁厚较小时,也可采用单铸试块的方式取样;试验试样的制作应符合《金属材料 布氏硬度试验 第1部分:试验方法》(GB/T 231.1—2009)的规定;采用直径为 2.5mm 的硬质合金球,试验力为 1.839kN,取 3 点,试验方法应符合《金属材料 布氏硬度试验 第1部分:试验方法》(GB/T 231.1—2009)

的规定。

（2）灌浆套筒主要尺寸检验

灌浆套筒主要尺寸检验有套筒外径、壁厚、长度、凸起内径、螺纹中径、灌浆连接段凹槽大孔。外径、壁厚、长度、凸起内径采用游标卡尺或专用量具检验，卡尺精度不应低于 0.02mm；灌浆套筒外径应在同一截面相互垂直的两个方向测量，取其平均值；壁厚的测量可在同一截面相互垂直两方向测量套筒内径，取其平均值，通过外径、内径尺寸计算出壁厚；直螺纹中径使用螺纹塞规检验，螺纹小径可用光规或游标卡尺测量；灌浆连接段凹槽大孔用内卡规检验，卡规精度不应低于 0.02mm。

（3）灌浆套筒的力学性能试验

灌浆套筒的力学性能试验通过灌浆套筒和匹配灌浆料连接的钢筋接头试件进行，接头抗拉强度的试验方法应符合《钢筋机械连接技术规程》（JGJ 107—2016）的规定。

（4）灌浆套筒出厂检验

灌浆套筒出厂检验的组批规则、取样数量及方法是：材料性能检验应以同钢号、同规格、同炉（批）号的材料作为一个验收批，每批随机抽取 2 个；尺寸偏差和外观应以连续生产的同原材料、同炉（批）号、同类型、同规格的 1000 个灌浆套筒为一个验收批，不足 1000 个灌浆套筒时仍可作为一个验收批，每批随机抽取 10%，连续 10 个验收批一次性检验均合格时，尺寸偏差及外观检验的取样数量可由 10% 降低为 5%。

出厂检验判定规则是：在材料性能检验中，若 2 个试样均合格，则该批灌浆套筒材料性能判定为合格；若有 1 个试样不合格，则需另外加倍抽样复检，复检全部合格时，则仍可判定该批灌浆套筒材料性能为合格；若复检中仍有 1 个试样不合格，则该批灌浆套筒材料性能判定为不合格。在尺寸偏差及外观检验中，若灌浆套筒试样合格率不低于 97% 时，该批灌浆套筒判定为合格；当低于 97% 时．应另外抽双倍数量的灌浆套筒试样进行检验，当合格率不低于 97% 时，则该批灌浆套筒仍可判定为合格；若仍低于 97% 时，则该批灌浆套筒应逐个检验，合格者方可出厂。在有下列情况之一时，应进行型式检验：

①灌浆套筒产品定型时。

②灌浆套筒材料、工艺、规格进行改动时。

③型式检验报告超过 4 年时。

（5）型式检验取样数量及取样方法

材料性能试验从同钢号、同规格、同炉（批）号的材料中抽取。取样数量为 2 个；尺寸偏差和外观应从连续生产的同原材料、同炉（批）号、同类型、同规格的套筒中抽取，取样数量为 3 个；抗拉强度试验的灌浆接头取样数量为 3 个。型式检验判定规则是：所有检验项目合格方可判定为合格。

三、钢筋套筒连接用灌浆料

钢筋连接用套筒灌浆料是以水泥为基本材料,配以适当的细骨料,以及少量的混凝土外加剂和其他材料组成的干混料,加水搅拌后具有大流动度、高强、微膨胀等性能,填充于套筒和带肋钢筋间隙内,形成钢筋套筒灌浆连接接头,简称"套筒灌浆料"。

钢筋套筒连接用灌浆料的性能应符合表 3-45 的要求。

表 3-45　钢筋套筒连接用灌浆料的性能

检测项目		性能指标
流动度/mm	初始	≥300
	30min	≥260
抗压强度/MPa	1d	≥35
	3d	≥60
	28d	≥85
竖向膨胀率/%	3h	≥0.02
	24h 与 3h 差值	0.02～0.5
氯离子含量/%		≤0.03
泌水率/%		0

1. 套筒灌浆料检验

套筒灌浆料产品检验分出厂检验和型式检验。出厂检验项目包括:初始流动度、30min 流动度、1d、3d 抗压强度、3h、24h 竖向膨胀率,当用户需要时进行 28d 抗压强度检测。型式检验项目除出厂检验项目外,还有氯离子含量和泌水率。

检验样品的取样:在 5d 内生产的同配方产品作为一个生产批号,最大数量不超过 10t,不足 10t 也作为同一生产批号;取样应有代表性,可连续取,也可从多个部位取等量样品;取样方法按《水泥取样方法》(GB/T 12573—2008)进行。检验用水应符合相关的规定,砂浆搅拌机应符合《试验用砂浆搅拌机》(JG/T 3033—1996)规定。将抽取的套筒灌浆料样品放入砂浆搅拌机中,加入规定用水量 80% 后,开动砂浆搅拌机使混合料搅拌至均匀,搅拌 3～4min 后,再加入所剩的 20% 规定用水量,控制总搅拌时间一般不少于 5min。搅拌完成后进行流动度、抗压强度、竖向膨胀率试验,流动度、抗压强度和竖向膨胀率的试验方法按《水泥基灌浆材料应用技术规范》(GB/T 50448—2015)的相关规定进行。当出厂检验项目的检验结果全部符合要求时判定为合格品,若有一项指标不符合要求时则判定为不合格。

氯离子含量检验采用新搅拌砂浆,测定方法按《水泥基灌浆材料应用技术规范》(GB/T 50448—2015)的要求进行;泌水率试验按《普通混凝土拌合物性能试验方法标准》(GB/T 50080—2016)的规定进行。

有下列情况之一时,应进行型式检验:

①新产品的试制定型鉴定。

②正式生产后如材料及工艺有较大变动,有可能影响产品质量时。

③停产半年以上恢复生产时。

④国家质量监督机构提出型式检验专门要求时。

当产品首次提供给用户使用时,材料供应方应提供有效产品型式检验报告;当用户需要出厂检测报告时,生产厂应在产品发出之日起 7d 内寄发除 28d 抗压强度以外的各项试验结果,28d 检测数值应在产品发出之日起 40d 内补报。

2. 套筒灌浆料交货与验收

套筒灌浆料交货时产品的质量验收可抽取实物试样,以其检验结果为依据,也可以产品同批号的检验报告为依据。采用何种方法验收由买卖双方商定,并在合同或协议中注明。以抽取实物试样的检验结果为验收依据时,买卖双方应在发货前或交货地共同取样和封存。取样方法按《水泥取样方法》(GB/T 12573—2008)的相关规定进行。

3. 套筒灌浆料包装与标识

钢筋接头灌浆料采用防潮袋包装,并满足相关规定,每袋净质量 25kg 或 50kg;包装袋上应标明产品名称、净质量、生产厂家、单位地址、联系电话、生产批号、生产日期等。

第九节　钢筋机械连接的质量检验与验收

一、钢筋套筒挤压接头的质量检验

钢筋套筒挤压连接接头质量标准及检验方法见表 3-46。

表 3-46　钢筋套筒挤压连接接头质量标准及检验方法

项次	项目	质量要求	取样数量
1	外观质量检验	①工程中应用带肋钢筋套筒挤压接头时,应由该技术提供单位提交有效的型式检验报告 ②外形尺寸:挤压后套筒长度应为原套筒长度的 1.10～1.15 倍;或压痕处套筒的外径波动范围为原套筒外径的 0.8～0.90 倍挤压接头的压痕道数应符合型式检验确定的道数。弯折处弯折角度不得大于 4°。挤压后的套筒不得有肉眼可见裂缝 ③如外观质量不合格数少于抽检数的 10%,则该批挤压接头外观质量评为合格。当不合格数超过抽检数的 10% 时,应对该批挤压接头逐个进行复检,对外观不合格的挤压接头采取补救措施;不能补救的挤压接头应做标记,在外观不合格的接头中抽取 6 个试件做抗拉强度试验,若有 1 个试件的抗拉强度低于规定值,则对该批外观不合格的挤压接头,应会同设计单位商定处理并记录存档	同一施工条件下采用同一批材料的同等级、同型式、同规格接头,以 500 个为一个验收批;不足 500 个也作为一个验收批 每一验收批中应随机抽取 10% 的挤压接头做外观质量检验 每种规格钢筋接头力学性能试验的试件数量不应少于 3 件

续表 3-46

项次	项目	质量要求	取样数量
2	力学性能试验	①钢筋连接工程开始前及施工过程中,应对每批进场钢筋和接头进行工艺检验。并应符合下列要求: 每种规格钢筋母材进行抗拉强度试验;接头试件应达到表3-3中相应等级的强度要求。计算钢筋实际抗拉强度时,应采用钢筋的实际横截面积计算 ②对每一验收批均应按设计要求的接头性能等级,在工程中随机抽取 3 个试件做单向拉伸试验。当 3 个试件检验结果均符合表 3-3 的强度要求时,该验收批为合格 ③如有一个试件的抗拉强度不符合要求,应再取 6 个试件进行复检。复检中如仍有 1 个试件检验结果不符合要求,则该验收批单向拉伸检验为不合格	同一施工条件下采用同一批材料的同等级、同型式、同规格接头,以 500 个为一个验收批;不足 500 个也作为一个验收批 每一验收批中应随机抽取 10% 的挤压接头作外观质量检验 每种规格钢筋接头力学性能试验的试件数量不应少于 3 件

二、钢筋镦粗直螺纹接头的质量检验

接头的质量检验分外观检查和性能检验。性能检验又分型式检验、工艺试验和批量抽检。

接头连接完成后,接头按验收批进行外观检查和单向拉伸强度试验。同一施工条件下采用同一批材料的同等级、同型式、同规格接头,以 500 个接头为一个验收批进行检验与验收,不足 500 个也作为一个验收批。

钢筋镦粗直螺纹接头质量标准及检验方法见表3-47。

表 3-47　钢筋镦粗直螺纹接头质量标准及检验方法

项次	项目	质量要求及检验
1	外观检查	组接好的接头,套筒每端都不得有一扣以上完整螺纹外露,加长型接头的外露螺纹数不受限制,但应另有明显标记,以检查进入套筒的丝头长度是否满足要求
2	工艺试验	①工艺试验的每种规格钢筋接头不应少于 3 根,只对接头进行单向拉伸强度试验,3 根接头试件的抗拉强度除应满足表 3-2 的强度要求外,Ⅰ 级接头尚应大于或等于 0.95 倍钢筋母材的实际抗拉强度,Ⅱ 级接头尚应大于或等于 0.90 倍钢筋母材的实际抗拉强度 ②钢筋母材应从做接头试件的同一根钢筋上截取。做接头的钢筋也应在同一钢筋上截取,避免接头两端的钢筋性能不一致

续表 3-47

项次	项目	质量要求及检验
3	接头拉伸强度试验（抽检）	①对接头的每一个验收批,必须在工程结构中随机截取 3 个试件做单向拉伸强度试验,并按表 3-2 中的单向拉伸强度要求确认其性能等级。当 3 个试件单向拉伸试验强度满足表 3-2 要求时,该验收批为合格 ②如有一个试件检验不合格,应再取 6 个试件进行复检。复检中若仍有 1 个试件试验结果不合格,则该验收批为不合格 如出现验收批不合格情况,从经济角度考虑,施工单位应和设计单位探讨对钢筋接头进行降低使用的可能性,如确实不能降级使用,应采取相应措施对接头进行补强,或全部切除重新连接 ③在现场连续检验 10 个验收批,其全部单向拉伸试件一次抽样均合格,验收批数量可扩大一倍

注:①工艺试验是针对钢筋连接工程开始之前和工程中进场的不同批材料(主要指钢筋)进行的接头检验,验证该批钢筋所采用的镦粗加工工艺,以及制作的接头是否满足使用要求。

②计算实际抗拉强度时,应按钢筋实际截面积,截面积的确定可用称重法。

三、带肋钢筋熔融金属填充接头连接的质量检验

1. 检验批批量

以 500 个同牌号、同规格钢筋连接接头为一检验批。

2. 外观检查

全部接头进行外观检查;应无钢瘤等缺陷。

3. 力学性能检验

从每一检验批中切取 3 个接头进行拉伸试验,试验结果应符合下列要求:

①每一接头试件的抗拉强度均不得小于该牌号钢筋规定的抗拉强度(钢筋抗拉强度标准值)。

②至少有 2 个接头试件不得使钢筋从连接套筒中拔出。

当试验结果达到上述要求,则确认该检验批接头为合格品。

4. 复验

当 3 个接头试件拉伸试验结果中有 1 个试件的抗拉强度小于钢筋规定的抗拉强度,或者有 2 个试件的钢筋从连接套筒拔出,应进行复验。

复验时,应再切取 6 个接头试件进行拉伸试验:若仍有 1 个接头试件的抗拉强度小于钢筋规定的抗拉强度,或者有 3 个试件的钢筋从连接套筒拔出,则判定该批接头为不合格品。

5. 一次性判定不合格

当 3 个接头试件拉伸试验结果中有 2 个试件的抗拉强度小于钢筋规定的抗拉

强度,或者 3 个试件的钢筋均从连接套筒中拨出。则一次判定该批接头为不合格品。

6. 验收

每一检验批接头先由施工单位自检,合格后再由监理(建设)单位的监理工程师(建设单位项目专业技术负责人)验收,并列表备查。

四、钢筋滚轧直螺纹连接接头的质量检验

工程中应用滚压直螺纹接头时,技术提供单位应提交有效的型式检验报告。

钢筋连接作业开始前及施工过程中,应对每批进场钢筋进行接头连接工艺检验。

此外,对钢筋滚轧直螺纹接头的质量检验还包括外观质量、拧紧力矩、单向拉伸等项目内容,见表 3-48。

表 3-48 钢筋滚轧直螺纹接头质量标准及检验方法

项次	项目	质量要求及检查	取样数量
1	外观检查	①接头钢筋连接完成后,标准型接头连接套筒外应有外露有效螺纹且连接套筒单边外露的有效螺纹不得超过 $2P$(P 为螺距),其他连接形式应符合产品设计的要求 ②钢筋连接接头的外观质量在施工时应逐个自检,不符合要求的钢筋连接接头应及时调整或采取其他有效的连接措施 ③现场钢筋连接接头的抽检合格率不应小于 95%。当抽检合格率小于 95% 时,应另行抽取同样数量的接头重新检验。当两次检验的总合格率不小于 95% 时,该批接头仍为合格,若合格率仍小于 95%,则应对全部接头进行逐个检验,合格者方可使用	①外观质量自检合格的钢筋连接接头,应由现场质检员随机抽样进行检验。在同一施工条件下,采用同一材料的同等级、同型式、同规格接头,以连续生产的 500 个为一个检验批进行检验和验收。不足 500 个的也按一个检验批计算 ②对每一检验批的钢筋连接接头,于正在施工的工程结构中随机抽取 15%,且不少于 75 个接头,检验其外观质量
2	工艺检验	①接头试件的钢筋母材应进行抗拉强度试验 ②3 根接头试件的抗拉强度均不应小于该级别钢筋抗拉强度的标准值,同时尚应不小于 0.9 倍钢筋母材的实际抗拉强度	每种规格钢筋的接头试件不应少于 3 根

续表 3-48

项次	项目	质量要求及检查	取样数量
3	拧紧力矩	用扭力扳按表 3-49 规定的接头拧紧力矩值抽检接头的施工质量。抽检的接头应全部合格;如有一个接头不合格,则应验收批接头逐个检查并拧紧	梁、柱构件按接头数的 15%,且每个构件的接头抽检数不得少于一个接头基础、墙、板构件 100 个接头作为一个验收批,不足 100 个也作为一个验收批,每批抽检 3 个接头
4	单向拉伸	对每一验收批,应在工程结构中随机抽取 3 个试件做单向拉伸试验。当 3 个试件单向拉伸试验结果均符合表的强度要求时,该验收批为合格。如有一个试件的抗拉强度不符合要求,则应加倍取样复验	①滚压直螺纹接头的单向拉伸强度试验按验收批进行。同一施工条件下采用同一批材料的同等级、同型式、同规格接头,以 500 个为一个验收批进行检验 ②在现场连续检验 10 个验收批,其全部单向拉伸试验一次抽样合格时,验收批接头数量可扩大为 1000 个

注:滚压直螺纹接头的单向拉伸试验破坏形式有三种:钢筋母材拉断、套筒拉断、钢筋从套筒中滑脱,只要满足强度要求,任何破坏形式均可判断为合理。

五、钢筋套筒灌浆连接的检验与验收

1. 进入现场前检验

套筒灌浆连接接头进入现场时,应检查灌浆套筒型检报告、出厂合格证,灌浆料型检报告、出厂合格证和套筒灌浆连接接头型式检验报告。在检验报告中,对套筒灌浆连接接头试件基本参数应详细记载,包括套筒型号、钢筋型号、砂浆强度、套筒质量、套筒长度、套筒外径、钢筋插入口径、注浆口位置、出浆口位置、钢筋埋入深度、封浆橡胶厚度等。套筒灌浆连接接头的型式检验除应按现行行业标准《钢筋机械连接技术规程》(JGJ 107—2016)的有关规定执行外,尚应在施工前的现场同条件制作接头工艺性检验试件,养护 28d 后测定接头的抗拉强度,结果应满足设计要求。

2. 构件制作和安装验收检验

(1)接头工艺检验

钢筋连接工程开始前,应对不同规格、不同钢筋生产厂的进场钢筋进行连接接头工艺检验,施工过程中如更换钢筋生产厂,应补充进行工艺检验。

工艺检验应符合下列要求:

①每种规格制筋的接头试件应不小于 3 根。

②每根试件的抗拉强度和 3 根试件残余变形的平均值均应符合《钢筋机械连接技术规程》(JGJ 107—2016)规程中Ⅰ级接头的规定,接头试件在测量残余变形后可再进行抗拉强度试验。

③第一次工艺检验中,1 根试件抗拉强度或 3 根试件残余变形的平均值不合格时,允许再做 3 根试件进行复检,复检仍不合格时判为工艺检验不合格。

接头工艺性能检验合格后,方可开始钢筋连接施工。

(2)灌浆接头工现场检验

接头安装前应检查灌浆套筒产品合格证及套筒表面生产批号标识。产品合格证应包括适用钢筋直径和接头性能等级、套筒类型、生产单位、生产日期以及可追溯产品原材料力学性能和加工质量的生产批号。现场检验应进行接头的抗拉强度试验、加工和安装质量检验。对接头有特殊要求的结构,应在设计图纸中另行注明相应的检验项目。

施工现场检验应按验收批进行。在构件预制中,同一施工条件下、同一批材料、同规格的灌浆接头,以 500 个为一个验收批进行检验和验收,不足 500 个的也作为一个验收批。检验项目包括外观检验和接头性能检验,外观检查主要检查灌浆饱和度和钢筋插入深度标识,接头性能检验按与施工同等条件制作 3 个试件进行单向拉伸试验,单向拉伸强度应符合《钢筋机械连接技术规程》(JGJ 107—2016)规程中Ⅰ级接头的性能指标。外观检查和试件单向拉伸试验均符合要求时,该验收批应评为合格。如接头单向拉伸试验中有 1 个试件的强度不合格,应再取 6 个试件进行复检,复检中有 1 个试件试验结果不合格,则此验收批为不合格。预制构件安装全数检查其施工记录和每班试件强度试验报告。

(3)工程验收

预制构件在混凝土浇筑成型前,应对灌浆接头进行隐蔽工程检查,检查项目应包括下列内容:

①纵向受力钢筋品种、规格、数量、位置。

②钢筋接头位置、接头数量、接头面积百分率。

③灌浆套筒的规格、数量、位置。

④箍筋、横向钢筋的品种、规格、数量、间距。

⑤钢筋灌浆接头的混凝土保护层厚度。

工程验收时套筒灌浆连接接头应提交下列资料和记录:

①灌浆套筒、灌浆料的产品合格证书、灌浆接头型式检验报告、进场工艺检验报告。

②套筒灌浆连接的施工检验记录和灌浆料浆体强度检测报告。

第十节　钢筋机械连接实例

【例 1】　某车站建筑面积 30 多万平方米,由地铁车站和主站房两部分组成。其中地铁站房为目前北京最大的综合地铁车站,最下层为地铁站台,中间为地下商业街,上部为车站通道,地上为火车站站台。整个建筑结构复杂,工期要求紧,技术要求高,钢筋密度大,主筋如采用传统焊接方法,需连接 20 多万个接头,最粗钢筋直径为 $\phi36$,焊接难度非常高。而且施工现场电力紧张满足不了焊接用电需求。由于工地现场条件限制,几乎全部钢筋连接作业均需在现场完成。在施工中由于采用挤压连接工艺减少接头 6 万多个,节约了大量的钢材、人力和电能,提高了施工速度,同时还确保了结构工程质量,提前了工期,节约了大量资金。

【例 2】　在大量兴建的水利工程,如大坝、渡槽、拦海闸墩、码头、港口、船闸和船坞等工程中大量采用钢筋挤压连接技术。

如:经过三峡水电站、小浪底水利工程中的导流洞工程和青海拉西瓦水利工程导流洞等大型工程中大量采用钢筋挤压连接技术,既使用方便、灵活、简单,又节省了工期,提高了效益。

【例 3】　湖北某公路大桥,江心四个主桥墩直径为 $20\sim28$m,采用了 $\phi28$ 的集束钢筋,现场施工条件困难。原计划在两个枯水期施工,使桥墩高出水平面。由于采用钢筋挤压连接施工技术,克服了电力紧张、钢围堰内防火要求高、工期紧等困难,提前一个枯水期使桥墩高出水平面,从而大桥提前通车近半年,创造了显著的经济效益和社会效益。施工单位也获得工期奖数十万元。

在安徽铜陵、湖北武汉、广东三水、广东虎门、长江西陵、重庆等大型桥梁的施工上也相继采用了钢筋挤压连接施工技术,大大提高了施工速度,保证了工程质量,得到施工单位和建设单位的欢迎。

【例 4】　汕头某电厂位于汕头特区,施工现场在海边,施工条件艰苦。施工时间为台风季节,经常出现风雨天气,高空作业不允许出现明火。气候条件和施工环境限制不能使用常规的钢筋连接方法。烟囱高度 210m,钢筋接头数为 2 万多个。在采用钢筋挤压连接技术后,该烟囱在采用 3 台 JM-YJH32-4 型设备配合滑模施工的工艺方法,保证了施工质量和施工安全,大大提高了施工速度,整个烟囱施工仅用 4 个月时间就全部完成。

现场钢筋径向挤压套筒接头如图 3-26 所示。

【例5】 目前交通工程的发展特别是高速公路、高速铁路、城市发展地铁的工程中桩基钢筋笼,公路、铁路和地铁中的隧道工程及地下连续墙工程都大量使用钢筋挤压连接技术。

高速铁路工程中有大量的桩基钢筋笼,钢筋直径 28～36mm,钢筋笼对接是施工的质量和施工速度的瓶颈,中铁三局、四局、十二局在项目钢筋笼对接中,采用 JM 钢筋套筒挤压连接,保证了施工质量,大大提高了工效。

高速公路工程中也大量采用钢筋套筒挤压连接技术。如山东某高速公路工程中二、三、五、十二、十三、十五标段的桩基钢筋笼大量采

图3-26　现场钢筋径向挤压套筒接头

用挤压连接技术产品,连接质量好、速度快,得到用户一致好评。图 3-27 为钢筋笼挤压对接的施工工艺示意图。

图3-27　钢筋笼挤压对接的施工工艺示意图

【例6】 钢筋锥螺纹接头、GK 钢筋锥螺纹接头连接施工新技术,1990～2013年先后在北京、上海、苏州、杭州、无锡、广东、深圳、武汉、长春、大连、郑州、沈阳、青

岛、济南、太原、昆明、厦门、天津、北海等城市广泛应用,建筑面积达 16500000m²、接头数量达 1600 多万个。结构种类有大型公共建筑、超高层建筑、电视塔、电站烟囱、体育场、地铁车站、配电站等工程的基础底板、梁、柱、板墙的水平钢筋和竖向钢筋,斜向钢筋的 φ16～φ40 同径及异径的 HRB336、HRB400、HRB500 级钢筋的连接施工。

【例7】 某精品大厦购物中心工程,占地面积为 10000m²,建筑面积为 120377m²,地下 3 层、地上 22 层,为现浇钢筋混凝土框架剪力墙结构,按地震设防烈度 8 度设计。结构抗震等级:剪力墙是一级,框架是二级。该工程地下部分钢筋用量很大,地梁钢筋较密,钢筋截面变化多;地上部分工作面积大,防火要求高,工期要求紧,为此采用钢筋锥螺纹接头连接成套技术。在基础底板施工中,使用了 φ20～φ28 钢筋接头 74337 个;地上部分使用 φ20～φ32 钢筋接头 77005 个,合格率为 100%,缩短工期 100d,地上标准层部分达到每 4d 完成一层的高速度,取得了良好的技术经济效益和社会效益。

【例8】 某社科院工程,占地面积 5000m²,建筑面积 60399m²,地下 3 层、地上 22 层,为现浇钢筋混凝土框架剪力墙结构,按地震设防烈度 8 度设计。结构抗震等级:剪力墙为一级,框架为二级。该工程地下部分钢筋用量很大,地梁钢筋较密。钢筋截面变化多;地上部分工作面积大,防火要求高,工期要求紧,为此采用 GK 型等强钢筋锥螺纹接头连接成套技术。在基础底板施工中,使用了 φ20～φ28 钢筋接头 20000 个;地上部分使用 φ20～φ32 钢筋接头 30000 个,合格率为 100%,接头拉伸试验全部断于母材,完全达到 I 级接头标准。取得良好的技术经济效益和社会效益。

现场 GK 型等强钢筋锥螺纹接头连接施工如图 3-28 所示。

图 3-28　现场 GK 型等强钢筋锥螺纹接头连接施工

【例9】 镦粗直螺纹钢筋连接技术作为一种先进成熟的钢筋连接技术,现已在工程中得到推广应用。在××国道××公路,由××承建的第××合同段,桥梁工程就部分采用了镦粗直螺纹钢筋接头。作为全段控制性工程的××大桥,该桥桥墩为等截面 T 形实心独墩和变截面 T 形实心独墩两种形式,墩身高度为 9.6～36m。基础为承台,下设直径为 1.6m、1.3m,桩长为 23～27m 的钻孔灌注桩。由于桥墩较高,为了保证主钢筋的连接质量,其墩柱及基桩主筋 φ22、φ25 的接长就采用 CABR 镦粗直螺纹钢筋接头,共 4557 套。经过按批取样试验检测,这些镦粗直螺纹钢筋接头的实际抗拉强度均在 565～615MPa,略大于钢筋母材的实际抗拉强度,为 SA 级接头,现场检验一次合格率达到 100%,较好地保证了钢筋连接质量,取得了较好的技术和经济效果。

【例 10】 某段桥涵结构物累计水下灌注桩为 132 根,考虑到施工场地和施工季节,项目部决定钢筋笼的制作安装全部采用镦粗直螺纹钢筋连接技术,并在统一场地集中预制钢筋笼,既节约钢材、经济安全,又快速方便,减少成孔与灌桩的时间差,保证了工程进度和施工质量。经公路检测中心检测,全部桩基为 I 类。

【例 11】 镦粗直螺纹钢筋连接技术在工程中的应用举例如图 3-29 所示。

(a) 陕西咸阳国际机场

(b) 秦山核电站

(c) 三峡工程

图 3-29 钢筋焊接网在工程中应用

【例 12】 厦门国际金融大厦为塔楼式建筑,高 95.75m,地上 26 层,由中建三局三公司负责施工,图 3-30 所示为建设中的厦门国际金融大厦。工程中钢筋直径多数为 32~40mm,且布置密集。钢筋连接采用了原水电部十二局施工科研所科技成果:粗直径带肋钢筋熔融金属充填接头连接技术、冷挤压机械连接技术和电弧焊一机械连接技术;在主要部位应用上述接头共 17880 个,其中大部分为熔融金属充填接头。由于采用上述新颖钢筋连接技术,施工速度快,适应性比较强,工艺较简单,接头性能可靠,取得了较好的经济效益。特别是在 1989 年 5 月,在主体工程第 25 层直斜中,钢筋直径为 32~40mm 大小头连接接头及外层十字梁钢筋施工中,就使用了上述接头 1568 个,共抽样 96 个,接头合格率 100%,为主体工程提前 60d 封顶发挥了应有的作用。

图 3-30　建设中的厦门国际金融大厦

【例 13】　在紧水滩水电站导流隧洞工程中,共完成直径 20~36mm 的原Ⅱ级、Ⅲ级钢筋熔融金属充填接头 2162 个,质量可靠,对保证导流隧洞的提前完工起到了重要作用。水利水电建设总局在紧水滩工地召开评审会,对上述新技术做出较好评价,认为可推广应用于直径 30~36mm 的原Ⅱ级、Ⅲ级钢筋的接头连接。随后,在紧水滩水电站混凝土大坝泄洪孔(中孔、浅孔)工程中,应用熔融金属充填接头 8000 多个,钢筋为原Ⅱ级、Ⅲ级,钢筋直径为 22~36mm。

【例 14】　龙羊峡水电站地处青藏高原,高寒、缺氧、气候恶劣,给钢筋焊接施工带来许多意想不到的困难。为确保工程质量和工期,承担工程建设的原水利电力部第四工程局在设计单位原水利电力部西北勘测设计院有力协助下,在龙羊峡水电工程中推广应用了带肋钢筋熔融金属充填接头连接技术(使用前进行了高原地区适应性试验),施工后,取得了较好的工程效益和社会效益。为此,原水利电力部第四工程局获我国水利水电科技进步奖。

【例 15】　罗浮高架桥梁位于泰和至井冈山高速公路连接线上,大桥结构形式为 17 孔-40m 先简支后连续预应力混凝土连续 T 梁桥,全长 688m,桥墩墩柱高度大部分超过 40m,其中最高高度达 45m。高架桥连接两个山头,中间为一个 V 形山谷,施工场地非常狭小,施工环境恶劣。工程动工时间为 2004 年 2 月初,但项目要求至 2004 年 8 月底全幅架通,施工时间仅 7 个月,这对于受场地及交通制约的山区桥梁的建设者来说,工期要求非常高。在工程施工初期,下部高墩的浇筑成为工期的瓶颈:桥墩没完成,预制完成的梁因无法及时架设而大量侵占了制梁底座。同时受场地制约,现场无法开辟出存梁场地,制梁工作因此无法正常进行。如何有效地加快墩柱的建设,成为整个项目能否按期完成的关键。

从施工单位的投入来看,人、机、料的准备非常充足,混凝土的拌和及浇筑均不会影响工期,真正制约工期的还是钢筋的加工,特别是钢筋笼的高空连接工序。在施工中,对于低于 20m 的墩柱采用先加工好钢筋笼、后整体起吊、在空中逐节往上焊接的方法。而高于 20m 的高墩柱,在 20m 以上部分则由于安全原因,采用单根钢筋起吊,在空中逐根焊接的方法。受空间制约,虽然钢筋加工人员很多,但一般只能上 1~2 名电焊工同时作业,因此工作无法大面积展开,另外,焊接工作又经常受天气影响,无法全天候施工,因而墩柱的钢筋连接成为最慢的一道工序。每单根主筋的焊接($\phi28$、$\phi32$ 两种)长度达 30cm 左右,焊接时间需 20~22min,总共有 110 余根主筋,因而每节完成连接就需要 19~21h。因此可看出,高墩建设的快慢,取决于钢筋的连接速度。为此,项目办及施工单位经现场研究认证,决定对钢筋的连接采用滚轧直螺纹技术。由于滚轧直螺纹技术操作简单易学,不受天气影响,可全天候施工,施工速度快,原来需要 20~22min 的接头,现在只需要 4~6min 就可完成,大大节省了时间。实践证明,由于滚轧直螺纹技术的使用,加快了施工速度,从而使工期得到了保证,7 月 30 日便实现了全幅架通,整个项目从桩基开挖到全桥架通实际施工时间仅用了短短 6 个月,而且节约了钢材,降低了工程施工成本。

【例 16】　不同结构体中工程实践示意图

套筒接头在框架结构中的应用如图 3-31 所示。

图 3-31(a)所示为十字形梁柱框架体系。

图 3-31(b)为预制梁柱现浇板体系。

图 3-31(c)示为预制梁板柱体系。

【例 17】　墙板体系应用实例

某 8 层住宅的预制外墙如图 3-32(a)所示;12 层的高层住宅(现浇楼板),如图 3-32(b)所示;用于 22 层的格构墙系如图 3-32(c)所示。

【例 18】　某住宅工业化楼是装配式剪力墙结构,直径 16mm 钢筋连接采用套筒灌浆连接,接头 1 万余个,主要用于带保温层预制构件的复合剪力墙竖向连接。钢筋直螺纹采用剥肋滚轧工艺,钢筋螺纹丝头加工和与套筒连接、灌浆套筒在预制

（a）十字形梁柱框架体系

（b）预制梁柱现浇板

（c）预制梁板柱

图 3-31　套筒接头在框架结构中的应用

构件中定位固定、绑扎、支模和浇注养护均在预制构件厂内完成,预制成复合剪力墙构件产品,图 3-33 所示为预制剪力墙构件。在工地现场施工时,剪力墙在结构

（a）

（b）

（c）

图 3-32　墙板体系应用实例

图 3-33　预制剪力墙构件

上吊装就位、固定后，进行接头灌浆作业，灌浆 1 天后，墙体支护固定装置即可拆除，图 3-34 所示为剪力墙构件吊装就位。

钢筋套筒灌浆连接技术在国外已有几十年应用和发展的历史，技术成熟、可靠,广泛应用于各类装配式混凝土结构建筑的主筋连接,是影响结构整体安全性和抗震性能的关键因素之一。

图 3-34　剪力墙构件吊装就位

第四章　钢筋焊接方法与实例

第一节　钢筋焊接基本知识

一、钢筋焊接性能

钢材的焊接性能系指被焊钢材在采用一定焊接材料和焊接工艺的条件下,获得优质焊接接头的难易程度,也就是钢材对焊接加工的适应性。它包括以下两个方面。

1. 工艺焊接性

工艺焊接性,也就是接合性能,是指在一定焊接工艺条件下焊接接头中出现各种裂纹及其他工艺缺陷的敏感性和可能性。这种敏感性和可能性越大,则其工艺焊接性越差。

2. 使用焊接性

使用焊接性,是指在一定焊接条件下焊接接头对使用要求的适应性,以及影响使用可靠性的程度。这种适应性和使用可靠性越大,则其使用焊接性越好。

钢材的焊接性常用碳当量来估计。碳当量法就是根据钢材的化学成分与焊接热影响区淬硬性的关系,粗略地评价焊接时产生冷裂纹的倾向和脆化倾向的一种估算方法。

焊接性能随碳当量百分率(C_{eq})的增高而降低。国际标准规定不大于0.55%便认为是可焊的。根据我国经验,碳钢或低合金钢,当$C_{eq}<0.40\%$时,焊接性能优良;$C_{eq}=0.40\%\sim0.55\%$时,需预热和控制焊接工艺;$C_{eq}>0.55\%$时,较难焊。

按公式计算钢筋的碳当量,结果可以看出 HPB300 钢筋焊接性良好;HRB335、HRB400、HRB500 钢筋的焊接性较差,应该采取合适的工艺参数和有效工艺措施。原 RL540(Ⅵ级钢筋)的碳当量很高,属于较难焊钢筋,因此,在闪光对焊之后,必要时应进行焊后通电热处理。对于进口钢筋,由于各国钢筋化学成分和标准规定不同,要采取慎重态度,多做些深入细致的试验后再使用。

二、钢筋焊接的基本规定

1. 焊接方法分类及适用范围

钢筋焊接方法分类及适用范围见表 4-1。钢筋焊接质量检验应符合行业标准

《钢筋焊接及验收规程》(JGJ 18—2012)和《钢筋焊接接头试验方法标准》(JGJ/T27—2014)的规定。

表 4-1　钢筋焊接方法分类及适用范围

焊接方法		接头型式	适用范围	
			钢筋牌号	钢筋直径/mm
电阻点焊			HPB300	6～16
			HRB335　　HRBF335	6～16
			HRB400　　HRBF400	6～16
			CRB550	5～12
闪光对焊			HPB300	8～22
			HRB335　　HRBF334	8～32
			HRB400　　HRBF400	8～32
			HRB500　　HRBF500	10～32
			RRB400	10～32
箍筋闪光对焊			HPB300	6～16
			HRB335　　HRBF335	6～16
			HRB400　　HRBF400	6～16
电弧焊	帮条焊	双面焊	HPB300	6～22
			HRB335　　HRBF335	6～40
			HRB400　　HRBF400	6～40
			HRB500　　HRBF500	6～40
		单面焊	HPB300	6～22
			HRB335　　HRBF335	6～40
			HRB400　　HRBF400	6～40
			HRB500　　HRBF500	6～40
	搭接焊	双面焊	HPB300	6～22
			HRB335　　HRBF335	6～40
			HRB400　　HRBF400	6～40
			HRB500　　HRBF500	6～40
		单面焊	HPB300	6～22
			HRB335　　HRBF335	6～40
			HRB400　　HRBF400	6～40
			HRB500　　HRBF500	6～40
	熔槽帮条焊		HPB300	20～22
			HRB335　　HRBF335	20～40
			HRB400　　HRBF400	20～40
			HRB500　　HRBF500	20～40

续表 4-1

焊接方法		接头型式	适用范围	
			钢筋牌号	钢筋直径/mm
电弧焊	坡口焊 平焊		HPB300	18～40
			HRB335　HRBF335	18～40
			HRB400　HRBF400	18～40
			HRB500　HRBF500	18～40
	坡口焊 立焊		HPB300	18～40
			HRB335　HRBF335	18～40
			HRB400　HRBF400	18～40
			HRB500　HRBF500	18～40
	钢筋与钢板搭接焊		HPB300	8～40
			HRB335　HRBF335	8～40
			HRB400　HRBF400	8～40
			HRB500　HRBF500	8～40
	窄间隙焊		HPB300	16～40
			HRB335　HRBF335	16～40
			HRB400　HRBF400	16～40
	预埋件钢筋 角焊		HPB300	6～25
			HRB335　HRBF335	6～25
			HRB400　HRBF400	6～25
			HRB500　HRBF500	6～25
	预埋件钢筋 穿孔塞焊		HPB300	20～25
			HRB335　HRBF335	20～25
			HRB400　HRBF400	20～25
			HRB500　HRBF500	20～25
	埋弧压力焊 埋弧螺柱焊		HPB300	6～25
			HRB335　HRBF335	6～25
			HRB400　HRBF400	6～25
			HRB500　HRBF500	6～25
电渣压力焊			HPB300	12～32
			HRB335　HRBF335	12～32
			HRB400　HRBF400	12～32
			HRB500　HRBF500	12～32
气压焊	固态 熔态		HPB300	12～40
			HRB335　HRBF335	12～40
			HRB400　HRBF400	12～40
			HRB500　HRBF500	12～40

2. 电渣压力焊的适用范围

电渣压力焊应用于柱、墙等构筑物现浇混凝土结构中竖向受力钢筋的连接；不得用于梁、板等构件中水平钢筋的连接。最小钢筋直径原来规定为 $\phi14mm$，现延伸至 $\phi12mm$。

3. 焊接工艺试验

在钢筋工程焊接开工之前，参与该项目工程施焊的焊工必须进行现场条件下的焊接工艺试验，应经试验合格之后方准予焊接生产。在《钢筋焊接及验收规程》(JGJ 18—2012)中，有强制性的规定。

4. 焊前准备

钢筋焊接施工之前，应清除钢筋、钢板焊接部位以及钢筋与电极接触处表面上的锈斑、油污、杂物等；钢筋端部当有弯折、扭曲时，应予以矫直或切除。

5. 纵肋对纵肋

带肋钢筋进行闪光对焊、电弧焊、电渣压力焊和气压焊时，应将纵肋对纵肋安放和焊接。

6. 焊条烘焙

焊条按药皮熔化后的熔渣特性来分，有酸性焊条和碱性焊条两大类。

当采用低氢型碱性焊条时，应按使用说明书的要求烘焙，且宜放入保温筒内保温使用；酸性焊条若在运输或在存放中受潮，使用前亦应烘焙后方能使用。

7. 焊剂烘焙

焊剂应放在干燥的库房内，若受潮需在使用前应经 250℃～350℃烘焙 2h。使用中回收的焊剂应清除熔渣和杂物，并应与新焊剂混合均匀后使用。

8. 异径焊接

两根同牌号、不同直径的钢筋可进行闪光对焊、电渣压力焊或气压焊。闪光对焊时钢筋径差不得超过 4mm，电渣压力焊或气压焊时，钢筋径差不得超过 7mm。焊接工艺参数可在大、小直径钢筋焊接工艺参数之间偏大选用，两根钢筋的轴线应在同一直线上，轴线偏移的允许值应按较小直径钢筋计算；对接头强度的要求，亦按较小直径钢筋计算。

9. 不同牌号钢筋焊接

两根同直径、不同牌号的钢筋可进行闪光对焊、电弧焊、电渣压力焊或气压焊，其钢筋牌号应在表 4-1 规定的范围内。焊条、焊丝和焊接工艺参数应按较高牌号钢筋选用，对接头强度的要求应按较低牌号钢筋强度计算。

10. 低温焊接

(1)低温焊接工艺要求

在环境温度低于−5℃条件下施焊时，焊接工艺应符合下列要求。

①闪光对焊时,宜采用预热闪光焊或闪光—预热闪光焊;可增加调伸长度,采用较低变压器级数,增加预热次数和间歇时间。

②电弧焊时,宜增大焊接电流,减低焊接速度。电弧帮条焊或搭接焊接时,第一层焊缝应从中间引弧,向两端施焊;以后各层控温施焊,层间温度控制在150℃～350℃之间。多层施焊时,可采用回火焊道施焊。

③当环境温度低于-20℃时,不应进行各种焊接。根据试验资料表明,在实验室条件下对普通低合金钢筋 23 个钢种、230 个负温焊接接头的工艺性能、力学性能、金相、硬度以及冷却速度所作的试验研究,认为闪光对焊在－28℃施焊及电弧焊在－50℃下进行焊接时,如焊接工艺和参数选择适当,其接头的综合性能良好。但是考虑到试点工程最低温度为－20℃,因此规定,当环境温度低于－20℃时,不宜进行各种焊接。

（2）负温焊接工艺参数

负温焊接与常温焊接相比,主要是存在负温引起冷却速度加快的问题。因此,其接头构造和焊接工艺除必须遵守常温焊接的规定外,还需在焊接工艺参数上作一些必要的调整。

①预热。在负温条件下进行帮条电弧焊或搭接电弧焊时,从中部引弧,这样对两端就起到了预热的作用。

②缓冷。采用多层施焊时,层间温度控制在 150℃～350℃之间,使接头热影响区附近的冷却速度减慢 1～2 倍左右,从而减弱了淬硬倾向,改善了接头的综合性能。

③回火。如果采用上述两种工艺,还不能保证焊接质量时,则采用"回火焊道施焊法",其作用是对原来的热影响区起到回火的效果。回火温度为 500℃左右。如一旦生产淬硬组织,经回火后将生产回火马氏体、回火索氏体组织,从而改善接头的综合性能。钢筋负温电弧焊回火焊道施焊法示意图如图 4-1 所示。

图 4-1　钢筋负温电弧焊回火焊道施焊法示意图

(a)帮条焊　(b)搭接焊　(c)坡口焊

11. 雨、雪、风的影响

雨天、雪天不宜在现场进行施焊;必须施焊时,应采取有效遮蔽措施,焊后未冷却接头不得碰到冰雪。焊后未冷却接头若碰到冰雪,易产生淬硬组织,应该防止。

风速超过 8m/s 时,现场进行闪光对焊或电弧焊、风速超过 5m/s 时,进行气压焊、风速超过 2m/s 时的 CO_2 焊,均应采取挡风措施。(注:7.9m/s 为四级风力;5.4m/s 为三级风力)

风速不仅决定于自然气候,并且与所处高度有关。离地面愈近,建筑物对风的摩阻力愈大,风速愈小;反之,离地面愈高,风速愈大。这种风速与高度的关系见表4-2。

表 4-2　风速与高度的关系

高度/m	0.5	1	2	16	32	100
风速(m/s)	2.4	2.8	3.3	4.7	5.5	8.2

风级的划分见表4-3。

表 4-3　风级

风级	风名	相当风速(m/s)	地面上物体的象征
0	无风	0~0.2	炊烟直上,树叶不动
1	软风	0.3~1.5	风向标不动,烟能表示风向
2	轻风	0.6~3.3	脸感觉有微风,树叶微响,风向标开始转动
3	微风	3.4~5.4	树叶及微枝摇动不息,旌旗飘展
4	和风	5.5~7.9	地面尘土和纸片飞扬,树的小枝摇动
5	清风	8.0~10.7	小枝摇动,水面起波
6	强风	10.8~13.8	大树枝摇动,电线呼呼作响,举伞困难
7	疾风	13.9~17.1	大树摇动,迎风步行感到阻力
8	大风	17.2~20.7	可折断树枝,迎风步行感到阻力很大
9	烈风	20.8~24.4	屋瓦吹落,稍有破坏
10	狂风	24.5~28.4	树木连根拔起或摧毁建筑物,陆地少有
11	暴风	28.5~32.6	有严重破坏力,陆上很少见
12	飓风	32.6以上	摧毁力极大,陆上极少见

在施焊中,不仅要关心天气预报的风级,还要注意施焊地点所处的高度。

12. 电源电压

进行电阻点焊、闪光对焊、电渣压力焊、埋弧压力焊时,应随时观察电源电压的波动情况,当电源电压下降大于 5%、小于 8% 时,应采取提高焊接变压器级数的措施;当大于或等于 8% 时,不得进行焊接。

实践证明,在进行电阻点焊、闪光对焊、电渣压力焊或埋弧压力焊时,电源电压的波动对焊接质量有较大的影响。在现场施工时,由于用电设备多,往往造成电压降较大。为此要求在焊接电源的开关箱内装设电压表,焊工要随时观察电压波动情况,及时调整焊接参数,以保证焊接质量。

13. 焊机检修

对焊机应经常维护保养和定期检修,确保正常使用。在施工现场,经常发生因焊机故障影响施工。这里包含两个因素,一是焊机本身质量问题;二是使用不当。因此,既要选购优质焊机,又要合理使用焊机。

三、焊接安全

(1)安全培训与人员管理应符合下列规定

①承担钢筋焊接工程的企业应建立健全钢筋焊接安全生产管理制度,并应对实施焊接操作和安全管理的人员进行安全培训,经考核合格后方可上岗。

②操作人员必须按焊接设备的操作说明书或有关规程,正确使用设备和实施焊接操作。

(2)焊接操作及配合人员应按下列规定并结合实际情况穿戴劳动防护用品

①焊接人员操作前,应戴好安全帽,佩戴电焊手套、围裙、护腿,穿阻燃工作服;穿焊工皮鞋或电焊工劳保鞋,应戴防护眼镜(滤光或遮光镜)、头罩或手持面罩。

②焊接人员进行仰焊时,应穿戴皮制或耐火材质的套袖、披肩罩或斗篷,以防头部灼伤。

(3)焊接工作区域的防护规定

①焊接设备应安放在通风、干燥、无碰撞、无剧烈振动、无高温、无易燃品存在的地方;特殊环境条件下还应对设备采取特殊的防护措施。

②焊接电弧的辐射及飞溅范围,应设不可燃或耐火材料的板、罩、屏,防止人员受到伤害。

③焊机不得受潮或雨淋;露天使用的焊接设备应予以保护,受潮的焊接设备在使用前必须彻底干燥并经适当试验或检测。

④焊接作业应在足够的通风条件下(自然通风或机械通风)进行,避免操作人员吸入焊接操作产生的烟气流。

⑤在焊接作业场所应当设置警告标志。

(4)焊接作业区防火安全规定

①焊接作业区和焊机周围 6m 以内,严禁堆放装饰材料、油料、木材、氧气瓶、溶解乙炔气瓶、液化石油气瓶等易燃易爆物品。

②除必须在施工工作面焊接外,钢筋应在专门搭设的防雨、防潮、防晒的工房

内焊接;工房的屋顶应有安全防护和排水设施,地面应干燥,应有防止飞溅金属火花伤人的设施。

③高空作业的下方和焊接火星所及范围内,必须彻底清除易燃、易爆物品。

④焊接作业区应配置足够的灭火设备,如水池、沙箱、水龙带、消火栓、手提灭火器。

(5)用电规定

各种焊机的配电开关箱内,应安装熔断器和漏电保护开关;焊接电源的外壳应有可靠的接地或接零;焊机的保护接地线应直接从接地极处引接,其接地电阻值不应大于4Ω。

(6)管线规定

冷却水管、输气管、控制电缆、焊接电缆均应完好无损;接头处应连接牢固,无渗漏,绝缘良好;发现损坏应及时修理;各种管线和电缆不得挪作拖拉设备的工具。

(7)封闭空间焊接操作规定

在封闭空间焊接时应设专人监护。

(8)气瓶等设备检修

氧气瓶、溶解乙炔气瓶或液化石油气瓶、干式回火防止器、减压器及胶管等,应防止损坏。发现压力表指针失灵,瓶阀、胶管有泄漏,应立即修理或更换;气瓶必须进行定期检查,使用期满或送检不合格的气瓶禁止继续使用。

(9)气瓶使用规定

①各种气瓶应摆放稳固;钢瓶在装车、卸车及运输时应避免互相碰撞;氧气瓶不能与燃气瓶、油类材料以及其他易燃物品同车运输。

②吊运钢瓶时应使用吊架或合适的台架,不得使用吊钩、钢索和电磁吸盘;钢瓶使用完时,要留有一定的余压力。

③钢瓶在夏季使用时要防止暴晒,冬季使用时如发生冻结、结霜或出气量不足时,应用温水解冻。

④贮存使用和运输氧气瓶、溶解乙炔气瓶、液化石油气瓶、二氧化碳气瓶时,应分别按照国家质量技术监督局颁发的相关规定执行。

第二节　钢筋焊接机具

一、电阻点焊的设备

点焊机是电阻焊机的一种。电阻焊机除了满足制造简单,成本低,使用方便,工作可靠、稳定,维修容易等基本要求之外,尚应具备以下条件:

①焊机结构强度及刚性好。

②焊接回路有良好适应性。

③程序动作的转换迅速、可靠。

④调整焊机(焊接电流)及更换电极方便。

1. 加压机构

①原有脚踏式点焊机、电动凸轮式点焊机,目前已不多见。

②气压式气缸是加压系统的主要部件,由一个活塞隔开的双气室,可使电极产生这样一种行程:抬起电极、安放钢筋、放下电极、对钢筋加压,图4-2所示为气压式加压系统。配有气压式加压机构的点焊机 DN2-100A 型、DN3-75 型、DN3-100 型等目前应用最多,DN2-100A 型点焊机外形如图4-3所示。

图 4-2　气压式加压系统

1. 活塞杆　2、4. 下气室与中气室　3、5. 上、下活塞　6. 节流阀　7. 锁紧螺母

8. 调节螺母　9. 导气活塞杆　10、11. 气管　12. 上气室　13. 电磁气阀　14. 油杯

15. 调压阀　16. 高压贮气筒　17. 低压贮气筒　18. 气阀　19. 三通开关

③在钢筋网片、骨架的制作中,常采用气压式点焊钳。气压式点焊钳的构造如图4-4所示。工作行程 15mm、辅助行程 40mm、电极压力 3000N、气压 0.5MPa,重 16kg。

2. 焊接回路

图4-5所示为焊接回路,点焊机的焊接回路包括变压器次级绕组引出铜排7、连接母线6、电极夹3等。

机臂一般用铜棒制成,交流点焊机的机臂直径不小于 60mm,大容量焊机的机臂应更粗些,在最大电极压力作用下,一般机臂挠度不大于 2mm,焊接回路尺寸为 $L=200\sim1200mm$,机臂间距 $H=500\sim800mm$;臂距可调范围 $h=10\sim50mm$。

图 4-3　DN2-100A 型点焊机外形

电极夹用来夹持电极、导电和传递压力,故应有良好力学性能和导电性能。因断面尺寸小,电流密度高,故与机臂及电极都应有良好的接触。

机架是由焊机各部件总装成一体的托架,应有足够的刚度和强度。

3. 电极

电极是用来导电和加压,并决定主要的散热量,所以电极材料、形状、工作端面尺寸,以至冷却条件对焊接质量和生产率都有重大影响。

电极采用铜合金制作。为了提高铜的高温强度、硬度和其他性能,可加入铬、镉、铍、铝、锌、镁等合金元素。

图 4-6 所示为点焊电极,电极的形式有很多种,用于钢筋点焊时,一般均采用平面电极。图中 L、H、D 等均为电极的尺寸参数,根据需要设计。

电极端头靠近焊件,在不断重复加热下温度上升,因此,一般均需通水冷却。冷却水孔与电极端面距离必须恰

图 4-4　气压式点焊钳构造

图 4-5　焊接回路

1. 变压器　2. 电极　3. 电极夹　4. 机臂
5. 导电盖板　6. 母线　7. 导电铜排

图 4-6　点焊电极

(a)锥形电极　(b)平面电极

当,以防破坏冷却条件或电流场分布。

二、钢筋闪光对焊的设备

1. 钢筋对焊工具

在工程实践中,常用的钢筋对焊机的参数见表 4-4。在工程中通常采用的是 UN-100 型杠杆传动式手工对焊机,它可焊接直径达 36mm 的钢筋,每小时焊接头达 30 个左右,全机质量约 450kg。

表 4-4　钢筋对焊机参数

名称	型号	容量/kVA	额定电压/V	焊件截面面积/mm²	用途
对焊机	UN-150	150	380	1500	主要用于建筑施工直径 14～40mm 螺纹钢筋的闪光对焊
	UN-125	125	380	1200	
	UN-100	100	380	1000	
	UN-75	75	600	600	

2. 钢筋对焊机型号表示方法

钢筋对焊机型号由类别、主参数代号、特征代号等组成,如图 4-7 所示。

更新变型代号:以拼音字母A、B、C···顺序表示

特征代号:杠杆式(G),凸轮式(T)

主参数代号:额定功率等级

钢筋对焊机代号

图 4-7　钢筋对焊机型号表示方法

(标记示例　额定功率为 80kVA 凸轮式钢筋对焊机:钢筋对焊机 GDH80T)

3. 技术要求

原机械行业标准规定如下。

①焊机变压器绕组的温升限值应符合表 4-5 的规定。

表 4-5　焊机变压器绕组温升限值(℃)

冷却介质	测定方法	不同绝缘等级时的温升限值				
		A	E	B	F	H
空气	电阻法	60	75	85	105	130
	热电偶法	60	75	85	110	135
	温度计法	55	70	80	100	120

续表 4-5

冷却介质	测定方法	不同绝缘等级时的温升限值				
		A	E	B	F	H
水	电阻法	70	85	95	115	140
	热电偶法	70	85	95	120	145
	温度计法	65	80	90	110	130

注:当采用温度计法及热电偶法时应在绕组的最热点上测定。

②气路系统的额定压力规定为 0.5MPa,所有零件及连接处应能在 0.6MPa 下可靠地工作。

③焊机水路系统中所有零部件及连接处,应保证在 0.15～0.3MPa 的工作压力下能可靠地工作,并应装有溢流装置。

④加压机构应保证电极间压力稳定,夹紧力及顶锻力的实际值与额定值之差不应超过额定值的 ±8%。

⑤焊机应具有足够的刚度,在最大顶锻力下,焊机的刚度应保证焊件纵轴线之间的正切值不超过 0.012。

⑥焊接回路有良好适应性,能焊接不同直径的钢筋,能进行连续闪光焊、预热闪光焊和闪光—预热闪光焊等不同的工艺方法。

⑦在自动或半自动闪光对焊机中,保证各项程序动作转换迅速、准确。

⑧调整焊机的焊接电流及更换电极方便。

4. 对焊机的构造

(1)对焊机的组成

对焊机属电阻焊机的一种。对焊机由机架、导向机构、动夹具和固定夹具、送进机构、夹紧机构、支点(顶座)、变压器、控制系统几部分组成,如图 4-8 所示。

手动对焊机使用最为普遍,可用于连续闪光焊、预热闪光焊,以及闪光—预热闪光焊等工艺方法。自动对焊机可以减轻焊工劳动强度,更好地保证焊接质量,可采用连续闪光焊和预热闪光焊工艺方法。

①机架和导轨。在机架上紧固着对焊机的全部基本部件,机架应有足够的

图 4-8　对焊机示意图

1. 机架　2. 导轨　3. 固定座板　4. 动板
5. 送进机构　6. 夹紧机构　7. 顶座
8. 变压器　9. 软导线

F_j—夹紧力　F_d—顶锻力

强度和刚性,否则,顶锻时焊件会产生弯曲。机架常采用型钢焊成或用铸铁、铸钢制成,导轨是供动板移动时导向用的,呈圆柱形、长方形或平面形。

②送进机构。送进机构的作用是使焊件同动夹具一起移动,并保证有必要的顶锻力;使动板按所要求的移动曲线前进;预热时能往返移动;没有振动和冲动。

(2)送进机构常用类型

手动杠杆式:图 4-9 所示为手动杠杆式送进机构,其杠杆传动机构如图 4-9(b)所示,计算图解见 4-9(a)所示。它由绕固定轴 0 转动的曲柄杠杆 1 和长度可调的连杆 2 组成,连杆的一端与曲柄杠杆相铰接,另一端与动座板 5 相铰接,当转动杠杆 1 时,动座板即按所需方向前后移动。杠杆移动的极限位置由支点来控制。顶锻力随着 a 角的减小而增大(在 $a=0$ 时,即在曲柄死点上,它在理论上达到无限大)。若曲柄达到死点后,顶锻力的方向立即转变,可将已焊好的焊件拉断。所以不允许杠杆伸直到死点位置。一般限制顶锻终了位置为 $a=5°$ 左右,由限位开关 3、4 来控制,所以实际能发挥的最大顶锻力不超过 $(3\sim4)\times10^4 N$。这种送进机构的优点是结构简单;缺点是所发挥的顶锻力不够稳定,顶锻速度较小($15\sim20mm/s$),并易使焊工疲劳。UN1-75 型对焊机的送进机构即为手动杠杆式。

(a)　　　　　　　　　　　(b)

图 4-9　手动杠杆式送进机构

(a)计算图解　(b)杠杆传动机构

1.曲柄杠杆　2.连杆　3、4.限位开关　5.动座板

电动凸轮式:图 4-10 所示为电动凸轮式送进机构,其传动原理如图 4-10(a)所示,电动机 D 的转动经过三角皮带装置 P,一对正齿轮 ch 及蜗杆减速器传送到凸轮 K,螺杆 L 可用于调整电动机与皮带轮的中心距,以实现凸轮转速的均匀调节。为了使电流的切断、电动机的停转与动座板移动可靠的配合,在凸轮 K 上部装置了两个辅助凸轮 K_1 和 K_2,以便在指定时间关断行程开关。凸轮外形满足闪光和顶锻的要求,典型的凸轮及其展开如图 4-10(b)所示。该种送进机构的主要优点是结构简单、工作可靠、减轻焊工劳动强度。缺点是电动机功率大而利用率低;顶锻速度有限制,一般为 $20\sim25mm/s$。UN2-150-2 型对焊机就是采用这种送进机构。

图 4-10　电动凸轮式送进机构

(a)传动原理　(b)凸轮外形及其展开

气动或气液压复合式：UN17-150 型对焊机的送进机构如图 4-11 所示，它是气液压复合式的，动作过程如下：

图 4-11　UN17-150 型对焊机的送进机构

1.缸体　2、3.气缸活塞　4.活塞杆　5.油缸活塞　6.针形活塞
7.球形阀　8.阻尼油缸　9.顶锻气缸　10.顶锻缸的活塞杆兼油缸活塞
11.调预热速度的手轮　12.标尺　13.行程放大杆
DZT₁、DZT₃—电磁换向阀（常开）　DZT₂—电磁换向阀（常闭）　L-108—节流阀　R—油箱

①预热。由向前和向后电磁气阀交替动作,推动夹具前后移动,向前移动速度由油缸排油速度决定;夹具返回速度由阻尼油缸后室排油速度决定,速度较慢。

②闪光。向前电磁气阀动作,气缸活塞推动夹具前移,闪光速度由油缸前室排油速度决定。

③顶锻。顶锻由气液缸 9 进行。当闪光终了时,顶锻电磁气阀动作,气缸通入压缩空气,给顶锻油缸的液体增压,作用于活塞上,以很大的压力推动夹具迅速移动,进行顶锻。

闪光和顶锻留量均由装在焊机上的行程开关和凸轮来控制,调节各个凸轮和行程开关的位置就可调节各留量。

这类送进机构的优点是顶锻力大,控制准确;缺点是构造复杂。

(3)夹紧机构

夹紧机构由两个夹具构成,一个是固定的,称为静夹具;另一个是可移动的,称为动夹具。前者直接安装在机架上,与焊接变压器次级线圈的一端相接,但在电气上与机架绝缘;后者安装在动板上,可随动板左右移动,在电气上与焊接变压器次级线圈的另一端相连接。

常见夹具型式有手动偏心轮夹紧、手动螺旋夹紧,以及气压式、气液压式及液压式。

(4)对焊机焊接回路

对焊机的焊接回路一般包括电极、导电平板、次级软导线及变压器次级线圈,如图 4-12 所示。

焊接回路是由刚性和柔性的导线元件相互串联(有时并联)构成的导电回路,同时也是传递力的系统。回路尺寸增大,焊机阻抗增大,使焊机的功率因数和效率均下降。为了提高闪光过程的稳定性,要减少焊机的短路阻抗,特别是减少其中有效电阻分量。

对焊机的外特性决定于焊接回路的电阻分量,当电阻很大时,在给定的空载电压下,短路电流 I_2 急剧减小,是陡降的外特性,如图 4-13 所示。当电阻很小时,外

图 4-12　对焊机的焊接回路
1.电极　2.动板　3.次级软导线　4.次级线圈
5.变压器　F_j—夹紧力　F_d—顶锻力

图 4-13　外特性
1.陡降特性　2.缓降特性

特性具有缓降的特点。对于闪光对焊,焊机具有缓降的外特性比较适宜。因为闪光时,缓降的外特性可以保证在金属过梁的电阻减小时使焊接电流骤然增大,使过梁易于加热和爆破,从而稳定了闪光过程。

三、箍筋闪光对焊的设备

1. 设备选择

箍筋直径通常偏小,若直径为 6～10mm 时,应选用 UN1-40 型对焊机,并且采用连续闪光焊工艺。该种焊机外形体积比较小,特别是电极夹钳容易固定及退出箍筋,对提高工效有利。

若箍筋直径较大,为 12～18mm 时,须采用 UN1-75 型闪光对焊机及预热闪光对焊工艺。这时,也可以采用 UN1-100 型对焊机,由于焊接电流比较大,对于用钢筋切断机下料的钢筋也能适应,可以采用连续闪光焊工艺,质量较稳定。

2. UN1-40 型对焊机

某机械公司生产的 UN1-40 型对焊机的主要技术参数和焊机结构如下。

(1)主要技术参数

UN1-40 型对焊机主要技术参数见表 4-6。

表 4-6　UN1-40 型对焊机主要技术参数

技术参数		要　　求
初级电压/V		220/380
额定电容/kVA		40
负载持续率/%		20
初级额定电流/A		182/105
调节级数/级		8
次级空载电压/V		2.37/4.75
最大顶锻力/N		1500
最大送料行程/mm		20
最大钳口距离/mm		50
冷却水消耗量(L/h)		120
焊机质量/kg		275
外形尺寸	高/mm	1300
	宽/mm	500
	长/mm	1340

(2)结构

对焊机主要结构包括焊接变压器、固定电极、移动电极(即钳口)、焊接送料机构(加压机构)及控制元件等。使用杠杆送料时,利用操纵杆移动可动机构。

左、右两电极分别通过多层铜皮与焊接变压器次级线圈之导体连接,焊接变压器的次级线圈应由流水冷却。次级空载电压应用分级开关调节。在焊接处的两侧以及下方均有防护板,防止熔化金属溅入变压器及开关中,焊工需经常清除防护板上的金属溅沫,以免造成短路等故障。

送料机构:送料机构的作用是完成焊接时所需的熔化以及挤压过程,主要包含操纵杆、调节螺钉、压簧等。若将操纵杆在两极限位置中移动时,可以获得 20mm 的工作行程。若操纵杆在行程终端(左侧)时,应将调节螺钉的中心轴(与焊机中心轴间的夹角)调整到 4°～5°。这时,可以获得最大的顶锻压力。在调节螺钉调整妥善后,应将其两侧的螺母旋紧。所有移动部件都有油孔,应经常保持润滑。若用杠杆送料时,应先松开螺母放松压簧,使挂钩取消作用,然后再将调节螺钉与可动机构连接的长孔螺杆换为圆孔螺杆。

开关控制:若按下按钮开关时,接通继电器,使其电源接触器作用,则焊接变压器与电源接通。想要控制焊件在焊接过程中的烧化量,可调节装在可动机构上的断电器地伸出长度,当其触动行程开关时,电流即被切断,焊接过程终止。控制回路的电源由次级电压是 36V 的辅变压器供电。杠杆送料时,可用于电阻焊以及闪光焊。

钳口(电极):通过手动偏心轮加压,使焊件紧固于电极上,压力的大小可调节偏心轮或偏心套筒。

焊接变压器:焊接变压器是铁壳式,其初级绕组为盘形;次级绕组是由三片周围焊有水冷铜管的铜板并联而成的。变压器至电极由多层薄铜皮连接。

焊接过程通电时间的长短,可以由焊工通过按钮开关及行程开关控制。

焊接时,应按钢筋直径来选择调节级数,以取得所需要的次级空载电压。次级空载电压见表 4-7。

表 4-7　次级空载电压

级数	插头位置			次级空载电压/V
	I	II	III	
1	2			2.37
2	1	2		2.59
3	2			2.79
4	1	1		3.04
5	2		2	3.33
6	1	2		3.68
7	2			4.17
8	1	1		4.75

3. 对设备的要求

（1）钢筋调直切断机

①保证调直后钢筋无弯折。

②钢筋切断长度误差不得超过 5mm。

③钢筋端头表面应垂直于钢筋轴线，无压弯、无斜口。

（2）钢筋切断机

①活动刀片无晃动。

②活动刀片与固定刀片之间的间隙可调至 0.3mm。

③刀片应保持锋利。

（3）箍筋弯曲机

①弯曲角能按需要调整。

②弯曲角度准确，符合设计要求。

（4）箍筋焊接设备

①调整压杆高度位置，可使箍筋两端部轴线在同一中心线上。

②箍筋钳口压紧机构操作方便，压紧后无松动。

③顶锻机构滑动装置沿导轨左右滑动灵便，无晃动。

④改换插把位置方便，以获得所需要的次级空载电压；电气系统安全可靠。

在焊接生产中，对于直径为 8～10mm 的箍筋，可配置 80(75)kV·A 的闪光对焊机，对于直径 12～18mm 的箍筋，应配置 100kV·A 的闪光对焊机。

（5）性能完好

所有箍筋加工、焊接的设备应性能完好，符合使用说明书的规定。使用过程中一旦出现故障或配件磨损，影响加工精度，应立即停机检查，进行维修。

四、钢筋电弧焊的设备

1. 电源种类

焊条电弧焊按电源种类分为交流焊机和直流焊机。与交流电源相比，直流电源能提供稳定的电弧和平稳的熔滴过渡。一旦电弧被引燃，直流电弧能保持连续燃烧；而采用交流电源焊接时，由于电流和电压方向的改变，并且每秒钟电弧要熄灭及重新引燃 120 次，电弧不能连续稳定燃烧。在焊接电流较低的情况下，直流电弧对熔化的焊缝金属有很好的润湿作用，并且能规范焊道尺寸，所以非常适合于焊接薄件。直流电源比交流电源更适合于仰焊及立焊，因为直流电弧比较短。

但有时直流电源的电弧偏吹是一个突出问题，解决的办法是变换为交流电源。对于为交流电源或直流电源焊接而设计的交、直流两用焊条，绝大多数在直流电源条件下的焊接应用效果更好。焊条电弧焊中，交流电焊机及其一些附加装置价格低廉,能尽可能避免电弧吹力的有害作用。但除了设备成本较低外,采用交流电源焊接时的效果不如直流电源。

具有陡降特性的弧焊电源最适合于焊条电弧焊。与电流变化相对应的电压变化表明,随着电弧长度的增加,电流逐渐减小。这种特性即使焊工便于控制熔池的尺寸,也可限制电弧电流的最大值。当焊工沿着焊件移动焊条时,电弧长度不断发生变化是难免的,而陡降特性的弧焊电源确保了这些变化过程中电弧的稳定性。

常用焊接发电机型号及性能见表 4-8。

表 4-8　常用焊接发电机型号及性能

型号		AX1-165 (AB-165)	AX4-300-1 (AG-300)	AX-320 (AT-320)	AX-500	AX3-500 (AG-500)
弧焊发电机	额定焊接电流/A	165	300	320	500	200
	焊接电流调节范围/A	40~200	45~375	45~320	60~600	60~600
	空载电压/V	40~60	55~80	50~80	65~92	55~75
	工作电压/V	30	22~35	30	23~44	25~40
	额定持续率(%)	60	60	50	60	60
	各持续率时功率/kW　100%	3.9	6.7	7.5	13.6	15.4
	额定持续率	5	9.6	9.6	20	20
	各持续率时焊接电流/A　100%	130	230	250	385	385
	额定持续率	165	300	320	500	500
	使用焊条直径/mm	<5	3~7	3~7	3~7	3~7
电动机	功率/kW	6	10	14	26	26
	电压/V	220/380	380	380	380	220/380/660
	电流/A	21.3/12.3	20.8	27.6	50.9	89/51.5/29.7
	频率/Hz	50	50	50	50	50
	转速(r/min)	2900	2900	1450	1450	2900
	功率因数	0.87	0.88	0.87	0.88	0.90
	机组效率(%)	52	52	53	54	54
	机组质量/kg	210	250	560	700	415
外形尺寸	长/mm	932	1140	1202	1128	1078
	宽/mm	382	500	590	590	600
	高/mm	720	825	992	1000	805

常用焊接整流器型号及性能见表 4-9。

表 4-9　常用焊接整流器型号及性能

型号		ZXG1-160	ZXG1-250	ZXG-300R	ZXG1-400	ZXG1-500R
输出	额定焊接电流/A	160	250	300	400	500
	焊接电流调节范围/A	40~192	62~300	30~300	100~480	40~500
	空载电压/V	71.5	71.5	70	71.5	70/80
	工作电压/V	22~28	22~32	21~32	24~39	22~40
	额定持续率(%)	60	60	40	60	40
各持续率时焊接电流/A	100%	—	—	194	—	315
	额定持续率	—	—	300	—	500
输入	电源电压/V	380	380	380	380	380
	电源相数	3	3	3	3	3
	频率/Hz	50	50	50	50	50
	额定输入电流/A	16.8	26.3	29.6	42	53.8
	额定输入容量/kVA	11	17.3	19.5	27.8	35.5
整机质量/kg		138	182	230	238	350
外形尺寸	长/mm	595	635	690	686	760
	宽/mm	480	530	440	570	520
	高/mm	970	1030	885	1075	945

注:( )为原有型号。

2. 电焊钳

即夹持焊条用夹持器。常用电焊钳的型号和规格见表 4-10。

表 4-10　常用电焊钳型号和规格

型号	能安全通过的最大电流/A	焊接电缆孔径/mm	适用的焊条直径/mm	质量/kg	长×宽×高/mm
G-352	300	ϕ14	2~5	0.5	250×40×80
G-582	500	ϕ18	4~8	0.7	200×45×100

3. 面罩

通用面罩有两种,手持式(盾式)和盔式(头戴式)。在两种面罩视窗部分均装有护目黑玻璃,常用黑玻璃护目片规格见表 4-11。

表 4-11　常用黑玻璃护目片规格

色号	7~8	9~10	11~12
颜色深度	较浅	中等	较深
适用焊接电流范围/A	<100	100~350	≥350
尺寸/mm	2×50×107	2×50×107	2×50×107

4. 电弧焊焊条规格

焊条直径指焊条药皮内金属芯棒的直径,目前焊条直径规格共有 7 种($\phi 1.6 \sim \phi 5.8$),根据需方要求,允许通过协议供应其他尺寸的焊条。焊条长度依据焊条直径、材质、药皮类型来确定,碳钢和低合金钢焊条规格见表 4-12。

表 4-12　碳钢和低合金钢焊条规格

焊条直径/mm	焊条长度/mm		
	碳钢焊条	低合金钢焊条	允许长度偏差
1.6	200~250	—	±2.0
2.0	250~350	250~350	
2.5	250~350	250~350	
3.2(3.0)	350~450	350~450	±2.0
4.0	350~450	350~450	
5.0	400~450	350~450	
6.0(5.8)	450~700	450~700	
8.0	450~700	450~700	

注:括号内数字为允许代用的焊条直径。

5. 焊条药皮成分

焊条药皮主要由稳弧剂、脱氧剂、造渣剂及黏结剂等组成。某些焊条药皮中还适量加入合金剂,以改善焊缝力学性能。在焊接过程中的冶金反应及焊条的工艺性能,取决于药皮成分和配比。同一类型焊条的牌号不同,药皮成分和配比则不相同,其焊接性能也存在差异。药皮应无裂缝、气孔、凹凸不平等缺陷,不得有肉眼看得出的偏心度。

6. 变压器

BX1 系列的弧焊变压器包括 BX1-200 型、BX1-300 型、BX1-400 型和 BX1-500 型等多种型号。

(1)BX1-300 型弧焊变压器结构

图 4-14 所示为 BX1-300 型弧焊变压器结构原理图,其初级绕组及次级绕组均一分为二,制成盘形或筒形,应分别绕在上、下铁轭上。初级上、下两组串联之后,再接入电源。次级是上、下两组并联之后,接入负载,中间为动铁心,可内外移动,以调节焊接电流。

(2)BX1-300 型弧焊变压器外特性

图 4-15 所示为 BX1-300 型弧焊变压器外特性曲线,所包围的面积焊接参数可调范围。从电弧电压与焊接电流的关系曲线及外特性相交点 a、b 可见,焊接电流可调范围是 75~360A。

图 4-14   BX1-300 型弧焊变压器结构原理图

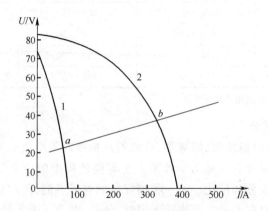

图 4-15   BX1-300 型弧焊变压器外特性曲线

(3)特点

①这类弧焊变压器的电流调节较方便,仅移动铁心即可,从最里移到最外,外特性从 1 变到 2,电流可在 75～360A 范围内连续变化,范围足够宽广。

②外特性曲线陡降比较大,焊接过程较稳定,工艺性能好,空载电压较高(70～80V),可用低氢型碱性焊条进行交流施焊,确保焊接质量。

③动铁心上、下是斜面,包括两个对称的空气隙,其上所受磁力的水平分力,使动铁心与传动螺杆有单向压紧作用,使振动进一步减小,而且噪声较小,焊接过程较稳定。

④因为漏抗代替电抗器,且其采用梯形动铁心,不但省去了换挡抽头的麻烦,而且节省原材料消耗使用更加方便。

该种焊机结构简单,制造容易,使用维护方便。由于制造厂的不同,各种型号焊机的技术性能有所差异。

（4）常用的焊接变压器型号及性能

常用焊接变压器型号及性能见表 4-13。

表 4-13 常用焊接变压器型号及性能

型号	BX3-120-1	BX3-300-2	BX3-500-2	BX2-1000 (BC-1000)
额定焊接电流/A	120	300	500	1000
初级电压/V	220/380	380	380	220/380
次级空载电压/V	70～75	70～78	70～75	69～78
额定工作电压/V	25	32	40	42
额定初级电流/A	41/23.5	61.9	101.4	340/196
焊接电流调节范围/A	20～160	40～400	60～600	400/1200
额定持续率(%)	60	60	60	60
额定输入功率/kW	9	23.4	38.6	76
持续率 100%时功率/kW	7	18.5	30.5	—
各持续率时焊接电流/A 100%	93	232	388	775
各持续率时焊接电流/A 额定持续率	120	300	500	1000
功率因数				0.62
效率(%)	80	82.5	87	90
整机质量/kg	100	183	225	560
外形尺寸 长/mm	485	730	730	744
外形尺寸 宽/mm	470	540	540	950
外形尺寸 高/mm	680	900	900	1220

注:括号内为原有型号。

五、钢筋气压焊的设备

钢筋气压焊是指采用一定比例的氧气及乙炔焰为热源,对待连接的两钢筋端部接缝处进行加热,直至达到热塑状态,同时对钢筋施加 30～40MPa 的轴向压力,致使钢筋顶锻在一起。

钢筋气压焊分为敞开式和闭式两种。敞开式是将两根钢筋端面稍加离开,加热至熔化温度,再加压完成的一种办法,属于熔化压力焊;闭式是将两根钢筋端面紧密闭合,加热至 1200℃～1250℃,然后加压完成的一种方法,属于固态压力焊。闭式气压焊是目前最常用的方法,其机制是指在还原性气体的保护下加热钢筋,使其发生塑性流变后相互紧密接触,致使端面金属晶体相互扩散渗透,然后在结晶进程中再排列,从而形成牢固的对焊接头。

　　这项工艺不但适合于竖向钢筋的连接,也适合于各种方向布置的钢筋连接。适合于 HPB300、HRB335 级钢筋,其直径为 14～40mm。若不同直径钢筋焊接,两钢筋直径差不得大于 7mm。另外,热轧 HRB400 级钢筋中的 20MnSiv、20MnTi 也可适用,但不包括碳、硅含量相对较高的 25MnSi。

1. 钢筋气压焊设备组成

　　钢筋气压焊设备主要有氧气和乙炔供气装置、加热器、加压器以及钢筋卡具等,图 4-16 所示为钢筋气压焊设备示意图。辅助设备有用于切割钢筋的砂轮锯、磨平钢筋端头的角向磨光机等。

图 4-16　钢筋气压焊设备示意图
1. 脚踏液压泵　2. 压力表　3. 液压胶管　4. 油缸　5. 钢筋卡具
6. 被焊接钢筋　7. 多火口烤钳　8. 氧气瓶　9. 乙炔瓶

　　(1)供气装置

　　供气装置包括氧气瓶、溶解乙炔气瓶或液化石油气瓶、干式回火防止器、减压器及胶管等。氧气瓶、溶解乙炔气瓶和液化石油气瓶的使用应遵照国家有关规定执行。

　　(2)多嘴环管加热器

　　多嘴环管加热器应配备多种规格的加热圈,以满足不同直径钢筋焊接的需要。

　　(3)加压器

　　包括油泵、油管、油压表、顶压油缸等。

　　(4)焊接夹具

　　焊接夹具有几种不同规格,与所焊钢筋直径相适应。

　　供气装置为气焊、气割时的通用设备;多嘴环管加热器、加压器、焊接夹具为钢筋气压焊的专用设备,总称钢筋气压焊机。

2. 钢筋气压焊机型号表示方法

　　钢筋气压焊机型号表示方法如图 4-17 所示。

图 4-17 钢筋气压焊机型号表示方法

[标记小例:焊接钢筋公称直径为 32mm 的手动氧液化石油气钢筋气压焊机 标记为:钢筋气压焊机 GQH 32 SU JG/T 94。以汉字拼音第一字符表示为:G——钢、Q——气(压)、H——焊、S——手(动式)、D——电(动式)、Y——乙(炔)、U——(液化石)油——(汽)]

3. 氧气瓶

氧气瓶用来存储及运输压缩的气态氧。氧气瓶有几种规格,最常用的为容积 40L 的钢瓶,如图 4-18(a)所示。容积 40L 的氧气瓶各项参数见表 4-14。

表 4-14 容积 40L 的氧气瓶各项参数

外径	壁厚	筒体高度	容积	质量(装满氧气)	瓶内公称压力	储存氧气
219mm	约 8mm	约 1310mm	40L	约 76kg	14.71MPa	6m³

为了便于识别,应在氧气瓶外表涂以天蓝色或浅蓝色,并漆有"氧气"黑色字样。

4. 乙炔气瓶

乙炔气瓶是储存及运输溶解乙炔的特殊钢瓶;在瓶内填满多孔性物质,在多孔性物质中浸渍丙酮,丙酮用来溶解乙炔,如图 4-18(b)所示。

多孔性物质的作用是防止气体的爆炸及加速乙炔溶解于丙酮的过程。多孔性物质上有大量小孔,小孔内存有丙酮和乙炔。因此,当瓶内某处乙炔发生爆炸性分解时,多孔性物质就可限制爆炸蔓延到全部。

多孔性物质是轻而坚固的惰性物质,使用时不易损耗,并且当撞击、推动及振动钢瓶时不致沉落下去。多孔性物质,以往均采用打碎的小块活性炭。现在有的改用以硅藻土、石灰、石棉等为主要成分的混合物,在泥浆状态下填入钢瓶,进行水热反应(高温处理)使其固化、干燥而制得的硅酸钙多孔物质,空隙率要求达到 90%~92%。

乙炔瓶各项参数见表 4-15。

图 4-18 氧气瓶和乙炔气瓶

(a)氧气瓶 (b)乙炔气瓶

1.氧气阀 2.氧气瓶压力表 3.氧减压阀 4.氧工作压力表 5.易熔阀 6.阀帽

7.乙炔瓶压力表 8.乙炔工作压力表 9.乙炔减压阀 10.干式回火防止器 11.含有丙酮的多孔材料

表 4-15 乙炔瓶各项参数

外径	壁厚	高度	容积	质量(装满乙炔)	瓶内公称压力 (当室温为 15℃)	储存乙炔气
255～285mm	约 3mm	925～950mm	40L	约 69kg	1.52MPa	6m³

丙酮是一种透明带有辛辣气味的易蒸发的液体。在 15℃ 时的相对密度为 0.795,沸点为 55℃。乙炔在丙酮内的溶解度决定于其温度和压力的大小。乙炔从钢瓶内输出时一部分丙酮将为气体所带走。输出 1m³ 乙炔,丙酮的损失约为 50～100g。

在使用强功率多嘴环管加热器时,为了避免大量丙酮被带走,乙炔从瓶内输出的速率不得超过 1.5m³/h,若不敷使用时,可以将两瓶乙炔并联使用。乙炔钢瓶必须安放在垂直的位置。当瓶内压力减低到 0.2MPa 时,应停止使用。

乙炔钢瓶的外表应涂白色,并漆有"乙炔"红色字样。

5. 液化石油气瓶

液化石油气瓶是专用容器,按用量和使用方式不同,气瓶有 10kg、15kg、36kg、50kg 等多种规格,50kg 规格液化石油气瓶参数见表 4-16。

表 4-16 50kg 规格液化石油气瓶各项参数

外径	壁厚	高度	容积
406mm	3mm	1215mm	≥118L

图 4-19 液化石油气瓶外形
1. 瓶阀护圈 2. 阀门
3. 焊缝 4. 瓶体 5. 底座

瓶内公称压力(当室温为 15℃)为 1.57MPa,最大工作压力为 1.6MPa,水压试验为 3MPa。气瓶通过试验鉴定后,应将制造厂名、编号、质量、容积、制造日期、工作压力等项内容,标在气瓶的金属铭牌上,并应盖有国家检验部门的钢印。气瓶体涂银灰色,注有"液化石油气"的红色字样,15kg 规格气瓶外形如图 4-19 所示。

液化石油气瓶的安全使用:

①气瓶不得充满液体,必须留有 10%～20% 的空间,防止液体随环境温度升高而膨胀导致气瓶破裂。

②胶管和密封垫材料应选用耐油橡胶。

③防止暴晒,贮存室要通风良好、室内严禁明火。

④瓶阀和管接头处不得漏气,注意检查调压阀连接处丝扣的磨损情况,防止由于磨损严重或密封垫圈损坏、脱落而造成的漏气。

⑤严禁火烤或沸水加热,必要时可用温水加温,远离暖气和其他热源。

⑥不得自行倒出残渣,以免遇火成灾。

⑦瓶底不准垫绝缘物,防止静电积蓄。

6. 气瓶的贮存与运输

(1)贮存的要求

①各种气瓶都应各设仓库单独存放,不得和其他物品合用一库。

②仓库的选址应符合以下要求。远离明火与热源,且不可设在高压线下;库区周围 15m 内不应存放易燃易爆物品,不得存放油脂、腐蚀性、放射性物质;有良好的通道,便于车辆出入装卸。

③仓库内外应有良好的通风与照明,室内温度控制在 40℃ 以下,照明要选用防爆灯具。

④库区应设醒目的"严禁烟火"的标志牌,消防设施要齐全有效。

⑤库房建筑应选用一、二级耐火建筑,库房屋顶应选用轻质非燃烧材料。

⑥仓库应设专人管理,并有严格的规章制度。

⑦未经使用的实瓶和用后返回仓库的空瓶应分开存放,排列整齐以防混乱。

⑧液化石油气比空气重,易向低处流动,因此,存放液化石油气瓶的仓库内,排水口要设安全水封,电缆沟口、暖气沟口要填装砂土砌砖抹灰,防止石油气窜入而发生危险。

(2)运输安全规则

①气瓶在运输中要避免剧烈的振动和碰撞,特别是冬季瓶体金属韧性下降时,更应格外注意。

②气瓶应装有瓶帽,防止碰坏瓶阀。搬运气瓶时,应使用专用小车,不得肩扛、背负、拖拉或脚踹。

③批量运输时,要用瓶架将气瓶固定。轻装轻卸,禁止从高处下滑或从车上往下扔。

④夏季远途运输,气瓶要加覆盖,防止暴晒。

⑤禁止用起重设备直接吊运钢瓶,充实的钢瓶禁止喷漆作业。

⑥运输气瓶的车辆专车专运,不得与其他物品同车运输或一车同运两种气瓶。

氧气瓶、溶解乙炔气瓶或液化石油气瓶的使用应遵照国家质量技术监督局颁发的相关规程和人力资源和社会保障部颁发的有关规定执行。

7. 减压器

减压器是用来将气体从高压降低到低压,并显示瓶内高压气体压力和减压后工作压力的装置。此外还有稳压的作用。

QD-2A 型单级氧气减压器的高压额定压力为 15MPa,低压调节范围为0.1～1.0MPa。

乙炔气瓶上用的 QD-120 型单级乙炔减压器的高压额定压力为 1.6MPa,低压调节范围为 0.01～0.15MPa。

单级减压器工作原理如图 4-20 所示。其中,单级反作用式减压器应用较广。

从气瓶来　　　　　　　　通加热器　　　　从气瓶来　　　　　　　通加热器

(a)　　　　　　　　　　　　　　　(b)

图 4-20　单级减压器工作原理

(a)正作用　(b)反作用

采用氧液化石油气压焊时,液化石油气瓶上的减压器外形和工作原理与用于乙炔气瓶上的相同。但减压表应采用碳三表或丙烷表,主要技术规格参数见表4-17。

表 4-17　主要技术规格参数

| 名称 | 型号 | 输入压力/MPa | 调节范围/MPa | 配套压力表/MPa | | 流量(m³/h) |
				输入	输出	
碳三减压器	YQC₃-33A	1.6	0.01～0.15	2.5	0.25	5
	YQC₃-33B	1.6	0.01～0.15	4	0.25	6
丙烷减压器	YQW-3A	1.6	0.01～0.25	2.5	0.4	6
	YQW-2A	1.6	0.01～0.1	2.5	0.15	5

8. 回火防止器

回火防止器是装在燃料气体系统上,防止火焰向燃气管路或气源回烧的保险装置。回火防止器有水封式和干式两种。干式回火防止器如图4-21所示。水封式回火防止器常与乙炔发生器组装成一体,使用时一定要检查水位。

9. 乙炔发生器

乙炔发生器是利用碳化钙(电石中的主要成分)和水相互作用以制取乙炔的设备。目前,国家推广使用瓶装溶解乙炔,在施工现场,乙炔发生器已逐渐被淘汰。

10. 多嘴环管加热器

多嘴环管加热器,以下简称加热器,是混合乙炔和氧气,经喷射后组成多火焰的钢筋气压焊专用加热器具,由混合室和加热圈两部分组成。

图 4-21　干式回火防止器
1. 防爆橡皮圈　2. 橡皮压紧垫圈
3. 滤清器　4. 橡皮反向活门
5. 下端盖　6. 上端盖

(1)加热器的分类

加热器按气体混合方式不同可分为两种,即射吸式(低压的)加热器和等压式(高压的)加热器。目前采用的多数为射吸式,但从发展来看,宜逐渐改用等压式。

射吸式(低压的)加热器:在采用射吸式加热器时,氧气通入后,先进入射吸室,再以很高的速度由射吸室通道流出,这样造成围绕射吸口环形通道内气体的稀薄,因而促成对乙炔的抽吸作用,使乙炔以低压进入加热器。氧与乙炔在混合室内混合之后,再由加热器喷嘴喷出,图4-22所示为射吸式加热器。

图 4-22 射吸式加热器

1. 高压氧 2. 低压乙炔 3. 手把 4. 固定螺帽 5. 混合室

由加热器喷嘴喷出的混合气体,其成分不仅决定于加热器上氧气、乙炔阀针手轮的调节作用,并且也随下列因素改变:喷口与钢筋表面的距离,混合气体的温度,喷口前面混合气体的压力等。当喷口和钢筋表面距离太近时,将构成气体流动的附加阻力,使乙炔通道中稀薄程度降低,混合气体的含氧量增加。

等压式(高压的)加热器:当采用等压式加热器时,易于使氧乙炔气流的配比保持稳定。

当加热器喷口出来的气体速度减低时,喷口被堵塞,以及加热器管路受热至高出一定温度范围时,则会发生"回火"现象。

加热器的喷嘴数有 6 个、8 个、10 个、12 个、14 个不等,根据钢筋直径大小选用。在一般情况下,当钢筋直径为 25mm 及以下,喷嘴数为 6 个或 8 个;钢筋直径为 26～32mm,喷嘴数为 8 个或 10 个;钢筋直径为 33～40mm 及以下,喷嘴数为 10 个或 12 个。从环管形状来分,有圆形、矩形及 U 形多种。从喷嘴与环管的连接来分,有平接头式(P)、有弯头式(W),图 4-23 所示为几种常用多嘴环管加热器外形。

(2)加热器使用性能要求

①射吸式加热器的射吸能力或等压式加热器中乙炔与氧的混合和供气能力,必须与多个喷嘴的总体喷射能力相适应。

②加热器的加热能力应与所焊钢筋直径的粗细相适应,以保证钢筋的端部经过较短的加热时间,就可达到所需要的高温。

③加热器各连接处应保持高度的气密性。在下列进气压力下不得漏气:氧气通路内按氧气工作压力提高 50%;乙炔和混合气通路内压力为 0.25MPa。

图 4-23 几种常用多嘴环管加热器外形

④多嘴环管加热器的火焰应稳定,当风速为 6m/s 的风垂直吹向火焰时,火焰

的焰芯仍应保持稳定。火焰应有良好挺度，多束火焰应均匀，并且有聚敛性，焰芯形状应呈圆柱形，顶端为圆锥形或半球形，不得有偏斜和弯曲。

⑤多嘴环管加热器各气体通路的零件应用抗腐蚀材料制造，乙炔通路的零件不得用含铜量大于70%的合金制造。在装配之前，凡属气体通路的零部件必须进行脱脂处理。

⑥多嘴环管加热器基本参数见表4-18。

表 4-18　多嘴环管加热器基本参数

加热器代号	加热嘴数/个	焊接钢筋额定直径/mm	加热嘴直径/mm	焰芯长度/mm	氧气工作压力/MPa	乙炔工作压力/MPa
W6	6	25			0.6	
W8	8	32	1.10	≥8	0.7	
W12	12	40			0.8	0.05
P8	8	25			0.6	
P10	10	32	1.00	≥7	0.7	
P14	14	40			0.8	

采用氧液化石油气压焊时，多嘴环管加热器的外形和射吸式构造与氧乙炔气压焊时基本相同；但喷嘴端面为梅花式，中间有一个大孔，周围有若干小孔。图4-24所示为氧乙炔喷嘴示意图，图4-25所示为氧液化石油气喷嘴示意图，图4-26所示为加热圈结构示意图。

(a)　　　　　　　　　(b)

图 4-24　氧乙炔多嘴环管加热器(Y)喷嘴示意图

(a)喷嘴纵剖面　(b)喷嘴端面图

(注:喷嘴材质为紫铜)

(a)　　　　　　(b)　　　　　　(c)　　　　　　(b)

图 4-25　氧液化石油气多嘴环管加热器(U)喷嘴示意图

(a)槽式喷嘴纵削面图　(b)槽式喷嘴端面图　(c)孔式喷嘴纵剖面图　(d)孔式喷嘴端面图

(注:喷嘴芯材质为黄铜;外套材质为紫铜)

图 4-26　加热圈结构示意图

(a)弯式(W)　(b)平式(P)

(注:管为黄铜;喷嘴为紫铜)

11. 加压器

加压器为钢筋气压焊中对钢筋施加顶压力的压力源装置。加压器由液压泵、液压表、橡胶软管和顶压油缸四部分组成。液压泵有手动式和电动式两种。

手动式加压器构造如图 4-27 所示。电动式加压器外形如图 4-28 所示。

图 4-27　手动式加压器构造

1. 锁柄　2. 锁套　3. 压把　4. 泵体　5. 压力表

6. 油箱　7. 弹簧　8. 活塞顶头　9. 油缸体　10. 连接头　11. 泵座　12. 卸载阀

加压器的使用性能如下:

①加压器的轴向顶压力应保证所焊钢筋断面上的压力达到 40MPa;顶压油缸的活塞顶头应保证有足够的行程。

图 4-28　电动式加压器外形
1. 电源线　2. 出油口　3. 油压表

②在额定压力下，液压系统关闭卸荷阀 1min 后，系统压力下降值不超过 2MPa。

③加压器的无故障工作次数为 1000 次，液压系统各部分不得漏油，回位弹簧不得断裂，与焊接夹具的连接必须灵活、可靠。

④橡胶软管应耐弯折，质量符合有关标准的规定，长度为 2～3m。

⑤加压器液压系统推荐使用 N46 抗磨液压油，应能在 70℃ 以下正常使用，顶压油缸内密封环应耐高温。

⑥达到额定压力时，手动油泵的杠杆操纵力不得大于 350N。

⑦电动油泵的流量在额定压力下应达到 0.25L/min。手动油泵在额定压力下排量不得小于 10mL/次。

⑧电动油泵供油系统必须设置安全阀，其调定压力应与电动油泵允许的工作压力一致。

⑨顶压油缸基本参数见表 4-19。

表 4-19　顶压油缸基本参数

顶压油缸代号	活塞直径/mm	活塞杆行程/mm	额定压力/MPa
DY32	32	45	31.5
DY40	40	60	40
DY50	50	60	40

12. 焊接夹具

焊接夹具是用来将上、下（或左、右）两钢筋夹牢，并对钢筋施加顶压力的装置。常用的焊接夹具如图 4-29 所示。

图 4-29　焊接夹具

1. 定夹头　2. 紧固螺栓　3. 夹块　4. 动夹头　5. 调整螺栓

6. 夹具体　7. 回位弹簧　8. 卡帽(卡槽式)

焊接夹具的卡帽有卡槽式和花键式两种。

焊接夹具的使用性能要求如下：

①焊接夹具应保证夹持钢筋牢固,在额定荷载下,钢筋与夹头间相对滑移量不得大于 5mm,并便于钢筋的安装定位。

②在额定荷载下,焊接夹具的动夹头与定夹头的同轴度不得大于 0.25。

③焊接夹具的夹头中心线与筒体中心线的平行度不得大于 0.25mm。

④焊接夹具装配间隙累积偏差不得大于 0.50mm。

⑤动夹头轴线相对定夹头的轴线可以向两个调中螺栓方向移动,每侧幅度不得小于 3mm。

⑥动夹头应有足够的行程,保证现场最大直径钢筋焊接时顶压镦粗的需要。

⑦动夹头和定夹头的固筋方式有四种,图 4-30 所示为夹头固筋方式。使用时不应损伤带肋钢筋的表面。

(a)　　　　　　　(b)　　　　　　　(c)　　　　　　　(d)

图 4-30　夹头固筋方式

(a)螺栓顶紧　(b)钳口夹紧　(c)抱合夹紧　(d)斜铁楔紧

⑧焊接夹具基本参数见表 4-20。

表 4-20 焊接夹具基本参数(单位:mm)

焊接夹具代号	焊接钢筋额定直径	额定荷载/kN	允许最大荷载/kN	动夹头有效行程	动、定夹头净距	夹头中心与筒体外缘净距
HJ25	25	20	30	≥45	160	70
HJ32	32	32	48	≥50	170	80
HJ40	40	50	65	≥60	200	85

当加压时,由于顶压油缸的轴线与钢筋的轴线不是在同一中心线上,力是从顶压油缸的顶头顶出,通过焊接夹具的动、定夹头再传给钢筋,因而产生一个力矩;另外滑柱在筒体内摩擦,这些均消耗一定的力;经测定,实际施加于钢筋的顶压力约为顶压油缸顶出力的 0.84～0.87,计算钢筋顶压力时,可采用压力传递折减系数 0.8。

六、埋弧压力焊的设备

1. 设备要求

预埋件钢筋埋弧压力焊设备应符合下列要求:

①当钢筋直径为 6mm 时,可选用 500 型弧焊变压器作为焊接电源;当钢筋直径为 8mm 及以上时,应选用 1000 型弧焊变压器作为焊接电源。

②焊接机构应操作方便、灵活;宜装有高频引弧装置;焊接地线宜采取对称接地法,以减少电弧偏移,图 4-31 所示为对称接地示意图;操作台面上应装有电压表和电流表。

③控制系统应灵敏、准确,并应配备时间显示装置或时间继电器,以控制焊接通电时间。

图 4-31 对称接地示意
1. 钢筋 2. 钢板 3. 焊剂 4. 电弧
5. 熔池 6. 铜板电极 7. 焊接变压器

2. 焊接机构

手动式焊机的焊接机构通常采用立柱摇臂式,它由机架、机头和工作平台三部分组成。焊接机架是一摇臂立柱,焊接机头装在摇臂立柱上,摇臂立柱装在工作平台上。焊接机头可在平台上方向前后、左右移动。摇臂可方便地上下调节,工作平台中间要嵌装一块铜板电极,在一侧装有漏网,漏网下有贮料筒,存贮使用过的焊剂。

3. 控制系统

控制系统是由控制变压器、互感器、接触器、继电器等组成;另外还有引弧用的高频振荡器。主要部件都集中地组装在工作平台下的控制柜内,焊接机构与控制柜组成一体。

工作平台上装有电压表、电流表、时间显示器,用以观察次级电压(空载电压、电弧电压)、焊接电流以及焊接通电时间。

手工埋弧压力焊机电气原理如图 4-32 所示。

图 4-32　手工埋弧压力焊机电气原理图

K—铁壳开关　RD—管式熔断器　B_1—弧焊变压器

B_2—控制变压器　D—焊接指示灯　C—保护电容　2D—电源指示灯

TA—启动按钮　CJ—交流接触器　I_y—高频振荡引弧电流接入

4. 高频引弧器

高频引弧器是埋弧压力焊机中的重要组成部分,高频引弧器的种类较多,以采用火花隙高频电流发生器为佳。它具有吸铁振动的火花隙机构(感应线圈),不但能简化高压变电器的结构,而且可以从小功率中获得振荡线圈次级回路的高压,图4-33 所示为高频引弧器工作原理图。

图 4-33　高频引弧器工作原理图

焊接开始的瞬间，电流从 A、B 接入，由 E 点处电流经过常闭触点 K，使 L、K 构成回路，L_1 导电。吸引线圈开始动作，把触头 K 分开。随后电流向电容 C_1 充电，经过一定时间，当正弦波电流为零值时，吸力消失，触头 K 闭合，这时 C_1、线圈 L_2 经触头 K 形成一闭合回路，C_1 向 C_2 放电，电容器的静电能转换为线圈的电磁能。

电容器放电后，储藏在线圈内的电磁能沿电路重新反向通电，致使电容器又一次被充电，这种过程重复地继续。若回路内没有损耗，其振荡就不会停止。实际上，回路内有电阻，这种振荡会迅速减少至零，其持续时间一般仅为数毫秒，外加正弦电流从零逐渐增加，使 L_1 导电，K 分开，振荡回路被切断，致使电容器 C_1 又接受电流充电，再次重复上述过程。这样，就可产生高频振荡电流 I_y。

5. 钢筋夹钳

对钢筋夹钳的要求是：

①钳口可以依据焊接钢筋直径大小调节。

②通电导电性能良好。

③夹钳松紧适宜。在操作中，往往由于接触不好导致钳口及钢筋之间产生电火花现象，钢筋表面烧伤，为此一定要在夹钳尾部安装顶杠及弹簧，使其自行调节夹紧，防止产生火花。

6. 电磁式自动埋弧压力焊机

焊接电源采用 BX2-1000 型弧焊变压器。

焊接机构由机架、工作平台和焊接机头组成。焊接机头构造简图如图 4-34 所示。

焊接机头应装在可动横臂的前端。可动横臂能前后滑动和绕立柱转动，是由电磁铁和锁紧机构来控制的；焊接机构的立柱可上下调整，用以适应不同长度钢筋预埋件的焊接；工作平台上应放置被焊钢板，台面上装有导电夹钳。

控制箱内安有延时调节器的自动控制系统，以及高频振荡器和焊接电流、电压指示仪表等。

七、预埋件钢筋埋弧螺柱焊的设备

预埋件钢筋埋弧螺柱焊设备应包括埋弧螺柱焊机、焊枪、焊接电缆、控制电缆和钢筋夹头等。

1. 埋弧螺柱焊的焊机

埋弧螺柱焊机应由晶闸管整流器和调节—控制系统组成，有多种型号，在生产中，应根据焊机选用表 4-21 选用。

图 4-34　焊接机头构造简图

1. 电缆　2. 夹钳　3. 操纵盘　4. 操纵柄　5. 螺母　6. 外壳　7. 滑铁　8. 动磁铁　9. 线圈
10. 静磁铁　11. 螺环　12. 挡圈　13. 弹簧　14. 螺帽　15. 中心杆

表 4-21　焊机选用

序号	钢筋直径/mm	焊机型号	焊接电流调节范围/A	焊接时间调节范围/s
1	6～14	RSM～1000	100～1000	1.30～13.00
2	14～25	RSM～2500	200～2500	1.30～13.00
3	16～28	RSM～3150	300～3150	1.30～13.00

2. 埋弧螺柱焊的焊枪

埋弧螺柱焊焊枪有电磁铁提升式和电机拖动式两种,生产中,应根据钢筋直径和长度选用焊枪。

3. 埋弧螺柱焊的工艺

预埋件钢筋埋弧螺柱焊工艺应符合下列规定:

①将预埋件钢板放平,在钢板的远处对称点,用两根电缆将钢板与焊机的正极连接,将焊枪与焊机的负极连接,连接应紧密、牢固。

②将钢筋推入焊枪的夹持钳内,顶紧于钢板,在焊剂挡圈内注满焊剂。

③应在焊机上设定合适的焊接电流和焊接通电时间;在焊枪上设定合适的钢筋伸出长度和钢筋提升高度,埋弧螺柱焊焊接参数见表 4-22 所示。

表 4-22　埋弧螺柱焊焊接参数

钢筋牌号	钢筋直径/mm	焊接电流/A	焊接时间/s	提升高度/mm	伸出长度/mm	焊剂牌号	焊机型号
HPB300 HRB335 HRBF335 HRB400 HRBF400	6	450~550	3.2~2.3	4.8~5.5	5.5~6.0	HJ 431 SJ 101	RSM1000
	8	470~580	3.4~2.5	5.5~5.5	5.5~6.5		RSM1000
	10	500~600	3.8~2.8	5.0~6.0	5.5~7.0		RSM1000
	12	550~650	4.0~3.0	5.5~5.8	6.5~7.0		RSM1000
	14	600~700	4.4~3.2	5.8~6.6	6.8~7.2		RSM1000/2500
	16	850~1100	4.8~4.0	7.0~8.5	7.5~8.5		RSM2500
	18	950~1200	5.2~4.5	7.2~8.6	7.8~8.8		RSM2500
	20	1000~1250	6.5~5.2	8.0~10.0	8.0~9.0		RSM3150/2500
	22	1200~1350	6.7~5.5	8.0~10.5	8.2~9.2		RSM3150/2500
	25	1250~1400	8.8~7.8	9.0~11.0	8.4~10.0		RSM3150/2500
	28	1350~1550	9.2~8.5	9.5~11.0	9.0~10.5		RSM3150

④按动焊枪上按钮"开"接通电源,钢筋上提,引燃电弧,图 4-35 所示为预埋件钢筋埋弧螺柱焊示意图。

⑤经过设定燃弧时间,钢筋自动插入熔池并断电。

⑥停息数秒钟,打掉渣壳,四周焊包应凸出钢筋表面。当钢筋直径为 18mm 及以下时,凸出高度不得小于 3mm;当钢筋直径为 20mm 及以上时,凸出高度不得小于 4mm。

(a)　　　　　(b)　　　　　(c)　　　　　(d)　　　　　(e)

图 4-35　预埋件钢筋埋弧螺柱焊示意图
(a)套上焊剂挡圈,顶紧钢筋,注满焊剂　(b)接通电源,钢筋上提,引燃电弧
(c)燃弧　(d)钢筋插入熔池,自动断电　(e)打掉渣壳,焊接完成

八、电渣焊机具

1. 全封闭自动钢筋竖向、横向电渣焊机具

全封闭自动钢筋电渣焊机配有竖向和横向卡具,一机可多用,既可以用于钢筋

竖向焊接,也可以用于钢筋水平方向焊接,并且实现了钢筋焊接过程的自动化控制。其特点为:操作简便,全自动程序控制焊接过程,不会受人为因素的影响;焊接卡具是全封闭结构,防尘、防砂,环境适应能力较强;钢筋焊接端部不用进行任何处理;焊接卡具采用的是 28V 低压直流电动机驱动,并且设有上下极限位置自动保护装置,工作安全性较好;焊机控制电路具有过压、过流、挤压和熄弧等自动保护功能,一台控制箱可以带动 4～6 个卡具连续操作,生产效率较高。

(1)设备组成

全封闭自动钢筋电渣焊机的设备组成见表 4-23。

表 4-23　全封闭自动钢筋电渣焊机的设备组成

项次	项目名称	数量
1	全自动钢筋电渣焊机控制箱	1 台
2	带电缆控制箱	1 套 20m
3	钢筋卡具(竖向和横向)	各 1 套(各焊剂盒、铲、钳)
4	控制箱输出电缆	两条
5	($S=70\text{mm}^2$,$L=20\text{m}$)焊把线电缆(用户自备)	两条
6	($S=70\text{mm}^2$)电源电缆(用户自备)	两条
7	(630A 左右)普通电焊机(用户自备)	1 台

图 4-36 所示为全自动钢筋竖向电渣焊机示意图。

$\sim$380V

图 4-36　全自动钢筋竖向电渣焊机示意图

图 4-37 所示为卡具结构示意图。

(2)基本性能

表 4-24 为全封闭自动钢筋电渣焊机基本技术性能。

（a）　　　　　　　　　　　　　　　（b）

图 4-37　卡具结构示意图

(a)竖向焊接卡具　(b)横向焊接卡具

1. 上卡头　2. 紧固螺栓　3. 焊剂盒插口　4. 电动机构　5. 控制盒插座

6. 下钢筋限位标记　7. 下卡头顶丝　8. 下卡头　9. 端盖　10. 把手

11. 左右挡板　12. 铜模　13. 横焊立管　14. 焊剂盒　15. 横向卡具、卡头和基座

表 4-24　全封闭自动钢筋电渣焊机基本技术性能

项次	项目名称		指标
1	额定输入电压/V		380
2	额定输入电流/A		＜140
3	焊接工作电压/V		20～40
4	焊接工作电流/A		350～700
5	焊接钢筋直径：竖向/mm		16～36
	横向/mm		16～32(检验应用范围 16～25)
6	上夹头行程/mm		≥70
7	夹头的提升力及压力/kN		≥15
8	焊剂		HJ431
9	焊剂消耗(g/头)		200
10	焊接时间：竖向(s/头)		≤50
	横向(s/头)		≤110
11	钢筋消耗(mm/头)		20～30
12	工作半径/mm		20
13	配用焊机		BX3-630A

注：①工作环境温度为-10～+50℃。②工作方式为断续工作制，卡具每次焊接间隔时间不小于 5min。
　　③不允许雨天使用。

(3)焊机的配电设备和线路技术要求

①工地供电变压器的容量应大于 100kVA，如与塔吊等用电设备共用，变压器

的容量还须相应加大,以确保焊机工作正常供电,电源电压波动范围不应超出焊机配电的技术要求。

②从配电盘至电焊机的电源线,其导线截面面积要大于 $16mm^2$;当电源线长度大于 100m 时,其导线截面面积要大于 $20mm^2$,以防止线路压降过大。

③焊钳电缆导线(焊把线)截面面积要大于 $70mm^2$,电源线和焊钳电缆的接线头与导线连接应压实焊牢,并且紧固在配电盘及电焊机的接线柱上。

④配电盘上的空气保险开关及漏电保护开关都要大于 150A。

⑤交流 380V 电源电缆及控制箱至卡具控制电缆的走线位置应选择好,以免工地上金属模板或其他重物砸坏电缆;如配电盘、电焊机和卡具相距较近,电缆要拉开放置,不得盘成圆盘。

⑥电焊机和控制箱均应接地线,并应接地良好。

2. 竖向钢筋电渣压力焊机具

钢筋电渣压力焊属于熔化压力焊,它是利用电流通过两根钢筋端部之间产生的电弧热及通过渣池产生的电阻热将钢筋端部熔化,再施加压力使钢筋焊接成为一体的方法。这种方法的特点是施工简便、生产效率高、节约电能、节约钢材、接头质量可靠、成本较低。主要用于现浇钢筋混凝土结构中的竖向或斜向(倾斜度在4∶1范围内)钢筋的连接。

竖向钢筋电渣压力焊是综合焊接,它的特点是集埋弧焊、电渣焊、压力焊三种焊接于一体。焊接开始时,首先应在上下两钢筋端之间引燃电弧,致使电弧周围焊剂熔化形成空穴,然后在监视焊接电压的情况下,进行"电弧过程"延时,通过电弧热量,一方面使电弧周围的焊剂不断熔化,以使渣池形成一定的深度;另一方面使钢筋端面逐渐烧平,为获得优良的接头创造条件。接着,应将上钢筋端部潜入渣池中,电弧熄灭,再进行"电渣过程"的延时,通过电阻热能使钢筋全断面熔化且形成有利于确保焊接质量的端面形状。最后,在断电的同时迅速进行挤压,排除全部熔渣及熔化金属,形成焊接接头。图 4-38 所示为电渣压力焊工艺过程。

钢筋电渣压力焊接通常适合于 HPB300、HRB335 级直径 14~40mm 钢筋的连接。

(1)焊机分类

目前的焊机种类繁多,大致分类如下。

按照整机组合方式分类分为分体式焊机和同体式焊机。

分体式焊机有焊接电源(包括电弧焊机)、焊接夹具、控制系统及辅件(焊剂盒,回收工具等)。此外,还包括控制电缆、焊接电缆等附件。便于充分利用现有电弧焊机,节省投资是分体式焊机的特点。

同体式焊机是指将控制系统的电气元件组合在焊接电源内,另外配有焊接夹

图 4-38　电渣压力焊工艺过程

(a)电弧引燃过程　(b)造渣过程　(c)电渣过程延时　(d)挤压过程

具、电缆等。可以一次投资到位,购入就可使用是同体式焊机的特点。

按照操作方式分类分为手动式焊机和自动式焊机。

手动式焊机是由焊工操作。这种焊机由于装有自动信号装置,又可称为半自动焊机,图 4-39 所示为杠杆式单柱焊接机头示意图,图 4-40 所示为丝杠转动式双柱焊接机头示意图。

图 4-39　杠杆式单柱焊接机头示意图

1. 钢筋　2. 焊剂盒　3. 单导柱
4. 下夹头　5. 上夹头　6. 手柄
7. 监控仪表　8. 操作手把　9. 开关
10. 控制电缆　11. 插座

图 4-40　丝杠转动式双柱焊接机头示意图

1. 伞形齿轮箱　2. 手柄　3. 升降丝框
4. 夹紧装置　5. 上夹头　6. 导管
7. 双导柱　8. 下夹头　9. 操作盒
10. 钢筋　11. 焊剂盒

自动式焊机可自动完成电弧、电渣以及顶压过程,可减轻劳动强度,但是电气线路比较复杂。自动焊接卡具构造示意图如图 4-41 所示。

图 4-41　自动焊接卡具构造示意图

1. 下卡头　2. 绝缘层　3. 支柱　4. 丝框　5. 传动螺母
6. 滑套　7. 推力轴承　8. 伺服电动机　9. 上卡头

(2)焊接电源

可以采用额定焊接电源为 500A 或 500A 以上的弧焊电源(电弧焊机)作为焊接电源,交流或直流都可以。焊接电源的次级空载电压要高,这样便于引弧。

焊机的容量根据所焊钢筋直径选定。常用的交流弧焊机包括 BX3-500-2、BX3-650、BX2-700、BX2-1000 等,也可以选用 JSD-600 型或 JSD-1000 型专用电源;直流弧焊电源可以用 ZX5-630 型晶闸管弧焊整流器或硅弧焊整流器。电渣压力焊电源性能指标见表 4-25。

表 4-25　电渣压力焊电源性能指标

项目	JSD-600		JSD-1000	
电源电压/V	380		380	
电源相数/相	3		3	
输入容量/kVA	45		76	
空载电压/V	80		78	
负载持续率(%)	60	35	60	35

续表 4-25

项目	JSD-600		JSD-1000	
初级电流/A	116		196	
次级电流/A	600	750	1000	1200
次级电压/V	22～45		22～45	
可焊接钢筋直径/mm	14～32		22～40	

（3）焊接夹具

焊接夹具由立柱、传动机构、上下夹钳、焊剂（药）盒等构成,并且装有监控装置,有控制开关、次级电压表、时间指示灯（显示器）等。

夹具的主要作用是用来夹住上、下钢筋,使钢筋定位同心;传导焊接电流;保证焊药盒直径与钢筋直径相适应,以便装卸焊药;装有便于准确掌握各项焊接参数的监控装置。

（4）控制箱

控制箱的作用是利用焊工操作（在焊接夹具上按按钮）,致使弧焊电源的初级线路接通或断开。

（5）焊剂

焊剂可采用高锰、高硅、低氢型 HJ-431 焊剂。焊剂的作用是使熔渣形成渣池,使钢筋接头成型良好,且保护熔化金属及高温金属,防止氧化、氮化作用的发生。使用前一定要经 250℃烘烤 2h。落地的焊剂可回收,并应过 5mm 筛子去除熔渣,然后过铜箩底筛一遍并烘烤 2h,最后再过铜箩底筛一遍,才可与新焊剂各掺半混合使用。

焊剂盒下口尺寸见表 4-26。焊剂盒可以做成合瓣圆柱体,其下口是锥体,锥体口直径（d_2）可以按表 4-26 选用。

表 4-26　焊剂盒下口尺寸

焊接钢筋直径/mm	锥体口直径/mm
40	46
32	36
28	32

第三节　钢筋电阻点焊

一、电阻点焊的特点

混凝土结构中的钢筋焊接骨架和焊接网,宜采用电阻点焊制作。

在钢筋骨架和钢筋网中,以电阻点焊代替绑扎,既可以提高劳动生产率,提高骨架和网的刚度,也可以提高钢筋(丝)的设计计算强度,因此宜积极推广应用。

二、电阻点焊的适用范围

电阻点焊适用于 $\phi 8 \sim 16$ HPB300 热轧光圆钢筋, $\phi 6 \sim 16$ HRB335、HRB400 热轧带肋钢筋, $\phi 4 \sim 12$ CRB550 冷轧带肋钢筋, $\phi 3 \sim 5$ 冷拔低碳钢丝的焊接。

对于不同直径钢筋(丝)焊接的情况,系指较小直径钢筋(丝),即焊接骨架、焊接网两根不同直径钢筋焊点中直径较小的钢筋。

三、交流弧焊电源

交流弧焊电源也称弧焊变压器,交流弧焊机是一种最常用的焊接电源,具有材料省、成本低、效率高、使用可靠、维修容易等优点。

弧焊变压器是一种特殊的降压变压器,具有陡降的外特性。为了保证外特性陡降及交流电弧稳定燃烧,在电源内部应有较大的感抗。获得感抗的方法,一般是靠增加变压器本身的漏磁或在漏磁变压器的次级回路中串联电抗器。为了能够调节焊接电流,变压器的感抗值是可调的(改变动铁心、动绕组的位置或调节铁心的磁饱和程度)。

根据获得陡降外特性的方法不同,弧焊变压器可归纳为两大类,即串联电抗器类和漏磁类。常用的有三种系列:BX1 系列、BX2 系列、BX3 系列。BX2 系列属于串联电抗器类,BX1 系列和 BX3 系列属于漏磁类。此外,还有 BX6 系列抽头式便携交流弧焊机等。

1. 对弧焊电源的基本要求

电弧能否稳定地燃烧,是保证获得优质焊接接头的主要因素之一,为了使电弧稳定燃烧,对弧焊电源有以下基本要求。

(1)陡降的外特性(下降外特性)

焊接电弧具有把电能转变为热能的作用。电弧燃烧时,电弧两端的电压降与通过电弧的电流值不是固定成正比,其比值随电流大小的不同而变化,电压降与电流的关系可用电弧的静特性曲线来表示,图4-42 所示为电阻特性与电弧静特性的比较。焊接时,电弧的静特性曲线随电弧长度变化而不同。在弧长一定的条件下,小电流时,电弧电压随电流的增加而急剧下降;当电流继续增加,大于 60A 时,则电弧电压趋于一个常数。焊条电弧焊时,常用的电流范围在水平段,即焊条电弧焊时,可单独调节电流的大小,而保持电弧电压基本不变。

为了达到焊接电弧由引弧到稳定燃烧,并且短路时不会因产生过大电流而将弧焊机烧毁,求引弧时,供给较高的电压和较小的电流;当电弧稳定燃烧时,电流增大,而电压应急剧降低;当焊条与工件短路时,短路电流不应太大,而应限制在一定范围内,一般弧焊机的短路电流不超过焊接电流的 1.5 倍,能够满足这样要求的电源称为具有陡降外特性或称下降外特性的电源。焊接电源的陡降外特性曲线如图 4-43 所示。

图 4-42　电阻特性与电弧静特性的比较

a—电阻特性　*b*—电弧静特性

Ⅰ—降特性段　Ⅱ—平特性段　Ⅲ—上升特性段

图 4-43　焊接电源的陡降外特性曲线

1. 普通照明电源平直外特性曲线

2. 焊接电源陡降外特性曲线

3. 电弧燃烧的静特性曲线　4. 电弧燃烧点

U_0—空载电压　I_h焊接电流　I_d—短路电流

（2）适当的空载电压

目前我国生产的直流弧焊机的空载电压大多在 40～90V 之间;交流弧焊机的空载电压大多在 60～80V 之间。弧焊机的空载电压过低,不易引燃电弧;过高,在灭弧时易连弧。过低或过高都会给操作带来困难,空载电压过高,还对焊工安全不利。

（3）良好的动特性

焊接过程中,弧焊机的负荷总是在不断地变化。例如,引弧时,先将焊条与工件短路,随后又将焊条拉开;焊接过程中,熔滴从焊条向熔池过渡时,可能发生短路,接着电弧又拉长等,都会引起弧焊机的负荷发生急剧的变化。由于在焊接回路中总有一定感抗存在,再加上某些弧焊机控制回路的影响,弧焊机的输出电流和电压不可能迅速地依照外特性曲线来变化,而要经过一定时间后才能在外特性曲线上的某一点稳定下来。弧焊机的结构不同,这个过程的长短也不同,这种性能称为弧焊机的动特性。

弧焊机动特性良好时,其使用性能也好,引弧容易,电弧燃烧稳定,飞溅较少,施焊者明显地感到焊接过程很"平静"。

常用的弧焊变压器有四种系列:BX1 系列,动铁式;BX2 系列,同体式;BX3 系列,动圈式;BX6 系列,抽头式。

2. BX2-1000 型弧焊变压器

BX2 系列弧焊变压器有 BX2-500 型、BX2-700 型、BX2-1000 型和 BX2-2000 型等多种型号。

BX2-1000 型弧焊变压器的结构属于同体组合电抗器式。弧焊变压器的空载电压为 69～78V,工作电压为 42V,电流调节范围为 400～1200A。该种弧焊变压器常用作预埋件钢筋埋弧压力焊的焊接电源。

(1)BX2-1000 型弧焊变压器结构

BX2-1000 型弧焊变压器是一台与普通变压器不同的同体式降压变压器。其变压器部分和电抗器部分是装在一起的,铁心形状为"日"字形,并在上部装有可动铁心,改变它与固定铁心的间隙大小即可改变感抗的大小,达到调节电流的目的。

在变压器的铁心上绕有三个线圈:初级、次级及电抗线圈。初级线圈和次级线圈绕在铁心的下部,电抗线圈绕在铁心的上部,与次级线圈串联。在弧焊变压器的前后装有一块接线板,电流调节电动机和次级接线板在同一方向。

(2)工作原理

BX2-1000 型弧焊变压器原理如图 4-44 所示。弧焊变压器的陡降外特性是借电抗线圈所产生的电压降来获得的。

空载时,由于无焊接电流通过,电抗线圈不产生电压降。因此,空载电压基本上等于次级电压,便于引弧。

焊接时,由于焊接电流通过,电抗线圈产生电压降,从而获得陡降的外特性。

短路时,大电流通过电抗线圈产生很大的电压降,使次级线圈的电压接近于零,限制了短路电流。

(3)焊接电流的调节

BX2-1000 型弧焊变压器只有一种调节电流的方法,它是利用移动可动铁心,改变它与固定铁心的间隙。当电动机顺时针方向转动时,使铁心间隙增大,电抗减小,焊接电流增加;反之,焊接电流则减小。

图 4-44 中,变压器的初级接线板上装有铜接片,当电网电压正常时,金属连接片 80、81 两点接通,使用较多的初级匝数,若电网电压下降 10%,即 340V 以下时,应将连接片换至 79、82 两点接通,使初级匝数降低,使次级空载电压提高。

BX2-1000 型弧焊变压器外特性曲线如图 4-45 所示。其中,曲线 1 为动铁心在最内位置,曲线 2 为动铁心在最外位置。

(4)BX2-1000 型弧焊变压器性能

BX2-1000 型弧焊变压器性能见表 4-27。

图 4-44　BX2-1000 型弧焊变压器原理图

W_1—初级绕组　　W_2—次级绕组

W_3—电抗器绕组

δ—空气隙　　D—电流调节电动机

图 4-45　BX2-1000 型弧焊变压器外特性曲线

表 4-27　BX2-1000 型弧焊变压器性能

	额定工作电压/V	42(40~46)
	额定负载持续率/%	60
	额定焊接电流/A	1000
输出	空载电压/V	69~78
	焊接电流调节范围/A	400~1200
	额定输出功率/kW	42

续表 4-27

输入	额定输入容量/kVA	76
	初级电压/V	220 或 380
	频率/Hz	50
效率/%		90
功率因数(cosψ)		0.62
质量/kg		560

3. 交流弧焊电源常见故障及消除方法

交流弧焊电源的常见故障及消除方法见表 4-28。

表 4-28　交流弧焊电源的常见故障及消除方法

序号	故障现象	产生原因	消除方法
1	变压器过热	①变压器过载 ②变压器绕组短路	①降低焊接电流 ②消除短路处
2	导线接线处过热	接线处接触电阻过大或接线螺栓松动	将接线松开,用砂纸或小刀将接触面清理出金属光泽,然后旋紧螺栓
3	手柄摇不动,次级绕组无法移动	次级绕组引出电缆卡住或挤在次级绕组中,螺套过紧	拨开引出电缆,使绕组能顺利移动;松开紧固螺母,适当调节螺套,再旋紧固螺母
4	可动铁心在焊接时发出响声	可动铁心的制动螺栓或弹簧太松	旋紧螺栓,调整弹簧
5	焊接电流忽大忽小	动铁心在焊接时位置不稳定	将动铁心调节手柄固定或将铁心固定
6	焊接电流过小	①焊接导线过长、电阻大 ②焊接导线盘成盘形,电感大 ③电缆线接头或与工件接触不良	①减短导线长度或加大线径 ②将导线放开,不要成盘形 ③使接头处接触良好

4. 辅助设备和工具

(1)自控远红外电焊条烘干炉(箱)

用于焊条脱水烘干,具有自动控温、定时报警的功能,分单门和双门两种。单门只具有脱水烘干功能;双门具有脱水烘干和贮藏保温的功能。一般工程选用每次能烘干 20kg 焊条的烘干炉已足够。

(2)焊条保温筒

将烘干的焊条装入筒内,带到工地,接到电弧焊机上,利用电弧焊机次级电流加热,使筒内始终保持 135℃±15℃温度,避免焊条再次受潮。

（3）钳形电流表

用来测量焊接时次级电流值,其量程应大于使用的最大焊接电流。

（4）焊接电缆

焊接电缆为特制多股橡皮套软电缆,焊条电弧焊时,其导线截面积一般为 $50mm^2$;电渣压力焊时,其导线截面积一般为 $75mm^2$。

（5）面罩及护目玻璃

面罩及护目玻璃都是防护用具,以保护焊工面部及眼睛不受弧光灼伤,面罩上的护目玻璃有减弱电弧光和过滤红外线、紫外线的作用。它有各种色泽,以墨绿色和橙色为多。

选择护目玻璃的色号,应根据焊工年龄和视力情况;装在面罩上的护目玻璃外加白玻璃,以防金属飞溅脏污护目玻璃。

（6）清理工具

清理工具包括錾子、钢丝刷、锉刀、锯条、榔头等。这些工具用于修理焊缝,清除飞溅物,挖除缺陷。

四、直流弧焊电源

直流弧焊电源包括直流弧焊发电机和弧焊整流器。

弧焊整流器包括硅弧焊整流器、晶闸管弧焊整流器、逆变弧焊整流器。

1. 直流弧焊发电机

直流弧焊发电机坚固耐用,不易出故障,工作电流稳定,深受施工单位的欢迎。但是它效率低,电能消耗多、磁极材料消耗多、噪声大,故由电动机驱动的弧焊发电机现已很少生产,且逐渐被淘汰,但内燃机驱动的弧焊发电机是野外施工常用焊机。

直流弧焊发电机按照结构的不同,有差复激式弧焊发电机、裂极式弧焊发电机、换向极去磁式弧焊发电机三种,其中,以前两种弧焊发电机应用较多。

（1）AX-320 型直流弧焊发电机

该种焊机属裂极式,空载电压 50～80V、工作电压 30V、电流调节范围 45～320A。它有 4 个磁极,水平方向的磁极称为主极,垂直方向的磁极称为交极,南北极不是互相交替,而是两个北极、两个南极相邻配置,主极和交极仿佛由一个电极分裂而成,故称裂极式。

（2）AX-250 型差复激式弧焊发电机

差复激式弧焊发电机原理如图 4-46 所示。负载时它的工作磁通是他激磁通 Φ_1 与串激去磁磁通 Φ_2 之差,故名差复激式。负载电压 $U=K(\Phi_1-\Phi_2)$,Φ_1 恒定,

Φ_2 与负载电流成正比,故增加则 U 下降,输出为下降特性。

AX-250 型焊机的额定焊接电流 250A,电流调节范围 50～300A,空载电压 50～70V,工作电压 22～32V。

这种焊机的优点是结构简单、坚固、耐用,工作可靠,噪声小,维修方便和效率高。但与电子控制的弧焊电源比较,存在其可调的焊接工艺参数少,调节不够灵活、不够精确,并受网路电压波动影响较大等缺点。因此,已逐步被晶闸管(可控硅)弧焊电源所代替。

图 4-46　差复激式弧焊发电机原理图

2. 硅弧焊整流器

硅弧焊整流器是弧焊整流器的基本形式之一,它以硅二极管作为弧焊整流器的元件,故称硅弧焊整流器或硅整流焊机。

硅弧焊整流器是将 50/60Hz 的单相或三相交流网路电压,利用降压变压器 T 降为几十伏的电压,经硅整流器 Z 整流和输出电抗器 L_{de} 滤波,从而获得直流电,对电弧供电,如图 4-47(a)所示。此外,还有外特性调节机构,用以获得所需的外特性和进行焊接电压和电流的调节,一般有机械调节和电磁调节两种,在机械调节中,其所采用的动铁式、动圈式的主变压器与弧焊变压器基本相同;在电磁调节中,利用接在降压变压器和硅整流器之间的磁饱和电抗器(磁放大器)以获得所需要的外特性。

3. ZX5-400 型晶闸管弧焊整流器

晶闸管弧焊整流器是利用晶闸管桥来整流,可获得所需要的外特性以及调节电压和电流,而且完全用电子电路来实现控制功能。如图 4-47(b)所示,T 为降压变压器,SCR 为晶闸管桥,L_{dc} 为滤波用电抗器,M 为电流、电压反馈检测电路,G 为给定电压电路,K 为运算放大器电路。

ZX5 系列晶闸管弧焊整流器有 ZX5-250、ZX5-400、ZX5-630 等多种型号。

(a)　　　　　　　　　　　(b)

图 4-47　基本原理示意图

(a)硅弧焊整流器基本原理　(b)晶闸管弧焊整流器基本原理

4. 逆变弧焊整流器

逆变弧焊整流器是弧焊电源的最新发展,它是采用单相或三相 $50/60Hz(f_1)$ 的交流网路电压经输入整流器 Z_1 整流和电抗器滤波,借助大功率电子开关的交替开关作用,又将直流变换成几千至几万赫兹的中高频(f_2)交流电,再分别经中频变压器 T、整流器 Z_2 和电抗器 L_{dc} 的降压、整流和滤波,就得到所需要的焊接电压和电流,即:AC—DC—AC—DC。图 4-48 所示为逆变弧焊整流器基本原理。

图 4-48　逆变弧焊整流器基本原理示意图

该种焊机的优点是高效节能、质量轻、体积小、良好动特性、调节速度快,故应用越来越广泛。

5. 直流弧焊电源常见故障及消除方法

直流弧焊发电机常见故障及消除方法见表 4-29。

表 4-29　直流弧焊发电机的常见故障及消除方法

序号	故障现象	产生原因	消除方法
1	电动机反转	三相电动机与电源网路接线错误	三相中任意两相调换
2	焊接过程中电流忽大忽小	①电缆线与工件接触不良 ②网路电压不稳 ③电流调节器可动部分松动 ④电刷与铜头接触不良	①使电缆线与工件接触良好 ②使网路电压稳定 ③固定好电流调节器的松动部分 ④使电刷与铜头接触良好
3	焊机过热	①焊机过载 ②电枢线圈短路 ③换向器短路 ④换向器脏污	①减小焊接电流 ②消除短路处 ③消除短路处 ④清理换向器,去除污垢
4	电动机不启动并发出响声	三相熔断丝中有某一相烧断	更换新熔断丝
		电动机定子线圈烧断	消除断路处
5	导线接触处过热	接线处接触电阻过大或接触处螺栓松动	将接线松开,用砂纸或小刀将接触面清理出金属光泽

弧焊整流器的使用和维护与交流弧焊机相似,不同的是它装有整流部分。因

此,必须根据弧焊机整流和控制部分的特点进行使用和维护。当硅整流器损坏时,要查明原因,排除故障后,才能更换新的硅整流器。弧焊整流器的常见故障及消除方法见表4-30。

表4-30　弧焊整流器的常见故障及消除方法

序号	故障现象	产生原因	消除方法
1	机壳漏电	电源接线误碰机壳	消除碰处
		变压器、电抗器、风扇及控制线圈元件等碰机壳	消除碰处
2	空载电压过低	①电源电压过低 ②变压器绕组短路 ③硅元件或晶闸管损坏	①调高电源电压 ②消除短路 ③更换硅元件或晶闸管
3	电流调节失灵	①控制绕组短路 ②控制回路接触不良 ③控制整流器回路元件击穿 ④印刷线路板损坏	①消除短路 ②使接触良好 ③更换元件 ④更换印刷线路板
4	焊接电流不稳定	①主回路接触器抖动 ②风压开关抖动 ③控制回路接触不良、工作失常	①消除抖动 ②消除抖动 ③检修控制回路
5	工作中焊接电压突然降低	①主回路部分或全部短路 ②整流元件或晶闸管击穿或短路 ③控制回路断路	①消除短路 ②更换元件 ③检修控制整流回路
6	电表无指示	①电表或相应接线短路 ②主回路出故障 ③饱和电抗器和交流绕组断线	①修复电表或接线短路处 ②排除故障 ③消除断路处
7	风扇电机不动	①熔断器熔断 ②电动机引线或绕组断线 ③开关接触不良	①更换熔断器 ②接好或修好断线 ③使接触良好

五、焊条

1. 焊条的组成材料及其作用

(1)焊芯

焊芯是焊条中的钢芯。焊芯在电弧高温作用下与母材熔化在一起,形成焊缝,焊芯的成分对焊缝质量有很大影响。

焊芯的牌号用"H"表示,后面的数字表示含碳量。其他合金元素含量的表示方法与钢号大致相同。质量水平不同的焊芯在最后标以一定符号以示区别。如 H08 表示含碳量为 0.08%～0.10%的低碳钢焊芯；H08A 中的"A"表示优质钢，其硫、磷含量均不超过 0.03%；含硅量不超过 0.03%；含锰量 0.30%～0.55%。

熔敷金属的合金成分主要从焊芯中过渡，也可以通过焊条药皮来过渡合金成分。

常用焊芯的直径为 $\phi 2.0$、$\phi 2.5$、$\phi 3.2$、$\phi 4.0$、$\phi 5.0$、$\phi 5.8$。焊条的规格通常用焊芯的直径来表示。焊条长度取决于焊芯的直径、材料、焊条药皮类型等。随着直径的增加，焊条长度也相应增加。

(2)焊条药皮

药皮的作用：

①保证电弧稳定燃烧，使焊接过程正常进行。

②利用药皮熔化后产生的气体保护电弧和熔池，防止空气中的氮、氧进入熔池。

③药皮熔化后形成熔渣覆盖在焊缝表面保护焊缝金属，使它缓慢冷却，有助于气体逸出，防止气孔的产生，改善焊缝的组织和性能。

④进行各种冶金反应，如脱氧、还原、去硫、去磷等，从而提高焊缝质量，减少合金元素烧损。

⑤通过药皮将所需要的合金元素掺入到焊缝金属中，改进和控制焊缝金属的化学成分，以获得所希望的性能。

⑥药皮在焊接时形成套筒，保证熔滴过渡到熔池，可进行全位置焊接，同时使电弧热量集中，减少飞溅，提高焊缝金属熔敷效率。

药皮的组成：焊条的药皮成分比较复杂，根据不同用途有下列数种。

①稳弧剂是一些容易电离的物质，多采用钾、钠、钙的化合物，如碳酸钾、长石、白垩、水玻璃等，能提高电弧燃烧的稳定性，并使电弧易于引燃。

②造渣剂都是些矿物，如大理石、锰矿、赤铁矿、金红石、高岭土、花岗石、长石、石英砂等。造成熔渣后，主要是一些氧化物，其中有酸性的 SiO_2、TiO_2、P_2O_2 等，也有碱性的 CaO、MnO、FeO 等。

③造气剂是有机物，如淀粉、糊精、木屑等；无机物，如 $CaCO_3$ 等，这些物质在焊条熔化时能产生大量的一氧化碳、二氧化碳、氢气等，包围电弧，保护金属不被氧化和氮化。

④脱氧剂常用的有锰铁、硅铁、钛铁等。

⑤合金剂常用的有锰铁、铬铁、钼铁、钒铁等铁合金。

⑥稀渣剂常用萤石或二氧化钛，以此稀释熔渣，增加其活性。

⑦胶粘剂用水玻璃，其作用是使药皮各组成物粘结起来并粘结于焊芯周围。

2. 焊条的保管与使用

(1)焊条的保管

①各类焊条必须分类、分牌号存放,避免混乱。

②焊条必须存放于通风良好、干燥的仓库内,需垫高并离墙 0.3m 以上,使上下左右空气流通。

(2)焊条的使用

①焊条应有制造厂的合格证,凡无合格证或对其质量有怀疑时,应按批抽查试验,合格者方可使用,存放多年的焊条应进行工艺性能试验后才能使用。

②焊条如发现内部有锈迹,须试验合格后方可使用。焊条受潮严重,药皮脱落者,一概予以报废。

③焊条使用前,一般应按说明书规定烘焙温度进行烘干。

碱性焊条的烘焙温度一般为 350℃烘焙 1~2h。酸性焊条要根据受潮情况,在 70℃~150℃烘焙 1~2h。若贮存时间短且包装完好,使用前也可不再烘焙。烘焙时,烘箱应徐徐升高,避免将冷焊条放入高温烘箱内,或突然冷却,以免药皮开裂。

3. 焊条的质量检验

首先进行外观质量检验,之后进行实际施焊,评定焊条的工艺性能,然后焊接试板,进行各项力学性能检验。

六、焊条电弧焊工艺

1. 点焊工艺

电阻点焊的工艺过程中,应包括预压、通电、锻压三个阶段,图 4-49 所示为点焊过程示意图。

(1)预压阶段

在压力作用下,两钢筋接触点的原子开始靠近,逐步消除一部分表面的不平和氧化膜,形成物理接触点。

(2)通电阶段

通电阶段包括两个过程:在通电开始一段时间内,接触点面积扩大,固态金属因加热而膨胀,在焊接压力作用下,焊接处金

图 4-49　点焊过程示意图

t_1—预压时间　　t_2—通电时间　　t_3—锻压时间

属产生塑性变形,并挤向钢筋间缝隙中;继续加热后,开始出现熔化点,并逐渐扩大成所要求的核心尺寸时切断电流。

如果加热过急,容易发生飞溅,要注意调整焊接参数,飞溅使核心液态金属减少,表面形成深度压坑,影响美观,降低力学性能;当产生飞溅时,应适当提高电极

压力,降低加热速度。

(3)锻压阶段

锻压阶段由减小或切断电流开始,至熔核完全冷却凝固后结束。

在锻压阶段中,熔核是在封闭塑性环中结晶,其加热集中,温度分布陡,加热与冷却速度极快,因此当参数选用不当时,会出现裂纹、缩孔等缺陷。点焊的裂纹有核心内部裂纹,结合线裂纹及热影响区裂纹。当熔核内部裂纹穿透到工件表面时,也成为表面裂纹,点焊裂纹一般都属于热裂纹。当液态金属结晶而收缩时,如果冷却过快,锻压力不足,塑性区的变形来不及补充,则会形成缩孔,这时就要调整参数。

2. 点焊参数

点焊质量与焊机性能、焊接工艺参数有很大关系。焊接工艺参数指组成焊接循环过程和决定点焊工艺特点的参数,主要有焊接电流 I_w、焊接压力(电极压力) F_w、焊接通电时间 t_w、电极工作端面几何形状与尺寸等。

当 I_w 很小时,焊接处不能充分加热,始终不能达到熔化温度,增大 I_w 后出现熔化核心,但尺寸过小,仍属未焊透。当达到规定的最小直径和压入深度时,接头有一定强度。随着 I_w 增加,核心尺寸比较大时,电流密度降低,加热速度变缓。当 F_w 增加过大时,加热急剧,就出现飞溅,产生缩孔等缺陷。

改变电流通电时间 t_w,与改变 I_w 的影响基本相似,随着 t_w 的增加,焊点尺寸不断增加,当达到一定值时,熔核尺寸比较稳定。

电极压力 F_w 对焊点形成有双重作用。从热的观点看,F_w 决定工件间接触面各接点变形程度,因而决定了电流场的分布,影响着热源 R_c 及 R_j 的变化:F_w 增大时,工件与电极间接触改善,散热加强,因而总热量减少。熔核尺寸减小。从力的观点看,F_w 决定了焊接区周围塑性环变形程度,因此,对形成裂纹、缩孔也有很大关系。

不同的 I_w 与 F_w 可匹配成以加热速度快慢为主要特点的两种不同参数:强参数与弱参数。图 4-50 所示为钢筋点焊时温度分布示意图。

强参数:电流大、时间短,加热速度很快,焊接区温度分布陡、加热区窄、表面质量好、接头过热组织少,接头综合性能好,生产率高。只要参数控制较精确,且焊机容量足够(包括电与机械两个方面),便可采用。但因加热速度快,如果控制不当,易出现飞溅等缺

图 4-50 钢筋点焊时温度分布示意图
实线为强参数 虚线为弱参数;
T_r—熔化温度

陷,所以,必须相应提高电极压力 F_w,以避免出现缺陷,并获得较稳定的接头质量。

弱参数:当焊机容量不足,钢筋直径大,变形困难或塑性温度区过窄,并有淬火组织时,可采用加热时间较长、电流较小的弱参数。弱参数温度分布平缓,塑性区宽,在压力作用下易变形,可消除缩孔,降低内应力。

采用 DN3-75 型点焊机焊接 HPB300 钢筋和冷拔低碳钢丝时,焊接通电时间和电极压力分别见表 4-31 和表 4-32。

表 4-31　采用 DN3-75 型点焊机焊接通电时间(s)

变压器级数	较小钢筋直径/mm							
	3	4	5	6	8	10	12	14
1	0.08	0.10	0.12	—	—	—	—	—
2	0.05	0.06	0.07	—	—	—	—	—
3	—	—	—	0.22	0.70	1.50	—	—
4	—	—	—	0.20	0.60	1.25	2.50	4.00
5	—	—	—	—	0.50	1.00	2.00	3.50
6	—	—	—	—	0.40	0.75	1.50	3.00
7	—	—	—	—	—	0.50	1.20	2.50

注:点焊 HRB335、HRB400 钢筋或冷轧带肋钢筋时,焊接通电时间延长 20%～25%。

表 4-32　钢筋点焊时的电极压力(N)

较小钢筋直径/mm	HPB300 钢筋、冷拔低碳钢丝	HRB335、HRB400 钢筋、冷轧带肋钢筋
3	980～1470	—
4	980～1470	1470～1960
5	1470～1960	1960～2450
6	1960～2450	2450～2940
8	2450～2940	3940～3430
10	2940～3920	3430～3920
12	3430～4410	4410～4900
14	3920～4900	4900～5880

3. 压入深度

一个好的焊点,从外观上,要求表面压坑浅、平滑,呈均匀过渡,表面无裂纹及粘附的铜合金。从内部看,熔核形状应规则、均匀,熔核尺寸应满足结构和强度的要求;熔核内部无贯穿性或超越规定值的裂纹;熔核周围无严重过热组织及不允许的焊接缺陷。

如果焊点没有缺陷,或者缺陷在规定的限值之内,那么,决定接头强度与质量的就是熔核的形状与尺寸。钢筋熔核直径难以测量,但可以用压入深度 d_y 来表示。所谓压入深度就是两钢筋(丝)相互压入的深度,如图 4-51 所示,其计算式如下：

$$d_y = (d_1 + d_2) - h \tag{4-1}$$

式中　d_1——较小钢筋直径；d_2——较大钢筋直径；h——焊点钢筋高度。

以 $\phi6+\phi6$ 钢筋焊点为例，当压入深度为 0 时，焊点钢筋高度为 12mm，熔核直径 d_r 为零。当压入深度为较小钢筋直径的 20% 时，焊点钢筋高度为 10.8mm，计算熔核直径 d_r 为 4.6mm，如图 4-52(a) 所示。当压入深度为较小钢筋直径的 30% 时，焊点钢筋高度为 10.2mm，计算熔核直径 d_r 为 5.4mm，如图 4-52(b) 所示。

图 4-51　压入深度

d_y—压入深度　h—焊点钢筋高度

图 4-52　钢筋电阻点焊的熔核直径

d_r—熔核直径

《钢筋焊接及验收规程》(JGJ 18—2012)规定焊点压入深度应为较小钢筋直径的 18%~25%。

规定钢筋电阻焊点压入深度的最小比值，是为了保证焊点的抗剪强度。规定最大比值，对冷拔低碳钢丝和冷轧带肋钢筋，是为了保证焊点的抗拉强度；对热轧钢筋，是为了防止焊点压塌。

4. 表面准备与分流

焊件表面状态对焊接质量有很大影响。点焊时，电流大、阻抗小，故次级电压低，一般不大于 10V。这样，工件上的油污、氧化皮等均属不良导体。在电极压力作用下，氧化膜等局部破碎，导电时改变了焊件上电流场的分布，使个别部位电流线密集，热量过于集中，易造成焊件表面烧伤或沿焊点外缘烧伤。清理良好的表面将使焊接区接触良好，熔核周围金属压紧范围也将扩大，在同样参数下焊接时塑性环较宽，从而提高了抗剪力。

点焊时不经过焊接区，未参加形成焊点的那一部分电流叫作分流电流，简称分流图 4-53 所示为钢筋点焊时的分流现象。

钢筋网片焊点点距是影响分流大小的主要因素。已形成的焊点与焊接处中心距离越小，分流电阻 R_f 就越小，分流电流 I_f 增加，使熔核直径 d_r 减小，抗剪力降低。因此，在焊接生产中，要注意分流的影响。

5. 钢筋多点焊

在钢筋焊接网生产中，宜采用钢筋多点焊机。这时，要根据网的纵筋间距调整好点焊机电极的间距,注意检查各个电极的电极压力、焊接电流以及焊接通电时间等各项参数的一致,以保持各个焊点质量的稳定性。

6. 电极直径

因为电极决定着电流场分布和40%以上热量的散失,所以电极材料、形状、冷却条件及工作端面的尺寸都直接影响着焊点强度。在焊接生产时,要根据钢筋直径选用合适的电极端面尺寸,见表4-33所示,并经常保持电极与钢筋之间接触表面的清洁平整。若电极使用变形,应及时修整。安装时,上下电极的轴线必须呈一直线,不得偏斜和漏水。

图 4-53　钢筋点焊时的分流现象

I_2—次级电流　I_h—流经焊点焊接电流　I_f—分流电流

表 4-33　电极直径

较小钢筋直径/mm	电极直径/mm
3～10	30
12～14	40

7. 点焊制品焊接缺陷及消除措施

在钢筋点焊生产中,若发现焊接制品有外观缺陷,应及时查找原因,并且采取措施予以防止和消除,见表4-34所示。

表 4-34　点焊制品焊接缺陷及消除措施

项次	缺陷种类	产生原因	消除措施
1	焊点过烧	①变压器级数过高 ②通电时间太长 ③上下电极不对中心 ④继电器接触失灵	①降低变压器级数 ②缩短通电时间 ③切断电源、校正电极 ④清理触点、调节间隙
2	焊点脱落	①电流过小 ②压力不够 ③压入深度不足 ④通电时间太短	①提高变压器级数 ②加大弹簧压力或调大气压 ③调整两电极间距离,符合压入深度要求 ④延长通电时间
3	钢筋表面烧伤	①钢筋和电极接触表面太脏 ②焊接时没有预压过程或预压力过小 ③电流过大 ④电极变形	①清刷电极与钢筋表面的铁锈和油污 ②保证预压过程和适当的预压力 ③降低变压器级数 ④修理或更换电极

8.悬挂式点焊钳的应用

使用悬挂式点焊钳进行焊接有很大的优越性,由于点焊钳挂在轨道上,而各操作按钮均在点焊钳面板上,可以随意灵活移动,适合于焊接各种几何形状的钢筋网片和钢筋骨架。

焊接工艺参数根据钢筋牌号、直径选用,与采用气压式点焊机时相同,焊点压入深度一般为较小钢筋(丝)的 25%。焊点质量检验做抗剪试验和拉伸试验,应全部合格。

使用该种点焊钳,工作面宽、灵活、适用性强,既能减轻焊工劳动强度,又可提高生产率。

第四节　钢筋与箍筋闪光对焊

一、钢筋闪光对焊的基本原理

1. 闪光对焊的加热

闪光对焊是利用焊件内部的电阻和接触电阻所产生的电阻热,对焊件进行加热进而实现焊接。闪光对焊时,焊件内部的电阻可以按照钢筋电阻估算,其中某温度下的电阻系数 ρ 可以根据闪光对焊温度下分布曲线的规律来确定。

在闪光对焊过程中,焊缝端面上形成了连续不断的液体过梁(液体小桥),且又连续不断地爆破,进而在焊缝端面上逐渐形成了一层很薄的液体金属层。端面形成的液体过梁决定了闪光对焊的接触电阻,闪光对焊的接触电阻与闪光速度以及钢筋截面有关,钢筋截面面积越大,闪光速度就越快,电流密度越大,接触电阻就越小。

当闪光对焊时,其接触电阻很大。在闪光对焊过程中,总电阻略有增加。

图 4-54 所示为连续闪光对焊时,焊件温度场的分布,在连续闪光焊时,焊件内部电阻产生的热把焊件加热到温度 T_1;接触电阻所产生的热把焊件

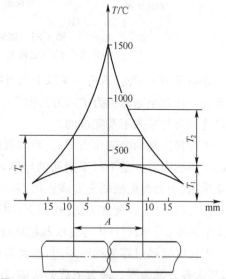

图 4-54　连续闪光对焊时,焊件温度场的分布

T_s—塑性温度　△—塑性温度区

加热到温度 T_2,$T_2 \geqslant T_1$。由于连续闪光对焊的热源主要集中在钢筋接触面处,因

此,温度分布沿焊件轴向的特点是梯度大、曲线较陡。

2. 闪光阶段

焊接开始时,首先接通电源,将两焊件逐渐移近,在钢筋间形成很多具有很大电阻的小接触点,并且很快地熔化成一系列液体金属过梁,过梁的不断爆破及不断生成,形成了闪光。图4-55为一个熔化过梁示意图。

过梁的形状和尺寸由下列各力来决定。

①液体表面的张力 σ 在钢筋移近时(间隙 Δ 减小),力图扩大过梁内径 d。

②径向的压缩效应力 P_y,力图将电流所通过的过梁压细并且拉断。因为过梁形状类似于两个对着的圆锥体,所以 P_y 在轴线方向的分力即液体导体的拉力 P_0 与电流的平方成正比关系。

图4-55　熔化过梁示意图
(a)作用在过梁上的内力　　(b)作用在过梁上的外力

③电磁引力 P_c。若有一个以上的过梁同时存在时,就如同载有同向电流的平行导线一样产生电磁引力 P_c,力图把几个过梁合并,但因为过梁存在的时间很短,所以这种合并是来不及完成的。

④焊接回路的电磁斥力 P_p。对焊机的变压器通常都在钳口的下方,可把变压器的次级线圈看作是平行于钢筋的导体,这就相当于载有异向电流的平行导线相互排斥,这个力与电流的平方成正比,并与自感系数有关,因为 P_p 的方向指向与变压器相反的一边,因此在力 P_p 作用下,使液体过梁向上移动。若过梁爆破时,就以很高的速度($5\sim6\mathrm{m/s}$)从与变压器相反的方向飞溅出来。

焊接电流经过零值的一瞬间,过梁的形状取决于表面张力,因为除了表面张力外,其余各力都为零。随着电流的增加,在径向压力 P_y 的作用下,导致过梁直径 d 减小,这时电流密度急剧增大,温度也迅速提高,过梁内部便出现了金属的蒸发。金属蒸汽致使液体过梁体积急剧膨胀而爆破,已熔化了的金属微粒从对口间隙中飞溅出来。有资料指出,金属蒸汽对焊件端面的压力可以达到 $3\sim6\mathrm{MPa}$。

在过梁爆破时,大部分熔化的金属会沿着力 P_p 的方向排挤到对口外部,部分过梁还没有来得及爆破就被排挤到焊缝的边缘。在闪光过程稳定进行的情况下,每秒钟过梁爆破可达 500 次以上,为了使闪光过程不间断,钢筋瞬时移动速度 v' 应与钢筋实际缩短速度(即烧化速度 v_1)相适应,若 $v' \geqslant v_1$ 时,间隙 Δ 减小,而过梁直径 d 增大,甚至会使爆破停止,最后使钢筋短路,闪光终止。若 $v' < v_1$ 时,间隙 Δ 增大,造成闪光过程中断。

闪光阶段的作用是指熔化金属过梁在连续形成和爆破的过程中会析出大量的热,致使钢筋对口及附近区域的金属被强烈加热,在接触处每秒钟析出的热量:

$$q_1 = 0.24 R_c I_W^2 \tag{4-2}$$

液体金属过梁的形成(q')和向对口两侧钢筋的传导(q'')就是利用了这些热量。

瞬时烧化速度 v_1 随着接触而析出的热量 q_1 和端面金属平均温度的增加而增加,并且随着端面温度梯度的增加而减小。开始闪光时,闪光过程进行得很缓慢,随着钢筋加热,瞬时速度 v_1 增加。所以,为了确保闪光过程的连续性,钢筋的移近速度也应该跟随变化,即由慢而快。另外,通过预热来提高端面金属平均温度,也可以提高烧化速度。

在闪光开始阶段的加热是不均匀的。随着连续不断加热,闪光焊接区的温度也逐渐均匀,直到钢筋顶锻前接头加热到足够的温度,这对于焊接质量来说很重要。因为它决定了顶锻前金属塑性变形的条件及氧化物夹杂的排除。闪光不但能析出大量的热,用以加热工件;还能通过闪光微粒带走空气中的氧、氮,保护工件端面免受侵袭。

3. 预热阶段

若钢筋直径较粗,焊机容量相对较小,要采取预热闪光焊。预热可以提高瞬时的烧化速度,能加宽对口两侧的加热区,用以降低冷却速度,避免接头在冷却中产生淬火组织,进而缩短闪光时间,减少烧化量。

预热方法除了前面提到的闪光预热外,还有电阻预热。电阻预热系在连续闪光之前,先将两钢筋轻微接触数次。接触时,接触电阻很大,焊接电流通过产生了大量的电阻热,导致钢筋端部温度升高,进而达到预热的目的。

4. 顶锻阶段

顶锻不仅是连续闪光焊的第二阶段,也是预热闪光焊的第三阶段。顶锻包括电顶锻和无电顶锻两部分。

顶锻是指在闪光结束前,对焊接处迅速施加足够大的顶锻压力,致使液体金属尽可能地产生氧化物夹渣,并迅速地从钢筋端面间隙中挤出来,以确保接头处产生足够的塑性变形,进而形成共同晶粒,以获得牢固的对焊接头。

顶锻时,焊机动夹具的移动速度突然提高,一般情况下都比闪光速度高出十几倍至数十倍。这时接头间隙开始迅速减小,过梁断面增大而不易被破坏,最后不再爆破。闪光截止时,钢筋端面同时进入有电顶锻阶段。须注意的是:随着闪光阶段的结束,端头间隙内气体的保护作用也随之消失,这时间隙并未完全封闭,故高温下的接头极易氧化。当钢筋端面进一步移近时,间隙才能完全封闭,将熔化的金属从间隙中排挤到对口外围,形成毛刺状。顶锻进行得越快,金属在未完全封闭的间隙中遭受氧化的时间越短,所得接头的质量越高。

若顶锻阶段中电流过早地断开,则与顶锻速度过小时一样,会导致接头质量降低。这不只是因为气体介质保护作用消失,致使间隙缓慢封闭时金属被强烈地氧化,也因为端面上熔化的金属已经冷却,顶锻时氧化物很难从间隙中排挤出来而保留在结合面中成为缺陷。

顶锻中的无电流顶锻阶段,是指在切断电流后进行顶锻,所需单位面积上的顶锻力须确保能把全部熔化了的金属及氧化物夹渣从接口内挤出,且使近缝区的金属有适当的塑性变形。

总的来说,焊接过程中顶锻力的作用如下:

①能封闭钢筋端面的间隙和火口。

②可排除氧化物夹渣及所有的液体,使接合面的金属紧密接触。

③可产生一定的塑性变形,促进焊缝结晶的进行。

在闪光对焊过程中,接头端面形成了一层很薄的液体层,这是将液体金属排挤掉后,在高温塑性变形状态下形成的。

二、钢筋闪光对焊的特点及适用范围

1. 特点

钢筋闪光对焊的优点是生产效率高、操作方便、节约能源、节约钢材、接头受力性能好、焊接质量高等,故钢筋的对接焊接应优先采用闪光对焊。

2. 适用范围

钢筋闪光对焊适用于 HPB300、HRB335、HRB400、HRB500、Q300 热轧钢筋,以及 RRB400 余热处理钢筋。

三、钢筋闪光对焊的工艺

要求焊机的缓降外特性较适宜。因为在闪光时,缓降的外特性可以确保金属过梁的电阻减小时,使焊接电流骤然增大,保证过梁易于加热及爆破,进而稳定了闪光过程。

1. 钢筋闪光对焊的工艺方法

(1)连续闪光焊

将工件夹紧在钳口上,接通电源后使工件逐渐移近,端面局部接触,如图 4-56

(a)、(b)所示。工件端面的接触点在高电流密度作用下迅速熔化、蒸发、爆破,呈高温粒状金属,从焊口内高速飞溅出来,如图 4-56(c)所示。当旧的接触点爆破后又形成新的接触点,这就形成了连续不断的爆破过程,并伴随着工件金属的烧损,因而称之为烧化或闪光过程。

为了保证连续不断地闪光,随着金属的烧损,工件需要连续不断地送进,即以一定的送进速度适应其焊接过程的烧化速度。工件经过一定时间的烧化,使其焊口达到所需的温度,并使热量扩散到焊口两边,形成一定宽度的温度区,在撞击式的顶锻压力作用下液态金属排挤在焊口之外,使工件焊合,并在焊口周围形成大量毛刺。由于热影响区较窄,故在结合面周围形成较小的凸起,如图 4-56(d)所示。

图 4-56 闪光对焊法

钢筋闪光对焊工艺过程图解如图 4-57 所示。钢筋直径较小时,宜采用连续闪光焊。

图 4-57 钢筋闪光对焊工艺过程图解

(a)连续闪光焊 (b)预热闪光焊 (c)闪光—预热闪光焊

t_1—烧化时间 $t_{1.1}$——次烧化时间

$t_{1.2}$—二次烧化时间 t_2—预热时间 t_3—顶锻时间

$t_{3.1}$—有电顶锻时间 $t_{3.2}$—无电顶锻时间

(2)预热闪光焊

在连续闪光焊前附加预热阶段,即将夹紧的两个工件,在电源闭合后开始以较小的压力接触,然后又离开,这样不断地断开与接触。每接触一次,使焊接区加热,拉开时产生瞬时的闪光。经反复多次,接头温度逐渐升高形成预热阶段,焊件达到预热温度后进入闪光阶段,随后以顶锻结束。当钢筋直径较粗,并且端面比较平整时,宜采用预热闪光焊。

（3）闪光—预热闪光焊

闪光—预热闪光焊就是在预热闪光焊之前预加闪光阶段,其目的就是把钢筋端部压伤部分烧去,使其端面比较平整,在整个断面上加热温度比较均匀。这样,有利于提高和保证焊接接头的质量。

在钢筋闪光对焊生产中,钢筋多数采用钢筋切断机断料,端部有压伤痕迹,端面不够平整,这时宜采用闪光—预热闪光焊。

2. 工艺参数

施焊中,焊工应熟练掌握各项留量参数,图 4-58 所示为闪光对焊留量图解。

图 4-58　闪光对焊留量图解

（a）连续闪光焊　（b）预热闪光焊　（c）闪光—预热闪光焊

L_1、L_2—调伸长度　a_1+a_2—烧化留量　$a_{1.1}+a_{2.1}$—一次烧化留量

$a_{1.2}+a_{2.2}$—二次烧化留量　b_1+b_2—预热留量　c_1+c_2—顶锻留量

$c_1'+c_2'$—有电顶锻留量；$c_1''+c_2''$—无电顶锻留量　Δ—焊接总留量

闪光对焊时,应按下列规定选择调伸长度、烧化留量、顶锻留量以及变压器级数等焊接参数:

①调伸长度的选择,应随着钢筋牌号的提高和钢筋直径的加大而增长,主要是减缓接头的温度梯度,防止热影响区产生淬硬组织;当焊接 HRB400、HRBF400 等牌号钢筋时,调伸长度宜在 40～60mm 内选用。

②烧化留量的选择,应根据焊接工艺方法确定。当连续闪光焊时,闪光过程应较长;烧化留量应等于两根钢筋在断料时切断机刀口严重压伤部分(包括端面的不平整度)再加 8～10mm;当闪光—预热闪光焊时,应区分一次烧化留量和二次烧化留量,一次烧化留量不应小于 10mm,二次烧化留量不应小于 6mm。

③需要预热时,宜采用电阻预热法。预热留量应为 1～2mm,预热次数应为 1～4 次;每次预热时间应为 1.5～2s,间歇时间应为 3～4s。

④顶锻留量应为 3～7mm,并应随钢筋直径的增大和钢筋牌号的提高而增加。其中,有电顶锻留量约占 1/3,无电顶锻留量约占 2/3,焊接时必须控制得当。焊接 HRB500 钢筋时,顶锻留量宜稍微增大,以确保焊接质量。

当 HRBF335 钢筋、HRBF400 钢筋、HRBF500 钢筋或 RRB400W 钢筋进行闪光对焊时,与热轧钢筋比较,应减小调伸长度,提高焊接变压器级数,缩短加热时间,快速顶锻,形成快热快冷条件,使热影响区长度控制在钢筋直径的 60% 范围之内。

变压器级数应根据钢筋牌号、直径、焊机容量以及焊接工艺方法等具体情况选择。

HRB500、HRBF500 钢筋焊接时,应采用预热闪光焊或闪光—预热闪光焊工艺。当接头拉伸试验时,发生脆性断裂或弯曲试验不能达到规定要求时,尚应在焊机上进行焊后热处理。

在闪光对焊生产中,当出现异常现象或焊接缺陷时,应查找原因,采取措施及时消除。

3. 钢筋闪光对焊缺陷及消除措施

在闪光对焊生产中,应重视焊接过程中的任何一个环节,以确保焊接质量。若出现异常现象或焊接缺陷,应参照表 4-35 查找原因并及时消除。

表 4-35 钢筋闪光对焊异常现象、焊接缺陷及消除措施

项次	异常现象和焊接缺陷	产生原因	消除措施
1	烧化过分剧烈并产生强烈的爆炸声	①变压器级数过高 ②烧化速度太快	①降低变压器级数 ②减慢烧化速度

续表 4-35

项次	异常现象和焊接缺陷	产生原因	消除措施
2	闪光不稳定	①电极底部或钢筋表面有氧化物 ②变压器级数太低 ③烧化速度太慢	①清除电极底部和表面的氧化物 ②提高变压器级数 ③加快烧化速度
3	接头中有氧化膜、未焊透或夹渣	①预热程度不足 ②临近顶锻时的烧化速度太慢 ③带电顶锻不够 ④顶锻加压力太慢 ⑤顶锻压力不足	①增加预热程度 ②加快临近顶锻时的烧化速度 ③确保带电顶锻过程 ④加快顶锻速度 ⑤增大顶锻压力
4	接头中有缩孔	①变压器级数过高 ②烧化过程过分强烈 ③顶锻留量或顶锻压力不足	①降低变压器级数 ②避免烧化过程过分强烈 ③适当增大顶锻留量及顶锻压力
5	焊缝金属过烧	①预热过分 ②烧化速度太慢,烧化时间过长 ③带电顶锻时间过长	①减小预热程度 ②加快烧化速度,缩短焊接时间 ③避免过多带电顶锻
6	接头区域裂纹	①钢筋母材碳、硫、磷可能超标 ②预热程度不足	①检验钢筋的碳、硫、磷含量;如不符合规定时,应更换钢筋 ②采取低频预热方法,增加预热程度
7	钢筋表面微熔及烧伤	①钢筋表面有铁锈或油污 ②电极内表面有氧化物 ③电极钳口磨损 ④钢筋未夹紧	①清除钢筋被夹紧部位的铁锈和油污 ②清除电极内表面的氧化物 ③改进电极槽口形状,增大接触面积 ④夹紧钢筋

四、特殊钢筋焊接

钢筋焊接工作中,会遇到一些特殊钢筋焊接工作。下面主要介绍大直径钢筋焊接、RRB400 余热处理钢筋焊接,以及不同牌号、不同直径钢筋的焊接。

1. 大直径钢筋焊接

当采用 UN2-150 型对焊机(电动机凸轮传动)或 UN17-150-1 型对焊机(气—

液压传动)进行大直径钢筋焊接时,应首先采取锯割或气割方式对钢筋端面进行平整处理,再采取预热闪光焊工艺。其技术要求包括:

①变压器级数须较高,且应选择较快的凸轮转速,保证闪光过程有足够的强烈程度及稳定性。

②应采取垫高顶锻凸块等措施,保证接头处获得足够的镦粗变形。

③要准确调整并严格控制各过程的起、止点,确保夹具的释放及顶锻机构的复位按时动作。

2. RRB400 余热处理钢筋焊接

RRB400 级钢筋闪光对焊时,与热轧钢筋比较,要减小调伸长度,提高焊接变压器级数,缩短加热时间,快速顶锻,形成快热、快冷条件,使热影响区长度控制在钢筋直径的 60% 范围之内。

3. 不同牌号、不同直径钢筋的焊接

①不同牌号的钢筋可进行闪光对焊,对不同直径钢筋闪光对焊时,直径小的一侧的钳口要加垫一块薄铜片,以保证两钢筋的轴线在同一直线上。

②若既不同牌号又不同直径钢筋,例如 $\phi28HPB25$ 钢筋与 $M33\times2$ 的 45 钢螺丝端杆焊接,由于两者的直径、化学成分相差甚多,给焊接带来了一定困难,须采取相应的工艺措施,以保证焊接质量。

五、箍筋闪光对焊的特点

箍筋闪光对焊与普通钢筋闪光对焊比较,其特点是,二次电流中存在分流现象,如图 4-59 所示。因此,焊接时应采用较大容量的焊机,适当提高变压器级数。

图 4-59　对焊机的焊接回路与分流

(a)钢筋闪光对焊　(b)箍筋闪光对焊

1—电极　2—定板　3—动板　4—次级软导线　5—次级线圈　6—变压器　7—钢筋　8—箍筋

F_j—夹紧力　F_d—顶锻力　I_{2h}—二次焊接电流　I_{2f}—二次分流电流

箍筋闪光对焊的焊接生产特点是生产效率高，一个台班，以 φ12mm 为例，可以达到一千多个对焊箍筋。

六、箍筋闪光对焊的适用范围

1. 钢筋直径

箍筋闪光对焊的钢筋直径，最常用的为 8~18mm，最大可达到 25mm。

2. 箍筋闪光对焊的优越性

(1)箍筋连接的方法

在建筑工程的梁、柱构件中，使用大量箍筋。在以往，箍筋的连接采用以下两种方法：

①箍筋两端绕过主筋做 135°弯钩。锚固在混凝土中，即弯钩箍筋。

②箍筋两端相互搭接 10 倍箍筋直径，采用单面搭接电弧焊。

以上两种方法均费工费料，且施工不甚方便。

近十年来，采用闪光对焊封闭环式箍筋，取得了很大成效，梁柱箍筋和前两者对比如图 4-60 所示。

| (a) | (b) | (c) | (d) |

图 4-60 梁柱箍筋及两种方法对比

(a)柱箍筋　(b)梁箍筋　(c)弯钩箍筋　(d)对焊箍筋

(2)箍筋闪光对焊的优点

接头质量可靠：对焊箍筋接头质量可靠，有利于结构受力和满足抗震设防要求。

节约钢筋，降低工程造价：由于采用对焊工艺，每道箍筋可节约两个弯钩的钢材，在工程中箍筋的数量比较大，节约箍筋弯钩钢材也可观，而且，箍筋的直径越大，效果越明显。

施工方便：

①以往柱弯钩箍筋安装时,是先把箍筋水平拉开,再往柱主筋上卡,费力费时。使用这种新型对焊箍筋,可以从上往下套,比较省力省时。还可以采取先将柱主筋接头以下的对焊箍筋先套扎好,完成主筋接头后再套入主筋上段对焊箍筋。

②梁的主筋安装时,先将对焊箍筋分垛立放,再将梁主筋穿入,比较方便。对四肢箍的梁筋安装时,可采用专用钢筋支架控制四肢箍的位置,分成几垛放置,再穿入梁主筋的办法。

③以往的箍筋由于弯钩多,不好振捣,容易卡振动棒。而使用这种对焊箍筋就不存在这个问题。

七、箍筋闪光对焊的工艺

1. 焊点位置

箍筋闪光对焊的焊点位置宜设在箍筋受力较小一边的中部,不等边的多边形柱箍筋对焊点位置宜设在两个边上的中部。

2. 箍筋下料

箍筋下料长度应预留焊接总留量(Δ),其中包括烧化留量(A)、预热留量(B)和顶锻留量(C)。

矩形箍筋下料长度可按下式计算:

$$L_g = 2(a_g + b_g) + \Delta \tag{4-3}$$

式中,L_g——箍筋下料长度(mm);a_g——箍筋内净长度(mm);b_g——箍筋内净宽度(mm);Δ——焊接总留量(mm)。

当切断机下料增加压痕长度,采用闪光—预热闪光焊工艺时,焊接总留量 Δ 随之增大,约为 $1.0d$(d 为箍筋直径)。上列计算箍筋下料长度经试焊后核对,箍筋外皮尺寸应符合设计图纸的规定。

3. 钢筋切断和弯曲

①钢筋切断宜采用钢筋专用切割机下料;当用钢筋切断机时,刀口间隙不得大于 0.3mm。

②切断后的钢筋端面应与轴线垂直,无压弯、无斜口。

③钢筋按设计图纸规定尺寸弯曲成型,制成待焊箍筋,应使两个对焊钢筋头完全对准,具有一定弹性压力,如图 4-61 所示。

4. 注意事项

(1)待焊箍筋的检验

待焊箍筋为半成品,应进行加工质量的检查,属中间质量检查。按每一工作班、同一牌号钢筋、

图 4-61 待焊箍筋

a_g—箍筋内净长度 b_g—箍筋内净宽度
Δ—焊接总留量 F_t—弹性压力

同一加工设备完成的待焊箍筋作为一个检验批,每批随机抽查 5% 件。检查项目应符合下列规定:

①两钢筋头端面应闭合,无斜口。

②接口处应有一定弹性压力。

(2)箍筋闪光对焊规定

①宜使用 100kVA 的箍筋专用对焊机。

②宜采用预热闪光焊,焊接工艺参数、操作要领、焊接缺陷的产生与消除措施等,可按相关规定执行。

③焊接变压器级数应适当提高,二次电流稍大。

④两钢筋顶锻闭合后,应延续数秒钟再松开夹具。

(3)问题处理

箍筋闪光对焊过程中,当出现异常现象或焊接缺陷时,应查找原因,采取措施及时消除。

5. 箍筋闪光对焊的异常现象及消除

箍筋闪光对焊的异常现象、焊接缺陷及消除措施见表 4-36。

表 4-36　箍筋闪光对焊的异常现象、焊接缺陷及消除措施

序号	异常现象和焊接缺陷	产生原因	消除措施
1	箍筋下料尺寸不准,钢筋头歪斜	①箍筋下料长度未经试验 ②钢筋调直切断机性能不稳定	①箍筋下料长度必须经弯曲和对焊试验确定 ②选用性能稳定、下料误差 ±3mm 的能确保钢筋端面垂直于轴线的调直切断机
2	待焊箍筋两头分离、错位	①接头处两钢筋之间没有弹性压力 ②两钢筋头未对准	①制作箍筋时将接头对面边的两个 90° 角弯成 87°～89° 角,使接头处产生弹性压力 F ②将两钢筋头对准
3	焊接接头被拉开	①电极钳口变形 ②钢筋头变形 ③两钢筋头未对正	①修整电极钳口或更换电极 ②矫直变形的钢筋头 ③将箍筋两头对正

第五节　钢筋电弧焊

一、钢筋电弧焊的特点和适用范围

1. 钢筋电弧焊的特点

钢筋电弧焊的特点是轻便、灵活,可用于平、立、横、仰全位置焊接,适应性强、

应用范围广。它适用于构件厂内，也适用于施工现场；可用于钢筋与钢筋，以及钢筋与钢板、型钢的焊接。

当采用交流电弧焊时，焊机结构简单，价格较低，坚固耐用。当采用三相整流直流电弧焊机时，可使网路负载均衡，电弧过程稳定。

2. 钢筋电弧焊的适用范围

钢筋电弧焊是最常见的焊接方式。钢筋电弧焊的接头形式较多，主要包括帮条焊、搭接焊、坡口焊、熔槽帮条焊等。其中帮条焊、搭接焊有双面焊和单面焊之分；坡焊有平焊和立焊两种。

此外，还有钢筋与钢板的搭接焊、钢筋与钢板垂直的预埋件 T 形接头电弧焊。分别适用于不同牌号、不同直径的钢筋。

二、钢筋电弧焊的工艺

1. 工艺流程

工艺流程为：检查设备→选择焊接参数→试焊做模拟试件→送试→确定焊接参数→施焊→质量检验。

2. 操作技术

（1）检查电源、焊机及工具

焊接地线应与钢筋接触良好，防止因引弧而烧伤钢筋。

（2）选择焊接参数

根据钢筋级别、直径、接头形式和焊接位置，选择适宜的焊条直径、焊接层数和焊接电流，保证焊缝与钢筋熔合良好。

（3）试焊、做模拟试件

在每批钢筋正式焊接前，应焊接 3 个模拟试件做拉力试验，经试验合格后方可按确定的焊接参数成批生产。

（4）施焊操作

①引弧。带有垫板或帮条的接头，引弧应在钢板或帮条上进行；无钢筋垫板或无帮条的接头，引弧应在形成焊缝的部位，防止烧伤主筋。

②定位。焊接时应先焊定位点再施焊。

③运条。运条时的直线前进、横向摆动和送进焊条三个动作要协调平稳。

④熄弧。熄弧时，应将熔池填满，拉灭电弧时，应将熔池填满，注意不要在工作表面造成电弧擦伤。

⑤多层焊。如钢筋直径较大，需要进行多层施焊时，应分层间断施焊，每焊一层后，应清渣后再焊接下一层。应保证焊缝的高度和长度。

⑥熔合。焊接过程中应有足够的熔深。主焊缝与定位焊缝应结合良好，避免

气孔、夹渣和烧伤缺陷,并防止产生裂缝。

⑦平焊。平焊时要注意熔渣和铁液混合不清的现象,防止熔渣流到铁液前面。熔池也应控制成椭圆形,一般采用右焊法,焊条与工作表面成70°。

⑧立焊。立焊时,铁液与熔渣易分离。要防止熔池温度过高,铁液下坠形成焊瘤。操作时焊条与垂直面形成60°～80°角,使电弧略向上,吹向熔池中心。焊第一道时,应压住电弧向上运条,同时作较小的横向摆动,其余各层用半圆形横向摆动加挑弧法向上焊接。

⑨横焊。焊条倾斜70°～80°,防止铁液受自重作用坠到坡口上。运条到上坡口处不做运弧停顿,迅速带到下坡口根部做微小横拉稳弧动作,依次匀速进行焊接。

⑩仰焊。仰焊时宜用小电流短弧焊接,熔池宜薄,应确保与母材熔合良好。第一层焊缝用短电弧做前后推拉动作,焊条与焊接方向成80°～90°角。其余各层焊条横摆,并在坡口侧略停顿稳弧,保证两侧熔合。

3. 接头形式

(1)帮条焊

帮条焊时应采用双面焊,如图4-62(a)所示。不能进行双面焊时可采用单面焊,如图4-62(b)所示。这是因为采用双面焊时,接头中应力传递对称、平衡,受力性能良好,如采用单面焊则较差。

图 4-62　钢筋帮条焊接头

(a)双面焊　(b)单面焊

d—钢筋直径　l—帮条长度

钢筋帮条长度 l 选取见表4-37。若帮条牌号与主筋相同时,帮条直径可以与主筋相同或小一个规格;若帮条直径与主筋相同时,帮条牌号可与主筋相同或低一个牌号。

表 4-37　钢筋帮条长度

钢筋牌号	焊缝形式	帮条长度
HPB300	单面焊	$\geqslant 8d$
	双面焊	$\geqslant 4d$
HRB335、HRBF335 HRB400、HRBF400 HRB500、HRBF500、RRB400W	单面焊	$\geqslant 10d$
	双面焊	$\geqslant 5d$

注:d 为主筋直径,计量单位 mm。

（2）搭接焊

搭接焊时,宜采用双面焊,如图4-63（a）所示。当不能进行双面焊时,可采用单面焊,如图4-63（b）所示。搭接长度可与表4-37帮条长度相同。

图 4-63　钢筋搭接焊接头

（a）双面焊　（b）单面焊

d—钢筋直径　l—搭接长度

（3）帮条焊接头与搭接焊接头的焊缝

帮条焊接头或搭接焊接头的焊缝有效厚度S不应小于主筋直径的30%;焊缝宽度b不应小于主筋直径的80%,如图4-64所示。

（4）帮条焊接头与搭接焊接头的规定

帮条焊或搭接焊时,钢筋的装配和焊接应符合下列规定。

图 4-64　焊缝尺寸示意

d—钢筋直径　b—焊缝宽度

S—焊缝有效厚度

①帮条焊时,两主筋端面的间隙应为2~5mm。

②搭接焊时,焊接端钢筋宜预弯,并应使两钢筋的轴线在同一直线上。

③帮条焊时,帮条与主筋之间应用四点定位焊固定;搭接焊时,应用两点固定;定位焊缝与帮条端部或搭接端部的距离宜大于或等于20mm。

④焊接时,应在帮条焊或搭接焊形成焊缝中引弧;在端头收弧前应填满弧坑,并应使主焊缝与定位焊缝的始端和终端熔合。

（5）坡口焊

坡口焊的准备工作和焊接工艺应符合下列规定,如图4-65所示。

图 4-65　钢筋坡口焊接头

（a）平焊　（b）立焊

①坡口面应平顺,切口边缘不得有裂纹、钝边和缺棱。

②坡口角度应在规定范围内选用。

③钢垫板厚度宜为4～6mm,长度宜为40～60mm;平焊时,垫板宽度应为钢筋直径加10mm;立焊时,垫板宽度宜等于钢筋直径。

④焊缝的宽度应大于V形坡口的边缘2～3mm,焊缝余高应为2～4mm并平缓过渡至钢筋表面。

⑤钢筋与钢垫板之间,应加焊二层、三层侧面焊缝。

⑥当发现接头中有弧坑、气孔及咬边等缺陷时,应立即补焊。

(6)窄间隙焊

窄间隙焊应用于直径16mm及以上钢筋的现场水平连接。焊接时,钢筋端部应置于铜模中,并应留出一定间隙,连续焊接,熔化钢筋端面,使熔敷金属填充间隙并形成接头,如图4-66所示为钢筋窄间隙焊接头。其焊接工艺应符合下列规定。

图4-66　钢筋窄间隙焊接头

①钢筋端面应平整。

②宜选用低氢型焊接材料。

③从焊缝根部引弧后应连续进行焊接,左右来回运弧,在钢筋端面处电弧应少许停留,并使其熔合。

④当焊至端面间隙的4/5高度后,焊缝逐渐扩宽;当熔池过大时,应改连续焊为断续焊,避免过热。

⑤焊缝余高应为2～4mm,且应平缓过渡至钢筋表面。

(7)熔槽帮条焊

熔槽帮条焊应用于直径20mm及以上钢筋的现场安装焊接。焊接时应加角钢作垫板模。钢筋熔槽帮条焊接头形式如图4-67所示,角钢尺寸和焊接工艺应符合下列规定。

图4-67　钢筋熔槽帮条焊接头

①角钢边长宜为40～70mm。

②钢筋端头应加工平整。

③从接缝处垫板引弧后应连续施焊,并应使钢筋端部熔合,防止未焊透、气孔或夹渣。

④焊接过程中应及时停焊清渣;焊平后,再进行焊缝余高的焊接,其高度应为2~4mm。

⑤钢筋与角钢垫板之间,应加焊侧面焊缝1~3层,焊缝应饱满,表面应平整。

(8)预埋件钢筋电弧焊 T 形接头

预埋件钢筋电弧焊 T 形接头,如图 4-68 所示,可分为角焊和穿孔塞焊两种。装配和焊接时,应符合下列规定。

①当采用 HPB300 钢筋时,角焊缝焊脚尺寸(K)不得小于钢筋直径的 50%;采用其他牌号钢筋时,焊脚尺寸(K)不得小于钢筋直径的 60%。

②施焊中,不得使钢筋咬边和烧伤。

(9)钢筋与钢板搭接的焊接头

钢筋与钢板搭接焊接头,如图 4-69 所示,应符合下列规定。

①HPB300 钢筋的搭接长度(l)不得小于 4 倍钢筋直径,其他牌号钢筋搭接长度(l)不得小于 5 倍钢筋直径。

②焊缝宽度不得小于钢筋直径的 60%,焊缝有效厚度不得小于钢筋直径的 35%。

图 4-68 预埋件钢筋电弧焊 T 形接头

K—焊脚尺寸

(a)角焊 (b)穿孔塞焊

图 4-69 钢筋与钢板搭接焊接头

d—钢筋直径 l—搭接长度

b—焊缝宽度 S—焊缝有效厚度

4. 操作技术要点

(1)基本要求

①有关尺寸须符合相关各接头图形规定。

②焊接地线须与钢筋接触良好,避免因起弧而烧伤钢筋。

③要根据钢筋级别、直径、接头形式及焊接位置,选择适宜的焊条、焊接工艺及焊接参数。

④有钢板或帮条的接头,引弧须在钢板或帮条上进行;没有钢板或没有帮条的

接头,引弧须在形成焊缝部位,避免烧伤主筋。

⑤焊接过程中应及时清渣,焊缝表面要保持光滑、平整;焊缝余高要平缓过渡,弧坑须填满。

(2)帮条焊或搭接焊注意事项

①在进行帮条焊时,两主筋端头之间须留 2～5mm 的间隙。

②在进行帮条焊时,帮条与主筋端头之间要用四点定位焊固定;在进行搭接焊时,两主筋要用两点固定;定位焊缝须距帮条端部或主筋端部不小于 20mm。

③焊接时,须在帮条焊或搭接焊形成焊缝中引弧;在端头收弧前须填满弧坑,并使主焊缝与定位焊缝的始端及终端熔合。

(3)熔槽帮条焊注意事项

①钢筋端头须加工平整;两钢筋端面的间隙须为 10～16mm。

②接缝处垫板引弧后须连续施焊,使钢筋端部熔合,避免未焊透、气孔或夹渣。

③焊接过程中须停焊清渣一次;焊平后,再进行焊缝余高的焊接,其高度不得大于 3mm。

④钢筋与角钢垫板之间要加焊侧面焊缝 1～3 层,焊缝须饱满,表面须平整。

(4)坡口焊注意事项

①坡口面须平顺,切口边缘不能有裂纹、钝边及缺棱。

②钢筋根部间隙。坡口平焊时应是 4～6mm、立焊时应是 3～5mm,其最大间隙都不能超过 10mm。

③工艺要求。焊缝根部、坡口端面及钢筋与钢垫板之间须熔合良好;焊接过程中要经常清渣;钢筋与钢垫板之间须加焊 2～3 层侧面焊缝。应采用几个接头轮流进行施焊。焊缝的宽度要大于 V 形坡口的边缘 2～3mm,焊缝余高不得大于 3mm,并应平缓过渡至钢筋表面。若发现接头中有弧坑、气孔以及咬边等缺陷,要立即补焊;对 HRB400 级钢筋,接头冷却后补焊时,须采用氧乙炔焰预热。

(5)窄间隙焊注意事项

①钢筋端面须平整。

②窄间隙焊的端面间隙和焊接参数可以按表 4-38 选用。

表 4-38　窄间隙焊的端面间隙和焊接参数

钢筋直径/mm	端面间隙/mm	焊条直径/mm	焊接电流/A
16	9～11	3.2	100～110
18	9～11	3.2	100～110
20	10～12	3.2	100～110
22	10～12	3.2	100～110
25	12～14	4.0	150～160

续表 4-38

钢筋直径/mm	端面间隙/mm	焊条直径/mm	焊接电流/A
28	12~14	4.0	150~160
32	12~14	4.0	150~160
36	13~15	5.0	220~230
40	13~15	5.0	220~230

③从焊缝根部引弧须连续进行焊接,左、右来回运弧,在钢筋端面处电弧要少许停留,并使熔合。

④焊至端面间隙的 4/5 高度后,焊缝须逐渐扩宽;若熔池过大,则须改连续焊为断续焊,防止过热。

⑤焊缝余高不得大于 3mm,并须平缓过渡至钢筋表面。

第六节　钢筋电渣压力焊

一、钢筋电渣压力焊的基本原理

电渣压力焊的焊接过程包括四个阶段:引弧过程、电弧过程、电渣过程和顶压过程。

焊接开始时,首先在上、下两钢筋端面之间引燃电弧,使电弧周围焊剂熔化形成空穴,随之焊接电弧在两钢筋之间燃烧,电弧热将两钢筋端部熔化,熔化的金属形成熔池,熔融的焊剂形成熔渣(渣池),覆盖于熔池之上,此时,随着电弧的燃烧,上、下两钢筋端部逐渐熔化,将上钢筋不断下送,以保持电弧的稳定,继续电弧过程;随着电弧过程的延续,两钢筋端部熔化量增加,熔池和渣池加深,待达到一定深度时,加快上钢筋的下送速度,使其端部直接与渣池接触,这时,电弧熄灭而变电弧过程为电渣过程;待电渣过程产生的电阻热使上、下两钢筋的端部达到全截面均匀加热的时候,迅速将上钢筋向下顶压,挤出全部熔渣和液态金属,随即切断焊接电源,焊接工作完成。

二、钢筋电渣压力焊的特点及适用范围

1. 特点

竖向钢筋电渣压力焊,实际上是一种综合焊接方法,同时具有埋弧焊、电渣焊和压力焊三种焊接方法的特点。

在钢筋电渣压力焊过程中,进行着一系列的冶金过程和热过程。熔化的液态金属与熔渣进行着氧化、还原、掺合金、脱氧等化学冶金反应,两钢筋端部经受电弧

过程和电渣过程热循环的作用,部分焊缝呈柱状树枝晶,这是熔化焊的特征。最后,液态金属被挤出,使焊缝区很窄,这是压力焊的特征。

钢筋电渣压力焊属熔化压力焊范畴,这种焊接方法比电弧焊节省钢材、工效高、成本低,适用于现浇钢筋混凝土结构中竖向或斜向(倾斜度在 4∶1 范围内)钢筋的连接。

钢筋电渣压力焊在供电条件差、电压不稳、雨季或防火要求高的场合应慎用。

2. 钢筋电渣压力焊的适用范围

钢筋电渣压力焊适用于直径为 14～32mm 的 HPB300、HRB335、HRB400 级热轧钢筋的现浇钢筋混凝土结构中竖向或斜向钢筋的连接,特别是对于高层建筑的柱、墙钢筋,应用尤为广泛。其中斜向钢筋的倾斜度在 4∶1 的范围内。

三、钢筋电渣压力焊的工艺

1. 工艺流程

检查设备、电源→钢筋端头制备→选择焊接参数→安装焊接夹具和钢筋→安放铁丝球(也可省去)→安放焊剂罐、填装焊剂→试焊、做试件→确定焊接参数→施焊→回收焊剂→卸下夹具→质量检查。

电渣压力焊的工艺过程:闭合电路→引弧→电弧过程→电渣过程→挤压断电。图 4-70 所示为 ϕ8mm 钢筋电渣压力焊工艺过程图示。

图 4-70　ϕ8mm 钢筋电渣压力焊工艺过程图示

U—焊接电压　S—上钢筋位移　t—焊接时间

1—引弧过程　2—电弧过程　3—电渣过程　4—顶压过程

2. 操作要求

(1)引弧过程

①宜采用铁丝圈引弧法,也可采用直接引弧法。

②铁丝圈引弧法是将铁丝圈放在上、下钢筋端头之间,高约 10mm,电流通过铁丝圈与上、下钢筋端面的接触点形成短路引弧。

③直接引弧法是在通电后迅速将上钢筋提起,使两端头之间的距离为 2～4mm 引弧。当钢筋端头夹杂不导电物质或过于平滑造成引弧困难时,可以多次把上钢筋移下与下钢筋短接后再提起,达到引弧目的。

(2)电弧过程

靠电弧的高温作用,将钢筋端头的凸出部分不断熔化;同时,将接口周围的焊剂充分熔化,形成有一定深度的渣池。

(3)电渣过程

在渣池形成一定深度后,将上钢筋缓缓插入渣池中,此时,电弧熄灭,进入电渣过程。由于电流直接通过渣池,产生大量的电阻热,使渣池温度升到近 2000℃,将钢筋端头迅速而均匀熔化。

(4)顶压过程

①当钢筋端头达到全截面熔化时,迅速将上钢筋向下顶压,将熔化的金属、熔渣及氧化物等杂质全部挤出结合面,同时切断电源,焊接即告结束。

②接头焊毕,停歇后方可回收焊剂和卸下焊接夹具,并敲去渣壳;焊包应均匀,凸出钢筋表面的高度应大于或等于 4mm。

3. 电渣压力焊参数

电渣压力焊焊接参数应包括焊接电流、焊接电压和焊接通电时间;采用 HJ431 焊剂时,宜符合表 4-39 的规定。采用专用焊剂或自动电渣压力焊机时,应根据焊剂或焊机使用说明书中推荐数据,通过试验确定。

表 4-39　电渣压力焊焊接参数

钢筋直径/mm	焊接电流/A	焊接电压/V		焊接通电时间/s	
		电弧过程 $u_{2.1}$	电渣过程 $u_{2.2}$	电弧过程 t_1	电渣过程 t_2
12	280～320	35～45	18～22	12	2
14	300～350			13	4
16	300～350			15	5
18	300～350			16	6
20	350～400			18	7
22	350～400			20	8
25	350～400			22	9
28	400～450			25	10
32	450～500			30	11

4. 钢筋电渣压力焊接头焊接缺陷与消除措施

在钢筋电渣压力焊生产中,应重视焊接全过程中的任何一个环节。接头部位应清理干净;钢筋安装应上下同心;夹具紧固,严防晃动;引弧过程力求可靠;电弧过程延时充分;电渣过程短而稳定;挤压过程压力适当。若出现异常现象,应参照表4-40钢筋电渣压力焊接头焊接缺陷与消除措施中查找原因并及时清除。

表 4-40　钢筋电渣压力焊接头焊接缺陷与消除措施

项次	焊接缺陷	产生原因	消除措施
1	轴线偏移	①钢筋端头歪斜 ②夹具和钢筋未安装好 ③顶压力太大 ④夹具变形	①矫直钢筋端部 ②正确安装夹具和钢筋 ③避免过大的挤压力 ④及时修理或更换夹具
2	弯折	①钢筋端部弯折 ②上钢筋未夹牢放正 ③拆卸夹具过早 ④夹具损坏松动	①矫直钢筋端部 ②注意安装与扶持上钢筋 ③避免焊后过快卸夹具 ④修理或更换夹具
3	咬边	①焊接电流太大 ②焊接通电时间太长 ③上钢筋顶压不到位	①减小焊接电流 ②缩短焊接时间 ③注意上钳口的起点和止点,确保上钢筋挤压到位
4	未焊合	①焊接电流太小 ②焊接通电时间不足 ③上夹头下送不畅	①增大焊接电流 ②避免焊接时间过短 ③检修夹具,确保上钢筋下送自如
5	焊包不匀	①钢筋端面不平整 ②焊剂填装不匀 ③钢筋熔化量不足	①钢筋端面力求平整 ②填装焊剂尽量均匀 ③延长焊接时间,适当增加熔化量
6	烧伤	①钢筋夹持部位有锈 ②钢筋未夹紧	①钢筋导电部位除净铁锈 ②尽量夹紧钢筋
7	焊包下淌	①焊剂筒下方未堵严 ②回收焊剂太早	①彻底封堵焊剂罐的漏孔 ②避免焊后过快回收焊剂

电渣压力焊可在负温条件下进行,但当环境温度低于−20℃时,则不应进行施焊。雨天、雪天不应进行施焊,一定要施焊时,须采取有效的遮蔽措施。焊后未冷却的接头,须避免碰到冰雪。

5. 焊剂

(1)焊剂的作用

在钢筋电渣压力焊过程中,焊剂起到十分重要的作用。

①焊剂熔化后产生气体和熔渣,保护电弧和熔池,保护焊缝金属,更好地防止氧化和氮化。

②减少焊缝金属中元素的蒸发和烧损。

③使焊接过程稳定。

④具有脱氧和掺合金的作用,使焊缝金属获得所需要的化学成分和力学性能。

⑤焊剂熔化后形成渣池,电流通过渣池产生大量的电阻热。

⑥包托被挤出的液态金属和熔渣,使接头获得良好成形。

⑦渣壳对接头有保温缓冷作用。因此,焊剂十分重要。

(2)对焊剂的基本要求

①保证焊缝金属获得所需要的化学成分和力学性能。

②保证电弧燃烧稳定。

③对锈、油及其他杂质的敏感性要小,硫、磷含量要低,以保证焊缝中不产生裂纹和气孔等缺陷。

④焊剂在高温状态下要有合适的熔点和黏度,以及一定的熔化速度,以保证焊缝成形良好。焊后有良好的脱渣性。

⑤焊剂在焊接过程中不应析出有毒气体。

⑥焊剂的吸潮性要小。

⑦具有合适的黏度,焊剂的颗粒要具有足够的强度,以保证焊剂的多次使用。

(3)焊剂的分类和牌号编制方法

焊剂牌号编制方法。按照前企标准:在牌号前加"焊剂"(HJ)二字;牌号中第一位数字表示焊剂中氧化锰含量,焊剂牌号、类型和氧化锰含量见表 4-41;牌号中第二位数字表示焊剂中二氧化硅和氟化钙的含量,焊剂牌号、类型和二氧化硅、氟化钙含量见表 4-42;牌号中第三位数字表示同一牌号焊剂的不同品种,按 0、1、2……9 顺序排列。同一牌号焊剂具有两种不同颗粒度时,在细颗粒焊剂牌号后加"细"字表示。

表 4-41 焊剂牌号、类型和氧化锰含量

牌号	类型	氧化锰含量/%
焊剂 1××	无 锰	≤2
焊剂 2××	低 锰	2～15
焊剂 3××	中 锰	15～30
焊剂 4××	高 锰	>30
焊剂 5××	陶质型	—
焊剂 6××	烧结型	—

表 4-42　焊剂牌号、类型和二氧化硅、氟化钙含量

牌号	类型	二氧化硅含量/%	氟化钙含量/%
焊剂×1××	低硅低氟	<10	<10
焊剂×2××	中硅低氟	10～30	<10
焊剂×3××	高硅低氟	>30	<10
焊剂×4××	低硅中氟	<10	10～30
焊剂×5××	中硅中氟	10～30	10～30
焊剂×6××	高硅中氟	>30	10～30
焊剂×7××	低硅高氟	<10	>30
焊剂×8××	中硅高氟	10～30	>30

（4）几种常用焊剂

几种常用焊剂的组成成分见表 4-43。

表 4-43　常用焊剂的组成成分（单位：%）

焊剂牌号	SiO_2	CaF_2	CaO	MgO	Al_2O_3	MnO	FeO	K_2O+Na_2O	S	P
焊剂 330	44～48	3～6	≤3	16～20	≤4	22～26	≤1.5	—	≤0.08	≤0.08
焊剂 350	30～55	14～20	10～18	—	13～18	14～19	≤1.0	—	≤0.06	≤0.06
焊剂 430	38～45	5～9	≤6	—	≤5	38～47	≤1.8	—	≤0.10	≤0.10
焊剂 431	40～44	3～6.5	≤5.5	5～7.5	≤4	34～38	≤1.8	—	≤0.08	≤0.08

　　焊剂 330 和焊剂 350 均为熔炼型中锰焊剂。前者呈棕红色玻璃状颗粒，粒度为 8～40 目（0.4～3mm）；后者呈棕色至浅黄色玻璃状颗粒，粒度为 8～40 目（0.4～3mm）及 14～80 目（0.25～1.6mm）。焊剂 431 和焊剂 430 均为熔炼型高锰焊剂。前者呈棕色至褐绿色玻璃颗粒，粒度为 8～40 目（0.4～3mm）；后者呈棕色至褐绿色玻璃状颗粒，粒度为 8～40 目（0.4～3mm）及 14～80 目（0.25～1.6mm）。上述四种焊剂均可交直流两用。现在施工中，常用的是 HJ431。HJ431 是高锰高硅低氟熔炼型焊剂。

　　焊剂若受潮，使用前必须烘焙，以防止产生气孔等缺陷，烘焙温度一般为 250℃，保温 1～2h。

（5）国家标准焊剂型号

　　现行国家标准《埋弧焊用低合金钢焊丝和焊剂》（GB/T 12470—2003）中有许多具体规定，但是应该指出，进行埋弧焊时需要加入填充焊丝；而在钢筋电渣压力焊中，不加填充焊丝，这两者有一定差别。所以在现行行业标准《钢筋焊接及验收规程》（JGJ 18—2012）及焊接生产中仍使用前企业标准提出的牌号，例如，HJ431 焊剂。

（6）钢筋电渣压力焊专用焊剂

钢筋电渣压力焊专用焊剂 HL801（哈陵 801）。该种焊剂属中锰中硅低氟熔炼型焊剂，HL801 焊剂成分配比见表 4-44。

表 4-44　HL801 焊剂成分配比（单位：%）

SiO₂＋MnO	Al₂O₃＋TiO₂	CaO＋MgO	CaF₂	FeO	P	S
＞60	＜18	＜15	5～10	3.5	≤0.08	≤0.06

通过焊接试验，对工艺参数做适当调整，可以进一步改善焊接工艺性能，起弧容易，利用钢筋本身接触起弧，正确操作时可一次性起弧；电弧过程、电渣过程稳定；能使用较小功率墨焊机焊接较大直径的钢筋，例如，配备 BX3－630 焊接变压器可以焊接直径 32mm 钢筋；渣包及焊包成型好，脱渣容易，轻敲即可全部脱落，焊包大小适中、包正、圆滑、明亮，无夹渣、咬边、气孔等缺陷。

第七节　钢筋气压焊

一、钢筋气压焊的基本原理

钢筋气压焊是利用氧气和乙炔气，按一定的比例混合燃烧的火焰，将被焊钢筋两端加热，使其达到热塑状态，经施加适当压力，使其接合的固相焊接法。

二、钢筋气压焊的特点及适用范围

1. 钢筋气压焊的特点

钢筋气压焊工艺具有设备简单、操作方便、质量好、成本低等优点，但对焊工要求严格，焊前对钢筋端面处理要求高。被焊两钢筋直径之差不得大于 7mm；若差异过大，容易造成小钢筋过烧、大钢筋温度不足而未焊透。采用氧液化石油气火焰加热，与采用氧炔焰比较，可以降低成本；采用熔态气压焊与采用固态气压焊比较，可以免除对钢筋端面平整度和清洁度的苛刻要求，方便施工。

2. 钢筋气压焊的适用范围

钢筋气压焊适用于现场焊接梁和板，也适用于柱的 Ⅱ、Ⅲ 级直径为 20～40mm 的钢筋。不同直径的钢筋也可用气压焊焊接，但直径差不大于 7mm。钢筋弯曲的地方不能焊。进口钢筋的焊接，要先做试验，以验证它的可焊性。

三、钢筋气压焊的工艺

1. 工艺流程

检查设备、气源→制备钢筋端头→安装焊接夹具和钢筋→试焊、做试件→施焊→卸下夹具→质量检查。

2. 操作要点

(1)焊前准备

①钢筋下料应用砂轮锯,不得使用切断机,以防钢筋端头呈现马蹄形而无法压接。

②钢筋端面在施焊前,应用角向磨光机打磨见新。边棱应适当倒角,端面应平,不得有凸凹以及中洼现象。钢筋端面基本上应与轴线垂直。接缝与轴线的夹角不得小于 70°;两钢筋对接面间隙不得超过 3mm。

③钢筋端面附近 5～100mm 范围内的铁锈、油污、水泥浆等杂物一定要清除干净。

④两根被连接的钢筋应用钢筋卡具对正夹紧。

(2)施焊要点

钢筋气压焊的工艺过程包括:顶压、加热与压接过程。气压焊时,要根据钢筋直径及焊接设备等具体条件选用等压法、二次加压法或三次加压法焊接工艺。图4-71 所示为气压加压法。

图 4-71 气压焊加压法

(a)等压法 (b)二次加压法 (c)三次加压法

①两钢筋安装后,预压顶紧。预压力应为 10MPa,钢筋之间的局部缝隙不能大于 3mm。

②钢筋加热初期须采用碳化焰(还原焰),对准两钢筋接缝处集中加热,并使其淡白色羽状内焰包住缝隙或伸入缝隙内,且始终不离开接缝,以免压焊面产生氧化。等接缝处钢筋呈红黄色,即对钢筋第二次加压,直至焊口缝隙完全闭合。须注意:碳化焰呈现黄色,则说明乙炔过多,应适当减少乙炔量;不能使用碳化焰外焰加热;禁止用气化过剩的氧化焰加热。

③在确认两钢筋的缝隙完全粘合后,须用中性焰,在压焊面中心 1～2 倍钢筋直径的长度范围内,均匀地摆动往返加热。摆幅应由小到大,摆速应逐渐加大,使其达到压接温度(1150～1300℃)。

④若钢筋表面变成炽白色,氧化物变成芝麻粒大小的灰白色球状物,进而聚集

成泡沫状并且开始随加热器的摆动方向移动,则可以边加热边第三次加压,应先慢后快,达到 30～40MPa,使接缝处隆起直径 1.4～1.6 倍母材、变形长度是母材直径 1.2～1.5 倍的鼓包。

在合理选用火焰的基础上,应选择合适气压焊接时间:直径 16～25mm 的钢筋为 1～2min,直径 28～32mm 的钢筋为 2～3min,直径 36～40mm 的钢筋为 3～4min。火口前端应与钢筋表面有 25～30mm 的距离。

⑤压接后,当钢筋火红色消失,即温度为 600℃～650℃时,方可解除压接器上的卡具。

⑥在加热过程中,若火焰突然中断发生在钢筋接缝已完全闭合后,即可以继续加热加压,直至完成全部压接过程;若火焰突然中断发生在钢筋接缝已完全闭合以前,则要切掉接头部分,重新压接。

3. 焊接缺陷与预防

在焊接生产中焊工应认真自检,若发现焊接缺陷,应参照表 4-45 气压焊接头焊接缺陷及清除措施查找原因,采取措施及时消除。

表 4-45　气压焊接头焊接缺陷及消除措施

项次	焊接缺陷	产生原因	防止措施
1	轴线偏移（偏心）	①焊接夹具变形,两夹头不同心,或夹具刚度不够 ②两钢筋安装不正 ③钢筋接合端面倾斜 ④钢筋未夹紧进行焊接	①检查夹具,及时修理或更换 ②重新安装夹紧 ③切平钢筋端面 ④夹紧钢筋再焊
2	弯折	①焊接夹具变形,两夹头不同心 ②平焊时,钢筋自由端过长 ③焊接夹具拆卸过早	①检验夹具,及时修理或更换 ②缩短钢筋自由端长度 ③熄火半分钟后再拆夹具
3	镦粗长度不够	①加热幅度不够宽 ②顶压力过大过急	①增大加热幅度范围 ②加压时应平稳
4	镦粗直径不够	①焊接夹具动夹头有效行程不够 ②顶压油缸有效行程不够 ③加热温度不够 ④压力不够	①检查夹具和顶压油缸,及时更换 ②采用适宜的加热温度及压力
5	镦粗长度不够	①加热幅度不够宽 ②顶压力过大过急	①增大加热幅度 ②加压时应平稳
6	钢筋表面严重烧伤	①火焰功率过大 ②加热时间过长 ③加热器摆动不匀	调整加热火焰,正确掌握操作方法

续表 4-45

项次	焊接缺陷	产生原因	防止措施
7	未焊合	①加热温度不够或热量分布不均 ②顶压力过小 ③接合端面不洁 ④端面氧化 ⑤中途灭火或火焰不当	合理选择焊接参数，正确掌握操作方法

钢筋气压焊生产中，其操作要领是：钢筋端面干净，安装时钢筋夹紧、对准；火焰调整适当，加热温度必须足够，使钢筋表面呈微熔状态，然后加压成形。

四、固态气压焊

1. 焊前准备

气压焊施焊前，钢筋端面应切平，并宜与钢筋轴线相垂直；在钢筋端部两倍直径长度范围内若有水泥等附着物，应予以清除。钢筋边角毛刺及端面上的铁锈、油污和氧化膜应清除干净，并经打磨，使其露出金属光泽，不得有氧化现象。

2. 夹装钢筋

安装焊接夹具和钢筋时，应将两钢筋分别夹紧，并使两钢筋的轴线在同一直线上。钢筋安装应加压顶紧，两钢筋之间的局部缝隙不得大于 3mm。

3. 焊接工艺过程

焊前钢筋端面应切平、打磨，使其露出金属光泽，钢筋安装夹牢，预压顶紧后，两钢筋端面局部间隙不得大于 3mm。三次加压法的工艺过程应包括：预压、密合和成型三个阶段，如图 4-72 所示。

图 4-72　φ25 钢筋三次加压法焊接工艺过程图示

t_1—碳化焰对准钢筋接缝处集中加热时间　　F_1——次加压，预压

t_2—中性焰往复宽幅加热时间　　F_2—二次加压，接缝密合

t_1+t_2—根据钢筋直径和火焰热功率而定　　F_3—三次加压、镦粗成型

4. 加热温度

气压焊加热开始至钢筋端面密合前,应采用碳化焰集中加热;钢筋端面的合适加热温度应为 1150℃～1250℃;钢筋镦粗区表面的加热温度应稍高于该温度,并随钢筋直径增大而适当提高。

很多资料表明,这个加热温度是合适的,再加上钢筋表面温度高于钢筋端面芯部温度的梯差,若以 50℃～100℃ 估算,则钢筋表面温度应达到约 1250℃～1350℃。过低,两端面不能焊合,因此,操作者应通过试验掌握好合适温度的控制。

5. 成形与卸压

通过最终的加热加压,使接头的镦粗区形成规定的合适形状,然后停止加热,略微延时,卸除压力,拆下焊接夹具。

如过早卸除压力,焊缝区域内的残余内应力或回位弹簧对接点施加的拉力,有可能使已焊成的原子间结合重新断开。

6. 灭火中断

在加热过程中,如果在钢筋端面缝隙完全密合之前发生灭火中断现象,端面必然氧化。这时,应将钢筋取下重新打磨、安装,然后点燃火焰进行焊接。如果发生在钢筋端面缝隙完全密合之后,表示结合已经焊合,可继续加热加压,完成焊接作业。

7. 接头组织和性能

图 4-73 所示为 $\phi25$ 的 20MnSi 钢筋氧乙炔固态气压焊接头各区域组织示意图。

图 4-73　$\phi25$ 的 20MnSi 钢筋氧乙炔固态气压焊接头各区域组织示意图

接头特征如下：

①焊缝没有铸造组织(柱状树枝晶)，宏观组织几乎看不到焊缝，高倍显微观察可以见到结合面痕迹。

②由于焊接开始阶段采用碳化焰，焊缝增碳较多。

③焊缝及过热区有明显的魏氏组织。

④热影响区较宽，约为钢筋直径的 1.0 倍。

五、熔态气压焊

1. 基本原理

熔态(即开式)气压焊是在钢筋端面表层熔融状态下接合的气压焊工艺，属于熔态压力焊范畴。

2. 工艺特点

(1)端面

通过烧化，把脏物随同熔融金属挤出接口外边。

(2)加热

采用氧乙炔火焰，加热速度及范围灵活掌握。采用氧液化石油气火焰，加热时间稍微长一些。

(3)结合面保护

焊接过程中结合面高温金属熔滴强烈氧化产生少量氧气体介质，减轻了结合面被氧化的可能，另外，采用乙炔过剩的碳化焰加热，造成还原气氛，减少氧化的可能。

(4)采用氧液化石油气压焊

采用氧液化石油气压焊时，氧气工作压力为 0.08MPa 左右；液化石油气工作压力为 0.04MPa 左右。

3. 操作工艺

钢筋熔态气压焊与固态气压焊相比，简化了焊前对钢筋端面仔细加工的工序，焊接过程如下：把焊接夹具固定在钢筋的端头上，端面预留间隙 3～5mm，有利于更快加热到熔化温度；端面不平的钢筋，可将凸部顶紧；不规定间隙，调整焊接夹具的调中螺栓，使对接钢筋同轴后，安装上顶压油缸，然后进行加热加压顶锻作业。

(1)一次加压顶锻成型法

先使用中性火焰以钢筋接口为中心沿钢筋轴向宽幅加热，加热幅宽大约为 1.5 倍钢筋直径加上约 10mm 的烧化间隙，待加热部分达到塑化状态(1100℃左右)时，加热器摆幅逐渐减小，然后集中于加热焊口处，在清除接头端面上附着物的同时将端面熔化，此时迅速把加热焰调成碳化焰，继续加热焊口处并保护其免受氧化。由于接头预先加热,端头在几秒钟内迅速均匀熔化,氧化物及其他脏物随着液态金属从钢筋端头上流出,待钢筋端面形成均匀的、连续的金属熔化层,端头烧成平滑的弧凸状时。在继续加热并在还原焰保护下迅速加压顶锻,钢筋截面压力达40MPa以上,挤出接口处液态金属,使接口密合,并在近缝区产生塑性变形,形成接头镦粗,焊接结束。

为了在接口区获得足够的塑性变形,一次加压顶锻成型法顶锻时钢筋端头的温度梯度要适当加大,因而加热区较窄,液态金属在顶锻时被挤出界面形成毛刺,这种接头外观与闪光焊相似,但镦粗面积扩大率比闪光焊大。

一次加压顶锻成型法生产率高,热影响区窄,现场适合焊接直径较小($\phi25$ 以下)的钢筋。

(2)两次加压顶锻成型法

第一次顶锻在较大温度梯度下进行,其主要目的是挤出端面的氧化物及脏物,使接合面密合。第二次加压是在较小温度梯度下进行,其主要目的是破坏固态氧化物,挤走过热及氧化的金属,产生合理分布的塑性变形,以获得接合牢固、表面平滑、过渡平缓的接头镦粗。

先使用中性焰对着接口处集中加热,直至端面金属开始熔化时,迅速地把加热焰调成碳化焰,继续集中加热并保护端面免受氧化,氧化物及其他脏物随同熔化金属流出来,待端头形成均匀连续的液态层并呈弧凸状时,迅速加压顶锻(钢筋横截面压力约 40MPa),挤出接口处液态金属,并在近缝区形成不大的塑性变形,使接口密合。然后把加热焰调成中性焰,在 1.5 倍钢筋直径范围内沿钢筋轴向往复均匀加热至塑化状态时,施加顶锻压力(钢筋横截面压力达 35MPa 以上),使其接头镦粗,焊接结束。

两次加压顶锻成型法的接头外观与固态气压焊接头的枣核状镦粗相似,但在接口界面处也留有挤出金属毛刺的痕迹,从纵剖面看出,有熔合区特征。

两次加压顶锻成型法接头有较多的热金属,冷却较慢,减轻淬硬倾向,外观平整,镦粗过渡平缓,减少应力集中,适合焊接直径较大($\phi25$ 以上)的钢筋。

若发现焊接缺陷,可参照表 4-45 查找原因,采取措施及时消除。

4. 接头性能

(1)拉伸性能和弯曲性能

熔态气压焊接头的拉伸应力—应变曲线与母材基本一致,超过国标规定的母材抗拉强度值,拉伸试件在母材延性断裂。

气压焊接头的拉伸性能和冷弯性能都能达到有关规程规定的要求。

(2)金相组织及硬度试验

金相试验表明,熔态气压焊接头熔合性好,没有气孔、夹渣等异常缺陷,整个压焊线都能熔合成完整晶粒,接头淬硬倾向不显著,接头综合性能满足使用要求。

5. 钢筋焊接接头偏心热矫正

　　当焊接偏心量超过规定的 $0.1d$ 但不大于 $0.4d$ 时,可进行偏心热矫正,矫正工艺根据焊接钢筋直径大小和接头温度选择进行,图 4-74 所示为钢筋焊接接头偏心热矫正示意图。通常对于直径较小($\phi20$ 及以下)的钢筋焊接,在焊接结束时可采用 F 形扳手立即进行矫正,如图 4-74(a)所示。对于直径较大($\phi20$ 以上)的钢筋焊接,则采用二次加温的方式进行,加热温度通常在 800℃ 左右,如图 4-74(b)所示。

　　(a)F形扳手矫正　　　　　　　　(b)二次加温方式矫正

图 4-74　钢筋焊接接头偏心热矫正示意图

第八节　埋弧压力焊

一、埋弧压力焊的基本原理

　　埋弧压力焊是指用于焊接预埋铁件钢筋的一种焊接方法。埋弧压力焊是将钢筋与钢板安放成 T 形,通过焊接电流在焊剂层下产生电弧形成熔池,加压完成的一种压焊方法,如图 4-75 所示。

　　在埋弧压力焊时,钢筋与钢板之间引燃电弧之后,因为电弧作用使局部母材以及部分焊剂熔化及蒸发,金属和焊剂的蒸发气体及焊剂受热熔化所产生的气体形成一个空腔。空腔被熔化的焊剂形成的熔渣所包围,焊接电弧在这个空腔内燃烧。在焊接电弧热的作用下,熔化的钢筋端部及钢板金属形成焊接熔池。待钢筋整个截面均匀加热到一定温度,将钢筋向下顶压,立即切断焊接电源,冷却凝固后形成焊接接头。

图 4-75　埋弧压力焊

1—钢筋　2—焊剂　3—挡圈
4—电弧　5—空腔　6—钢板

二、埋弧压力焊的特点

预埋件钢筋埋弧压力焊的优点是生产效率高、质量好,适合于各种预埋件 T 形接头钢筋与钢板的焊接,预制厂大批量生产时经济效益尤为显著。

1. 热效率高

在通常的自动埋弧焊中,因为焊剂及熔渣的隔热作用,电弧基本上无热的辐射损失,飞溅造成的热量损失也很小。虽用于熔化焊剂的热量有所增加,但总的热效率要比焊条电弧焊高很多。

在预埋件埋弧压力焊中,用于熔化钢筋、钢板的热量约占总热量的 72%,是相当高的。

2. 熔深大

因为焊接电流大,电弧吹力强,所以接头的熔深较大。

3. 焊缝质量好

采用一般的埋弧焊时,电弧区受到焊剂、熔渣、气腔的保护,基本上与空气隔绝,保护效果好,CO 是电弧区的主要成分。一般埋弧自动焊时焊缝金属的含氮量很低,含氧量也较低,焊缝金属力学性能良好。

焊接接头中没有气孔、夹渣等焊接缺陷。

4. 焊工劳动条件好

没有弧光辐射,放出的烟尘也较少。

5. 效率高

劳动生产率比焊条电弧焊要高 3~4 倍。

三、埋弧压力焊的适用范围

预埋件钢筋埋弧压力焊适合于热轧中 $\phi6\sim25$HPB300、HRB335、HRB400 钢筋的焊接。若需要时,可用于 $\phi28$、$\phi32$ 钢筋的焊接。钢板为普通碳素钢 Q300A,厚度为 6~20mm,与钢筋直径相匹配,如钢筋直径粗、钢板薄,易将钢板过烧甚至烧穿。

四、埋弧压力焊的工艺

整个焊接过程为:引弧→电弧→电渣→顶压。

1. 焊剂

在预埋件钢筋埋弧压力焊中,可采用 HJ 431 焊剂。

2. 焊接操作

埋弧压力焊时,先将钢板放平,与铜板电极接触良好;将锚固钢筋于夹钳内夹牢;放好挡圈,注满焊剂;接通高频引弧装置和焊接电源后,立即将钢筋上提 2.5~

4mm,引燃电弧。若钢筋直径较细,适当延时,使电弧稳定燃烧;若钢筋直径较粗,则继续缓慢提升 3~4mm,再渐渐下送,使钢筋端部和钢板熔化,待达到一定时间后迅速顶压。顶压时不要用力过猛,防止钢筋插入钢板表面之下,形成凹陷。敲去渣壳,四周焊包应较均匀,凸出钢筋表面的高度至少 4mm,如图 4-76 所示。

图 4-76　预埋件钢筋
埋弧压力焊接头

3. 钢筋位移

在采用手工埋弧压力焊机,或采用电磁式自动焊机且钢筋直径较细时,钢筋的位移如图 4-77(a)所示;当钢筋直径较粗时,钢筋的位移如图 4-77(b)所示。

(a)　　　　　　　　　　　　　(b)

图 4-77　预埋件钢筋埋弧压力焊钢筋位移图解
(a)钢筋直径较细时的位移　(b)钢筋直径较粗时的位移
t_1—引弧过程　t_2—电弧过程　t_3—电渣过程　t_4—顶压过程

4. 埋弧压力焊参数

埋弧压力焊的主要焊接参数包括:引弧提升高度、电弧电压、焊接电流、焊接通电时间,表 4-46 所示为埋弧压力焊焊接参数。

表 4-46　埋弧压力焊焊接参数

钢筋牌号	钢筋直径/mm	引弧提升高度/mm	电弧电压/V	焊接电流/A	焊接通电时间/s
HPB300 HRB335 HRB400	6	2.5	30~35	400~450	2
	8	2.5	30~35	500~600	3
	10	2.5	30~35	500~650	5
	12	3.0	30~35	500~650	8
	14	3.5	30~35	500~650	15
	16	3.5	30~40	500~650	22
	18	3.5	30~40	500~650	30
	20	3.5	30~40	500~650	33
	22	4.0	30~40	500~650	36
	25	4.0	30~40	500~650	40

在生产中,若具有 1000 型弧焊变压器,可采用大电流、短时间的强参数焊接法,以提高劳动生产率。例如:焊接 $\phi10$ 钢筋时,采用焊接电流 550~650A,焊接通电时间 4s;焊接 $\phi16$ 钢筋时,650~800A,11s;焊接 $\phi25$ 钢筋时,650~800A,23s。

5. 埋弧压力焊工艺应符合的规定

①钢板应放平,并应与铜板电极接触紧密。

②将锚固钢筋夹于夹钳内,应夹牢;应放好挡圈,注满焊剂。

③接通高频引弧装置和焊接电源后,应立即将钢筋上提,引燃电弧,使电弧稳定燃烧,再渐渐下送。

④顶压时,用力应适度。

⑤敲去渣壳,四周焊包凸出钢筋表面的高度,当钢筋直径为 18mm 及以下时,不得小于 3mm;当钢筋直径为 20mm 及以上时,不得小于 4mm。

6. 焊接缺陷及消除措施

在埋弧压力焊生产中,引弧、燃弧(钢筋维持原位或缓慢下送)和顶压等环节应密切配合;焊接地线应与铜板电极接触良好,并对称接地;及时消除电极钳口的铁锈和污物,修理电极钳口的形状等,以保证焊接质量。

焊工应认真自检,若发现焊接缺陷时,应参照表 4-47 查找原因并及时消除。

表 4-47 预埋件钢筋埋弧压力焊接头焊接缺陷及消除措施

项次	焊接缺陷	产生原因	消除措施
1	钢筋咬边	①焊接电流太大或焊接时间过长 ②顶压力不足	①减小焊接电流或缩短焊接时间 ②增大压力
2	气孔	①焊剂受潮 ②钢筋或钢板上有锈、油污	①烘焙焊剂 ②消除钢板和钢筋上的铁锈、油污
3	夹渣	①焊剂中混入杂物 ②过早切断焊接电流 ③顶压太慢	①清除焊剂中熔渣等杂物 ②避免过早切断焊接电流 ③加快顶压速度
4	未焊合	①焊接电流太小,通电时间太短 ②顶压力不足	①增大焊接电流,增加熔化时间 ②适当加大压力
5	焊包不均匀	①焊接地线接触不良 ②未对称接地	①保证焊接地线的接触良好 ②使焊接处对称导电
6	钢板焊穿	①焊接电流太大或焊接时间过长 ②钢板局部悬空	①减小焊接电流或减少焊接通电时间 ②在焊接时避免钢板呈局部悬空状态
7	钢筋淬硬脆断	①焊接电流太大,焊接时间太短 ②钢筋化学成分超标	①减小焊接电流,延长焊接时间 ②检查钢筋化学成分
8	钢板凹陷	①焊接电流太大,焊接时间太短 ②顶压力太大,压入量过大	①减小焊接电流,延长焊接时间 ②减小顶压力,减小压入量

五、预埋件钢筋埋弧螺柱焊

1. 埋弧螺柱焊的基本原理

预埋件钢筋埋弧螺柱焊的基本原理是采用螺柱焊焊枪的夹头将钢筋夹紧,垂直顶压在钢筋上,注满焊剂,利用螺柱焊主机输出强电流,通过钢筋与钢板接触点的瞬间上提钢筋,引燃电弧,经短时燃烧,融化钢筋端部和钢板表面,形成熔池,按照设置的焊接电流和焊接时间,使钢筋端部插入熔池,断电,停歇数秒钟,去掉渣壳,露出光泽焊包,焊接结束。

2. 埋弧螺柱焊的工艺

套上焊剂盒,顶紧钢筋→注满焊剂,接通电源,钢筋上提→引燃电弧,电弧燃烧→钢筋插入熔池→自动断电,打掉渣壳,焊接完成,图 4-78 所示为预埋件钢筋埋弧螺柱焊工艺过程。

(a)　　　　　　(b)　　　　　　(c)　　　　　　(d)　　　　　　(e)

图 4-78　预埋件钢筋埋弧螺柱焊工艺过程

(a)注满焊剂　(b)钢筋上提　(c)燃弧　(d)钢筋插入熔池　(e)焊接结束

图 4-79 所示为预埋件钢筋埋弧螺柱焊示意图。

图 4-79　预埋件钢筋埋弧螺柱焊示意图

1—焊接电缆拉线端　2—控制电缆接线端　3—主机　4—手把　5—焊枪　6—支撑杆
7—钢筋　8—焊剂盒　9—钢板　10—接地电缆　11—控制电缆　12—焊接电缆

预埋件钢筋埋弧螺柱焊机主要用于大直径钢筋的 T 形接头。若采用电弧螺柱焊时,因为钢筋的圆周表面凹凸不平,使用瓷环保护效果不佳,通过对瓷环保护的钢筋焊接试件的金相检查,发现焊缝内有气孔,这无疑降低了焊接接头的力学性能。而用埋弧螺柱焊焊接的接头,焊缝内无气孔、夹渣、裂纹等缺陷,这说明埋弧螺柱焊是钢筋 T 形接头的良好焊接方法。

第九节　钢筋焊接的质量检验与验收

一、质量检验与验收基本规定

钢筋焊接接头或焊接制品(焊接骨架、焊接网)应按检验批进行质量检验与验收。检验批的划分应符合《钢筋焊接及验收规程》(JGJ 18—2012)第 5.2 节至第 5.8 节的有关规定。质量检验与验收应包括外观质量检查和力学性能检验,并划分为主控项目和一般项目两类。

纵向受力钢筋焊接接头验收中,闪光对焊接头、电弧焊接头、电渣压力焊接头、气压焊接头和非纵向受力箍筋闪光对焊接头、预埋件钢筋 T 形接头的连接方式应符合设计要求,并应全数检查,检查方法为目视观察。焊接接头力学性能检验应为主控项目。焊接接头的外观质量检查应为一般项目。

不属于专门规定的电阻焊点和钢筋与钢板电弧搭接焊接头可只做外观质量检查,属一般项目。

(1)外观质量检查

纵向受力钢筋焊接接头、箍筋闪光对焊接头、预埋件钢筋 T 形接头的外观质量检查应符合下列规定:

①纵向受力钢筋焊接接头,每一检验批中应随机抽取 10% 的焊接接头;箍筋闪光对焊接头和预埋件钢筋 T 形接头应随机抽取 5% 的焊接接头。检查结果,外观质量应符合《钢筋焊接及验收规程》(JGJ 18—2012)第 5.3 节至第 5.8 节中有关规定。

②焊接接头外观质量检查时,首先应由焊工对所焊接头或制品进行自检;在自检合格的基础上由施工单位项目专业质量检查员检查,并将检查结果填写于《钢筋焊接及验收规程》(JGJ 18—2012)附录 A"钢筋焊接接头检验批质量验收记录"。

外观质量检查结果,当各小项不合格数均小于或等于抽检数的 15%,则该批焊接接头外观质量评为合格;当某一小项不合格数超过抽检数的 15% 时,应对该批焊接接头该小项逐个进行复检,并剔出不合格接头。对外观质量检查不合格接头采取修整或补焊措施后,可提交二次验收。

(2)试验报告

施工单位项目专业质量检查员应检查钢筋、钢板质量证明书、焊接材料产品合格证和焊接工艺试验时的接头力学性能试验报告。钢筋焊接接头力学性能检验时，应在接头外观质量检查合格后随机切取试件进行试验。试验方法应按现行行业标准《钢筋焊接接头试验方法标准》(JGJ/T 27—2014)有关规定执行。试验报告应包括下列内容：

①工程名称、取样部位。

②批号、批量。

③钢筋生产厂家和钢筋批号、钢筋牌号、规格。

④焊接方法。

⑤焊工姓名及考试合格证编号。

⑥施工单位。

⑦焊接工艺试验时的力学性能试验报告。

(3)结果评定

钢筋闪光对焊接头、电弧焊接头、电渣压力焊接头、气压焊接头、箍筋闪光对焊接头、预埋件钢筋 T 形接头的拉伸试验，应从每一检验批接头中随机切取三个接头进行试验并应按下列规定对试验结果进行评定：

①符合下列条件之一，应评定该检验批接头拉伸试验合格：3 个试件均断于钢筋母材，呈延性断裂，其抗拉强度大于或等于钢筋母材抗拉强度标准值。2 个试件断于钢筋母材，呈延性断裂，其抗拉强度大于或等于钢筋母材抗拉强度标准值；另一试件断于焊缝，呈脆性断裂，其抗拉强度大于或等于钢筋母材抗拉强度标准值的1.0 倍。

(注：试件断于热影响区，呈延性断裂，应视作与断于钢筋母材等同；试件断于热影响区。呈脆性断裂。应视作与断于焊缝等同。)

②符合下列条件之一，应进行复验：2 个试件断于钢筋母材，呈延性断裂，其抗拉强度大于或等于钢筋母材抗拉强度标准值；另一试件断于焊缝或热影响区，呈脆性断裂，其抗拉强度小于钢筋母材抗拉强度标准值的 1.0 倍。1 个试件断于钢筋母材，呈延性断裂，其抗拉强度大于或等于钢筋母材抗拉强度标准值；另 2 个试件断于焊缝或热影响区，呈脆性断裂。(注：该 2 个试件抗拉强度均大于或等于钢筋母材抗拉强度标准值，或其中 1 个试件抗拉强度大于或等于钢筋母材抗拉强度标准值，另 1 个试件抗拉强度小于钢筋母材抗拉强度标准值，应进行复检；若 2 个试件抗拉强度均小于钢筋母材抗拉强度标准值，应判定该检验批接头拉伸试验不合格)。

③3 个试件均断于焊缝，呈脆性断裂，其抗拉强度均大于或等于钢筋母材抗拉强度标准值的 1.0 倍，应进行复验。当 3 个试件中有 1 个试件抗拉强度小于钢筋母材抗拉强度标准值的 1.0 倍，应评定该检验批接头拉伸试验不合格。

④复验时，应切取 6 个试件进行试验。试验结果，若有 4 个或 4 个以上试件断

于钢筋母材,呈延性断裂,其抗拉强度大于或等于钢筋母材抗拉强度标准值,另 2 个或 2 个以下试件断于焊缝,呈脆性断裂,其抗拉强度大于或等于钢筋母材抗拉强度标准值的 1.0 倍,应评定该检验批接头拉伸试验复验合格。

⑤可焊接余热处理钢筋 RRB400W 焊接接头拉伸试验结果,其抗拉强度应符合同级别热轧带肋钢筋抗拉强度标准值 540MPa 的规定。

⑥预埋件钢筋 T 形接头拉伸试验结果,3 个试件的抗拉强度均大于或等于表 4-48 中预埋件钢筋 T 形接头抗拉强度规定值时,应评定该检验批接头拉伸试验合格。若有一个接头试件抗拉强度小于表 4-48 中预埋件钢筋 T 形接头抗拉强度规定值时,应进行复验。

复验时。应切取 6 个试件进行试验。复验结果,其抗拉强度均大于或等于表 4-48 中预埋件钢筋厂形接头抗拉强度规定值时。应评定该检验批接头拉伸试验复验合格。

表 4-48　预埋件钢筋 T 形接头抗拉强度规定值

钢筋牌号	抗拉强度规定值/MPa
HPB300	400
HRB335、HRBF335	435
HRB400、HRBF400	520
HRB500、HRBF500	610
RRB400W	520

(4)弯曲试验

钢筋闪光对焊接头、气压焊接头进行弯曲试验时,应从每一个检验批接头中随机切取 3 个接头,焊缝应处于弯曲中心点,弯心直径和弯曲角度应符合表 4-52 钢筋对接接头弯曲试验指标中的规定。弯曲试验结果应按下列规定进行评定:

①当弯曲至 90°时有 2 个或 3 个试件外侧(含焊缝和热影响区)未发生宽度达到 0.5mm 的裂纹,应评定该检验批接头弯曲试验合格。

②当有 2 个试件发生宽度达到 0.5mm 的裂纹,应进行复验。

③当有 3 个试件发生宽度达到 0.5mm 的裂纹,应评定该检验批接头弯曲试验不合格。

④复验时应切取 6 个试件进行试验。复验结果不超过 2 个试件发生宽度达到 0.5mm 的裂纹时,应评定该检验批接头弯曲试验复验合格。

钢筋焊接接头或焊接制品质量验收时,应在施工单位自行质量评定合格的基础上,由监理(建设)单位对检验批有关资料进行检查,组织项目专业质量检查员等进行验收,并应按规定记录。

二、钢筋焊接骨架

不属于专门规定的焊接骨架和焊接网可按下列规定的检验批只进行外观质量

检查：

①凡钢筋牌号、直径及尺寸相同的焊接骨架和焊接网应视为同一类型制品,且每300件作为一批,一周内不足300件的亦应按一批计算,每周至少检查一次。

②外观质量检查时,每批应抽查5%,且不得少于5件。

焊接骨架外观质量检查结果,应符合下列规定：

①焊点压入深度应符合《钢筋焊接及验收规程》(JGJ 18—2012)第4.2.5条的规定。

②每件制品的焊点脱落、漏焊数量不得超过焊点总数的4%,且相邻两焊点不得有漏焊及脱落。

③应量测焊接骨架的长度、宽度和高度,并应抽查纵、横方向3~5个网格的尺寸,其允许偏差应符合表4-49焊接骨架的允许偏差中的规定。

④当外观质量检查结果不符合上述规定时,应逐件检查,并剔出不合格品。对不合格品,经整修后可提交二次验收。

表 4-49　焊接骨架的允许偏差

项　目		允许偏差/mm
焊接骨架	长度	±10
	宽度	±5
	高度	±5
骨架钢筋间距		±10
受力主筋	间距	±15
	排距	±5

三、钢筋电阻点焊的质量检验

①检验数量。凡是钢筋牌号、直径以及尺寸相同的焊接骨架和焊接网须视为同一类型制品并每300件作为一批,一周内不足300件的也须按照一批计算。

②外观检查须按同一类型制品分批检查,每批应抽查5%,且不能少于5件。

③力学性能检验的试件,须从每批成品中切取;切取过试件的制品须补焊同牌号、同直径的钢筋,其每边的搭接长度不得小于两个孔格的长度。若焊接骨架所切取试件的尺寸小于规定的试件尺寸,或受力钢筋直径大于8mm,则可以在生产过程中制作模拟焊接试验网片如图4-80(a)所示,从中切取试件。

④若由几种直径钢筋组合的焊接骨架或焊接网,须对每种组合的焊点做力学性能检验,焊接网剪切试件要沿同一横向钢筋随机切取。

⑤热轧钢筋的焊点须做剪切试验,试件须为3件;冷轧带肋钢筋焊点除做剪切试验外,还须对纵向和横向冷轧带肋钢筋做拉伸试验,试件各为1件。剪切试件纵

筋长度要大于或等于 290mm,横筋长度要大于或等于 50mm,如图 4-80(b)所示;拉伸试件纵筋长度要大于或等于 300mm,如图 4-80(c)所示。

⑥切取剪切试件时,须使制品中的纵向钢筋成为试件的受拉钢筋。

图 4-80 钢筋模拟焊接试验网片与试件
(a)模拟焊接试验网简图 (b)钢筋焊点剪切试件 (c)钢筋焊点拉伸试件

四、钢筋焊接网的质量检验

成品钢筋焊接网进场时,应按批抽样检验,钢筋焊接网质量标准及检验方法见表 4-50。

表 4-50 钢筋焊接网质量标准及检验方法

项次	项目	质量要求及检验	取样数量
1	外观检查	钢筋交叉点开焊数量不得超过整个网片交叉总数的 1%,并且任一根钢筋上开焊点数不得超过该根钢筋上交叉点总数的 50%。焊接网最外边钢筋上的交叉点不得开焊	每批钢筋焊接网应由同一厂家生产的、受力主筋为同一直径、同一级别的焊接网组成,质量不应大于 20t 每批焊接网外观质量和几何尺寸的检验,应抽取 5% 的网片,且不得少于 3 片
		焊接网表面不得有油污及其他影响使用的缺陷,可允许有毛刺、表面浮锈	
		焊接网几何尺寸的允许偏差:对网片的长度、宽度为 ±25mm;对网格的长度、宽度为 ±10mm。当需方有要求时,经供需双方协商,焊接网片长度允许偏差可取 ±10mm	

续表 4-50

项次	项目		质量要求及检验	取样数量
2	力学性能试验	抗剪试验	抗剪试验时，应采用能悬挂于试验机上专用的抗剪试验夹具。抗剪试验结果，3 个试件抗剪力的平均值应符合下式计算的抗剪力： $$F \geqslant 0.3 \times A_0 \times R_{el}$$ 式中，F——抗剪力； $\quad A_0$——较大钢筋的横截面积； $\quad R_{el}$——该级别钢筋的屈服强度。 当抗剪试验不合格时，应在取样的同一横向钢筋上所有交叉焊点取样检查；当全部试件平均值合格时，应确认该批焊接网为合格品	钢筋焊接网的焊点应做力学性能试验。在每批焊接网中，应随机抽取一张网片，在纵、横向钢筋上各截取两根试件，分别进行拉伸和冷弯试验；并在同一根非受拉钢筋上随机截取 3 个抗剪试件。图 4-81 所示为钢筋焊接网试验 　　力学性能试件，应从成品中切取，切取过试件的制品，应补焊同级别、同直径钢筋，其每边搭接的长度不应小于 2 个孔格的长度
		拉伸、弯曲试验	拉伸试验与弯曲试验方法与常规方法相同。试验结果应符合该级别钢筋的力学性能指标；如不合格，则应加倍取样进行不合格项目的检验。复验结果全部合格时，该批钢筋网方可判定为合格	

　　钢筋点焊生产过程中，应随时检查制品的外观质量，当发现焊接缺陷时，应参照表 4-34 查找原因，采取措施及时消除。

图 4-81　钢筋焊接网试验
(a)拉伸试验；(b)抗剪试验

五、钢筋闪光对焊接头的质量检验

1. 钢筋闪光对焊接头质量标准及检验方法

钢筋闪光对焊接头质量标准及检验方法见表 4-51。

表 4-51　钢筋闪光对焊接头质量标准及检验方法

项次	项目		质量要求及检验	取样数量
1	外观检查	质量要求	(1)接头处不得有横向裂纹 (2)与电极接触处的钢筋表面不得有明显的烧伤 (3)接头处的弯折,不得大于 4° (4)接头处的钢筋轴线偏移 a,不得大于钢筋直径的0.1倍,且不得大于 2mm;其测量方法如图 4-82 所示	在同一台班内,由同一焊工,按同一焊接参数完成的300 个同类型接头作为一批。一周内连续焊接时,可以累计计算。一周内累计不足 300 个接头时,也按一批计算钢筋闪光对焊接头的外观检查,每批抽查 10% 的接头,且不得少于10 个
		质量检验	当有一个接头不符合要求时,应对全部接头进行检查,剔出不合格接头,切除热影响区后重新焊接	
2	拉伸试验	质量要求	(1)三个试件的抗拉强度均不得低于该级别钢筋的抗拉强度标准值 (2)至少有两个试样断于焊缝之外,并呈塑性断裂	
		质量检验	当检验结果有一个试件的抗拉强度低于规定指标,或有两个试件在焊缝或热影响区发生脆性断裂时,应取双倍数量的试件进行复验。复验结果,若仍有一个试件的抗拉强度低于规定指标,或有三个试件呈脆性断裂,则该批接头即为不合格品 模拟试件的检验结果不符合要求时,复验应从成品中切取试件,其数量和要求与初试时相同	
3	弯曲试验	质量要求	钢筋闪光对焊接头弯曲试验时,应将受压面的金属毛刺和镦粗变形部分去掉,与母材的外表齐平弯曲试验可在万能试验机、手动或电动液压弯曲机上进行,焊缝应处于弯曲的中心点,弯心直径见表 4-52 钢筋对接接头弯曲试验指标中。弯曲至 90°时,至少有 2 个试件不得发生破断	钢筋闪光对焊接头的力学性能试验包括拉伸试验和弯曲试验,应从每批成品中切取 6 个试件,3 个进行拉伸试验,3 个进行弯曲试验
		质量检验	当试验结果,有 2 个试件发生破断时,应再取 6 个试件复验。复验结果,当仍有 3 个试件发生破断,应确认该批接头为不合格品	

图 4-82　对焊接头轴线偏移测量方法

1—测量尺　2—对焊接头

表 4-52　钢筋对接接头弯曲试验指标

钢筋级别	弯心直径/mm	弯曲角(°)
HPB300	2d	90
HRB335、HRBF335	4d	90

续表 4-52

钢筋级别	弯心直径/mm	弯曲角(°)
HRB400、HRBF400、RRB400W	5d	90
HRB500、HRBF500	7d	90

注：①d 为钢筋直径。②直径大于 25mm 的钢筋对焊接头，做弯曲试验时弯心直径应增加一个钢筋直径。

2. 箍筋闪光对焊接头

1)箍筋闪光对焊接头应分批进行外观质量检查和力学性能检验,并应符合下列规定:

①在同一台班内,由同一焊工完成的 600 个同牌号、同直径箍筋闪光对焊接头作为一个检验批;如超出 600 个接头,其超出部分可以与下一台班完成接头累积计算。

②每一检验批中,应随机抽查 5‰的接头进行外观质量检查。

③每个检验批中应随机切取 3 个对焊接头做拉伸试验。

2)箍筋闪光对焊接头外观质量检查结果,应符合下列规定:

①对焊接头表面应圆滑、无毛刺状,不得有肉眼可见裂纹。

②轴线偏移不得大于钢筋直径的 1/10,且不得大于 1mm。

③对焊接头所在直线边的顺直度检测结果凹凸不得大于 5mm。

④对焊箍筋外皮尺寸应符合设计图纸的规定,允许偏差应为±5mm。

⑤与电极接触处的钢筋表面不得有明显烧伤。

六、钢筋电弧焊接头的质量检验

钢筋电弧焊接头质量标准及检验方法详见表 4-53。

表 4-53　钢筋电弧焊接头质量标准及检验方法

项次	项目	质量要求及检验	取样数量
1	外观检查	钢筋电弧焊接头外观检查结果,应符合下列要求: ①焊缝表面应平整,不得有凹陷或焊瘤 ②焊接接头区域不得有裂纹 ③坡口焊、熔槽帮条焊接头的焊缝余高不得大于 3mm ④预埋件 T 形接头的钢筋间距偏差不应大于 10mm,钢筋相对钢板的直角偏差不得大于 4° 外观检查不合格的接头,经修整或补强后,可提交二次验收	电弧焊接头外观检查,应在清查后逐个进行目测或量测。当进行力学性能试验时,应按下列规定抽取试件: ①以 300 个同一接头形式、同一钢筋级别的接头作为一批,从成品中每批随机切取 3 个接头进行拉伸试验 ②在装配式结构中,可按生产条件制作模拟构件

续表 4-53

项次	项目	质量要求及检验	取样数量
2	拉伸试验	钢筋电弧焊接头拉伸试验结果,应符合下列要求: ①3 个热轧钢筋接头试件的抗拉强度均不得小于该级别钢筋规定的抗拉强度 ②3 个接头试件均应断于焊缝之外,并应至少有 2 个试件呈延性断裂 当试验结果有一个试件的抗拉强度小于规定值,或有 1 个试件断于焊缝,或有两个试件发生脆性断裂时,应再取 6 个试件进行复验。复验结果当有一个试件抗拉强度小于规定值,或有一个试件断于焊缝,或有 3 个试件呈脆性断裂时,应确认该批接头为不合格品 模拟试件试验结果不符合要求时,复验应再从成品中切取,其数量和要求应与初始试验时相同	电弧焊接头外观检查,应在清查后逐个进行目测或量测。当进行力学性能试验时,应按下列规定抽取试件: ①以 300 个同一接头形式、同一钢筋级别的接头作为一批,从成品中每批随机切取 3 个接头进行拉伸试验 ②在装配式结构中,可按生产条件制作模拟构件

七、钢筋电渣压力焊接头的质量检验

钢筋电渣压力焊接头质量标准及检验方法见表 4-54。

表 4-54　钢筋电渣压力焊接头质量标准及检验方法

项次	项目	质量要求及检验	取样数量
1	外观检查	①四周焊包凸出钢筋表面的高度应大于或等于 4mm ②钢筋与电极接触处应无烧伤缺陷 ③接头处的弯折角不得大于 4° ④接头处的轴线偏移不得大于钢筋直径 0.1 倍,且不得大于 2mm,外观检查不合格的接头应切除重焊,或采用补强焊接措施	电渣压力焊接头应逐个进行外观检查。当进行力学性能试验时,应从每批接头中随机切取 3 个试件做拉伸试验,且应按下列规定抽取试件: ①在一般构筑物中,应以 300 个同级别钢筋接头作为一批 ②在现浇钢筋混凝土多层结构中,应以每一楼层或施工区段中 300 个同级别钢筋接头作为一批,不足 300 个接头仍应作为一批
2	拉伸试验	电渣压力焊接头拉伸试验结果,3 个试件的抗拉强度均不得小于该级别钢筋规定的抗拉强度 当试验结果有 1 个试件的抗拉强度低于规定值时,应再取 6 个试件进行复验。当复验结果仍有 1 个试件的抗拉强度小于规定值时,应确认该批接头为不合格品	

八、钢筋气压焊接头的质量检验

钢筋气压焊接头质量标准及检验方法见表 4-55。

表 4-55　钢筋气压焊接头质量标准及检验方法

项次	项目	质量标准及检验	取样数量
1	外观检查	气压焊接头外观检查结果应符合下列要求： ①偏心量 e 不得大于钢筋直径的 0.15 倍，且不得大于 4mm，见图 4-83(a)。当不同直径钢筋焊接时，应按较小钢筋直径计算。大于规定值时应切除重焊 ②两钢筋轴线弯折角不得大于 4°，当大于规定值时，应重新加热矫正 ③镦粗直径 d_c 不得小于钢筋直径的 1.4 倍，如图 4-83(b)。小于此规定值时应重新加热镦粗 ④镦粗长度 l_c 不得小于钢筋直径的 1.2 倍，且凸起部分平缓圆滑，如图 4-83(c)。小于此规定值时应重新加热镦长 ⑤压焊面偏移量 d_h 不得大于钢筋直径的 0.2 倍，如图 4-83(d) ⑥钢筋压焊区表面不得有横向裂纹或严重烧伤	气压焊接头应逐个进行外观检查
2	拉伸试验	气压焊接头拉伸试验结果，3 个试件的抗拉强度均不得小于该级别钢筋规定的抗拉强度，并应断于压焊面之外，呈延性断裂。当有 1 个试件不符合要求时，应切取 6 个试件进行复验；复验结果仍有 1 个试件不符合要求，则应确认该批接头为不合格品	当进行力学性能试验时，应从每批接头中随机切取 3 个接头做拉伸试验；在梁、板的水平钢筋连接中，应另切取 3 个接头做弯曲试验，且应按下列规定抽取试件： ①在一般构筑物中，以 300 个接头作为一批 ②在现浇钢筋混凝土房屋结构中，同一楼层中应以 300 个接头作为一批；不足 300 个接头仍应作为一批
3	弯曲试验	气压焊接头进行弯曲试验时，应将试件受压面的凸起部分消除，并应与钢筋外表面齐平。弯心直径应比原材弯心直径增加 1 倍钢筋直径，弯曲角度均为 90° 弯曲试验可在万能试验机、手动或电动液压弯曲试验器上进行；压焊面应处在弯曲中心点，弯至 90°，3 个试件均不得在压焊面发生破断 当试验结果有 1 个试件不符合要求时，应再切取 6 个试件进行复验。复验结果仍有 1 个试件不符合要求时，应确认该批接头为不合格品	

图 4-83　钢筋气压焊接头外观质量图解

（a）偏心量　（b）镦粗直径　（c）镦粗长度　（d）压焊面偏移

九、埋弧压力焊接头的质量检验

预埋件钢筋埋弧压力焊接头质量标准及检验方法见表 4-56。

表 4-56　预埋件钢筋埋弧压力焊接头质量标准及检验方法

项次	项目	质量要求及检验	取样数量
1	外观检查	埋弧压力焊接头外观检查结果，应符合下列要求： ①四周焊包凸出钢筋表面的高度应不小于 4mm ②钢筋咬边深度不得超过 0.5mm ③与钳口接触处钢筋表面应无明显烧伤 ④钢板应无焊穿，根部应无凹陷现象 ⑤钢筋相对钢板的直角偏差不得大于 4° ⑥钢筋间距偏差不应大于 10mm	预埋件钢筋 T 形接头的外观检查，应从同一台班内完成的同一类型预埋件中抽查 10%，且不得少于 10 件
2	拉伸试验	预埋件 T 字接头 3 个试件拉伸试验结果，其抗拉强度应符合下列要求： ①HPB300 级钢筋接头均不得小于 350N/mm² ②HRB335 级钢筋接头均不得小于 490N/mm² 当试验结果有 1 个试件的抗拉强度小于规定值时，应再取 6 个试件进行复验。复验结果仍有 1 个试件的抗拉强度小于规定值时，应确认该批接头为不合格品，对于不合格品，采取补强焊接后可提交二次验收	当进行力学性能试验时，应以 300 件同类型预埋件作为一批。一周内连续焊接时，可累计计算。当不足 300 件时，也应按一批计算。应从每批预埋件中随机切取 3 个试件进行拉伸试验

注：试件的尺寸如图 4-85 所示。如果从成品中切取的试件尺寸过小，不能满足试验要求时，可按生产条件制作模拟试件。

力学性能检验时,应以300件同类型预埋件作为一批。一周内连续焊接时,可累积计算。当不足300件时,亦应按一批计算。应从每批预埋件中随机切取3个接头做拉伸试验。试件的钢筋长度应小于或等于200mm,钢板(锚板)的长度和宽度应等于60mm,并视钢筋直径的增大而适当增大,图4-84所示为预埋件T形接头拉伸试件。

图 4-84　预埋件 T 形接头拉伸试件
1—钢板　2—钢筋

第十节　钢筋焊接连接实例

【例1】　钢筋混凝土路面用钢筋焊接网的最小直径及最大间距应符合现行行业标准《公路水泥混凝土路面设计规范》(JTG D40—2011)的规定。当采用冷轧带肋钢筋时,钢筋直径不应小于8mm、纵向钢筋间距不应大于200mm,横向钢筋间距不应大于300mm。焊接网的纵、横向钢筋宜采用相同的直径,钢筋的保护层厚度不应小于50mm。钢筋混凝土路面补强用的焊接网可按钢筋混凝土路面用焊接网的有关规定执行。

混凝土路面与固定构造物相衔接的胀缝无法设置传力杆时,可在毗邻构造物的板端部内配置双层钢筋焊接网;或在长度为6～10倍板厚的范围内逐渐将板厚增加20%。

混凝土路面与桥梁相接,桥头设有搭板时,应在搭板与混凝土面层板之间设置长6～10mm的钢筋混凝土面层过渡板。当桥梁为斜交时,钢筋混凝土板的锐角部分应采用钢筋焊接网补强。

混凝土面层下有箱形构造物横向穿越,其顶面至面层底面的距离小于400mm或嵌入基层时,在构造物顶宽及两侧,混凝土面层内应布设双层钢筋焊接网,上下层钢筋焊接网应设在距面层顶面和底面各1/4～1/3厚度处。

混凝土面层下有圆形管状构造物横向穿越,其顶面至面层底面的距离小于1200mm时,在构造物两侧,混凝土面层内应布设单层钢筋焊接网,钢筋焊接网设在距面层顶面1/4～1/3厚度处。

【例2】　根据《公路隧道设计规范》(JTG D70—2004)规定,在喷射混凝土内应设带肋钢筋焊接网,有利于提高喷射混凝土的抗剪和抗弯强度,提高混凝土的抗冲切能力、抗弯曲能力,提高喷射混凝土的整体性,减少喷射混凝土的收缩裂纹,防止局部掉块。钢筋焊接网网格应按矩形布置,钢筋焊接网的钢筋间距为150～300mm。可采用150mm×150mm、200mm×200mm、200mm×250mm、250mm×300mm、300mm×300mm的组合方式。

钢筋焊接网的喷射混凝土保护层的厚度不得小于20mm,当采用双层钢筋焊接网时,两层钢筋焊接网之间的间隔距离不应小于60mm。

【例3】　钢筋焊接网可用于市政桥梁和公路桥梁的桥面铺装、旧桥面改造及桥墩防裂等。通过国内上千座桥梁应用工程质量验收表明,采用焊接网明显提高桥面铺装层质量,保护层厚度合格率达97%以上,桥面平整度提高,桥面几乎无裂缝,铺装速度提高50%以上,降低桥面铺装工程造价约10%。桥面铺装层的钢筋焊接网应使用焊接网或预制冷轧带肋钢筋焊接网,不宜使用绑扎钢筋焊接网。桥面铺装用钢筋焊接网的直径及间距应依据桥梁结构形式及荷载等级确定。钢筋焊接网间距可采用100～200mm,其钢筋直径宜采用6～10mm。钢筋焊接网纵、横向宜采用相等间距,焊接网距顶面的保护层厚度不应小于20mm。

【例4】　钢筋焊接网在工程中应用,如图4-85所示。

【例5】　某大厦上部主体结构钢筋工程施工。本钢筋工程所含工艺复杂,为了加快施工进度,地上结构部分水平方向直径大于16mm钢筋连接采用闪光对焊进行焊接。根据总平面布置,地下室施工完毕后,将钢筋加工房布置到现场。上部主体结构施工过程中钢筋制作主要在场内完成,采用一台塔吊将钢筋吊运至工作面上,局部塔吊不方便吊转位置采用人工转运办法。水平地上结构钢筋由塔吊直接将钢筋吊至施工楼层进行绑扎。钢筋加工前,技术员需根据设计图纸、规范要求及钢筋配料填写钢筋配料单。钢筋配料需按以下原则进行:筋配料必须认真熟悉设计图纸,了解钢筋的锚固长度、搭接长度、保护层厚度等参数;配料时,需充分考虑梁、板、墙等各结构构件之间的关系,以便控制钢筋翻样的长度,避免构件尺寸超大或出现露筋情况。

【例6】　某商住楼工程三标段总建筑面积100785m²,包含全部地下室及地上部分1～4号楼、11号楼五栋单体建筑,其中1号楼、3号楼29层,2号楼32层,4号楼、11号楼25层。结构形式为框架剪力墙结构。

本工程梁、柱箍筋均采用封闭式闪光对焊箍筋。两种箍筋比较如图4-86所

(a) 广州鹤洞大桥

(b) 深圳地王大厦

(c) 松下万宝工厂

图 4-85　钢筋焊接网在工程中的应用

示。采用封闭箍筋有以下三大优点：

①节省原材料的用量。传统箍筋弯钩部分的钢筋用量为：抗震结构弯钩平直长度为 10d。两个弯钩共 20d；采用封闭箍筋后节省弯钩部分的钢筋用量；$\phi 8$ 箍筋每个可节约 0.083kg，$\phi 10$ 每个可节约 0.162kg。本工程共节约钢筋用量约 60t。

②提高项目经济效益。累计可节约成本约 10 万元。

③提高工作效率和质量。

【例7】　某商住楼,工程总建筑面积 64920m²,一共 35 层。结构形式为框架剪力墙结构,钢筋焊接主要应用在梁箍、柱箍。应用效果如下:能很好控制梁二排钢筋和柱角筋的位置;节约钢材、提高工效,加快工程施工进度。该商住楼工程使用闪光对焊封闭箍筋,节约钢材如下:

图 4-86　2 种箍筋比较

(a)弯钩箍筋　(b)对焊箍筋

1—弯钩　2—焊点

①φ6.5 钢筋按常规加工需要用量为 45.53t,采用闪光对焊封闭箍筋节约钢材 1.25t。

②φ8 钢筋按常规加工需要用量为 355.65t,采用闪光对焊封闭箍筋节约钢材 22.35t。

③φ10 钢筋按常规加工需要用量为 179.35t,采用闪光对焊封闭箍筋节约钢材 10.26t。

④φ12 钢筋按常规加工需要用量为 257.73t,采用闪光对焊封闭箍筋节约钢材 10.78t。

【例8】　某住宅小区。某集团公司于 2006 年 3 月至 2009 年 3 月施工,建筑面积 170600m²,框架剪力墙结构,施工采用了箍筋闪光对焊工艺技术,应用情况如下:

钢筋牌号为 Q300、HRB335。

焊接方法为箍筋闪光对焊。

钢筋接头总数共计 2194856 个。其中 Q300φ8mm1220920 个、φ10mm705454 个,HRB335φ12mm256942 个、φ14mm8662 个、φ16mm2100 个、φ18mm780 个。

焊机型号:UN—100 型闪光对焊机。

焊接工艺参数:焊接功率视钢筋直径调节,档位在 6～8 挡。直径 10mm 以下的箍筋采用"连续闪光焊";直径 10mm 以上的箍筋采用"预热闪光焊"。

焊接接头外观检查结果:接头基本无错位,焊缝位置略有镦粗,均无裂纹,外观检查全部合格。

焊接接头力学性能试验结果:所有焊接接头试件,经清远市建筑工程质量监督检测站(CMA 认证机构)检测,抗拉试验力学性能均为合格。

优越性和经济分析:

①解决了传统弯钩箍筋在主筋密集或箍筋较粗时,无法将箍筋两端均弯成 135°弯钩的质量问题。

②用闪光对焊箍筋安装的柱梁钢筋骨架,成型尺寸准确,观感质量好。

③柱梁钢筋安装时,由于闪光对焊箍筋没有弯钩,好滑动,明显提高了安装速度。

④本工程应用闪光对焊箍筋共计 2194856 个,与传统 135°弯钩箍筋比较,节约钢材 301034kg,按每千克 3.80 元计算,经济价值 114.39 万元。

【例 9】 某地新建医疗大楼,建筑面积 51000m²,地上 15 层、地下 2 层。地下室底板长 122m、宽 25～35m,为不规则多边形。底板厚度 1.2m,上、下两层钢筋网,钢筋间距为 150mm,为原Ⅱ级钢筋,直径 25mm。

为了节约钢筋,加快施工进度,钢筋连接采用闪光对焊及窄间隙电弧焊相结合的办法。首先在钢筋加工厂用闪光对焊接长约 20m,运到工地,再用塔吊运到地下室地板位置,采用窄间隙电弧焊连接,共焊接接头 4584 个。

焊接设备采用了交流节能弧焊机,焊条采用了 ϕ4J606 低氢型焊条,采用自控远红外电焊条烘干箱烘焙,保温筒保温。

每天投入焊工 2～3 名、辅助工 4～6 名,实际施焊约 20 天。

焊成后,120m 长的钢筋就像 1 根钢筋,网格整齐美观。11 批试件抽样检查,每批 3 个拉伸、3 个正弯、3 个反弯,9 个试件全部合格。

该工程原设计是搭接 35d(d 为钢筋直径),两端各焊 3 天。后改用窄间隙电弧焊,共节约钢筋 15.35t,价值 5.83 万元,平均每个接头节约 12.72 元,每个焊工节约 1.17 万元。

【例 10】 某发电厂工程,施工中,钢筋混凝土均采用预制构件梁、柱的框架结构。在安装中均采用钢筋坡口焊,大大提高了施工速度及工程进度。

电厂工程使用了原Ⅱ、Ⅲ级钢筋,牌号包括:20MnSi、20MnSiNb、20MnSiV 等,钢筋直径有 22、25、28、32mm。为了确保质量,选用了 E5015 直流低氢型焊条,施焊时,采用直流反接,焊条直径为 3.2 和 4.0mm。

焊接设备采用了 AX-500 旋转极式直流弧焊机。电厂的框架高达 60m,中间有好几个节点,焊接电缆有时长达 100m,需对焊接电流做工适当调高。

柱间节点是钢筋坡口立焊,梁柱节点是钢筋坡口平焊。

钢筋坡口尺寸、钢垫板尺寸、焊条烘焙、施焊工艺等均按照规程和规定进行。

采用 ϕ3.2 焊条时,焊接电流约为 110A;采用 ϕ4.0 焊条时,约为 160A。平焊时,焊接电流稍大。无论平焊、立焊,都由两名或 4 名焊工对称施焊,每焊完一层,需清渣干净。为了减少过热,几个接头轮流施焊,多层多道焊,保证道间温度,并注意坡口边充分熔化。坡口接头焊满后,再在焊缝上薄薄施焊一圈,形成平缓过渡。加强焊缝高度均不大于 3mm,垫板与钢筋之间焊牢。

现场设专人调整焊接电流大小、烘干焊条、当天做原始记录和气象记录。焊条烘干后,装入保温筒带至现场使用。

施焊时,采用短弧,摆动小、手法稳,避免空气侵入,焊接速度均匀、适当,断弧干脆,弧坑已填满。

该公司采用钢筋坡口焊,焊接接头多达 15 万个。这些厂房现已投入使用,运行良好。实践证明,钢筋坡口焊是目前装配式框架节点中不可缺少的焊接方法,不仅节约钢筋,而且施工速度快,在建筑施工中带来良好的经济效益。

【例 11】　在高层建筑现浇钢筋混凝土工程中,大直径钢筋竖向连接是一项工作量大的中间工序,其完成速度的快慢及质量的优劣直接影响到工程的质量。传统的电弧焊,焊接速度慢、工艺要求高、费用大。随着建筑行业科学与技术的发展,电渣压力焊应用于柱纵向钢筋连接已得到广泛认同。

某公司楼高 15 层的工程,柱纵向钢筋直径为 25mm 和 32mm,需使用电渣压力焊将钢筋接长,该工程采取如下措施。

1)按电渣压力焊施焊:安装焊接钢筋→安放垫压引弧铁→缠绕石棉绳装上焊剂盒→装放焊剂→接通电源引弧电压→造渣过程形成渣池→电渣过程钢筋端面熔化→切断电源,顶压钢筋完成焊接→卸出焊剂,拆卸焊盒→拆除夹具。

①将电源与交流弧焊机、控制器、焊机按厂家提供要求接好。

②把焊机上的下夹钳夹在固定的钢筋上,把待焊钢筋夹在上夹钳上,扶直钢筋时,上下钢筋的肋要对准。

③垫压引弧铁,先用石棉绳或石棉布绑一圈后,在上面装焊剂筒,焊剂必须装满,轻轻压实,钢筋置于焊剂筒中心位置。

④按下机头启动按钮,使焊机通电,反时针方向摇动手柄引弧,如一次引弧不成,将手柄顺时针方向摇动,使两钢筋接触,电压到零时,迅速将手柄反时针方向摇动,再次引弧。

⑤引弧后,迅速调整手柄,使焊接电压保持在 25～35V 之间,红灯亮时,均匀中速顺时针方向摇动手柄,使两筋接触,按停电按钮,此时焊接完成。如引弧不良,在红灯亮后,可用数数方法计时,以保证焊接时间。

⑥焊接完毕,待 10s 左右打开焊剂筒,倒出剩余焊剂,松开机头紧固螺丝,卸下机头,开始下个焊点。

⑦待焊口冷却后,敲掉口上的焊渣,敲渣时要戴防护眼镜。

2)质量措施:

①钢筋焊接的端头要直,端面要平。

②上、下钢筋必须同心,否则应进行调整。

③焊接过程中不允许搬动钢筋,以保证钢筋自由向下正常落下,否则会产生外观虽好的"假焊"接头。

④顶压钢筋时,需扶直并且静止约 0.5min,确保接头铁液固化。冷却时间约

2～3min,然后才能拆除药盒。在焊剂盒能够周转的情况下,尽量晚拆药盒,以确保焊头的缓冷。

⑤正式试焊前,应先按同批钢筋和相同焊接参数制作试件,经检验合格后,才能确定按焊接参数进行施工。钢筋种类、规格变换或焊机维修后,均需进行焊前试验。

⑥在施焊过程中,如发现铁液溢出,应及时增添焊药封闭。

⑦当引弧后,在电弧稳定燃烧时,如发现渣池电压低,表明上、下钢筋之间距离小,容易产生短路(即两钢筋粘在一起);当渣池电压过高时,表明上、下钢筋之间的距离过大,则容易发生断路,均需调整。

⑧通电时间的控制,宜采用自动报警装置,以便于切断电路。

⑨焊接设备的外壳必须接地,操作人员必须戴绝缘手套和穿绝缘鞋。

⑩负温焊接时(气温在−5℃左右),应根据不同的钢筋直径,适当完成通电时间,增大焊接电流,搭设挡风设施和延长打掉渣壳的时间等。雨雪天不得施焊。

3)安全措施:

①电渣焊使用的焊机设备外壳必须接地,露天放置的焊机应有防雨遮盖。

②焊接电缆必须有完整的绝缘,绝缘性能不良的电缆禁止使用。

③在潮湿地方作业时,应用干燥木板或橡胶片等绝缘物做垫板。

④焊工作业应佩戴专用手套和绝缘鞋,手套及绝缘鞋应保持干燥。

⑤在大、中雨天时严禁进行焊接施工。在小雨天时,焊接施工要有可靠的遮蔽防护措施,焊接设备要遮蔽好,电线要保证绝缘良好,焊药必须保持干燥。

⑥在高温天气施工时,焊接施工现场要做好防暑降温工作。

⑦用于电渣焊作业的工作台、脚手架,必须牢固、可靠、安全适用。

工期、成本的比较分析:市场竞争日趋激烈,施工工期与成本控制成为了各企业竞争的两个重点。该工程纵向钢筋接长施工采用了电渣压力焊,与传统电弧焊接、绑扎搭接技术比较,不但其施工速度得到加快,模板工序也能紧密配合搭接,而且钢筋焊接试件强度的检验结果均达到了规范要求。成本控制方面,电渣压力焊与电弧焊相比,纵向钢筋用量可节约7%～10%;与绑扎搭接焊相比,纵向钢筋用量可节约20%～25%,由此可见,电渣压力焊技术的应用对降低建筑成本有着深远意义。

【例12】　梅山大桥是跨海公路大桥,从浙江宁波北仑春晓镇至舟山定海区六横岛,全长2200m,宽28.4m,双向四车道。大桥共有33跨66个桥墩,最高桥墩高17m。大桥主要采用HRB335钢筋,原设计使用滚轧直螺纹连接,之后改用半自动钢筋气压焊。大桥钢筋接头总数约98000个;焊接完成接头30000个,焊接钢筋直径均为 32mm。大桥远景如图 4-87 所示。

图 4-87　建设中的梅山大桥

自动钢筋气压焊设备系从国外引进,由五部分组成:钢筋直角切割机、多嘴环管加热器、自动加压装置、管线及油缸、加压器,另有氧气瓶、乙炔气瓶等。使用该焊接设备时,可以配合采用全自动焊接工艺,也可采用半自动焊接工艺,即手动加热,自动加压,本工程采用后一种工艺。

1)该气压焊设备的特点如下:

①钢筋端面呈直角,端面间隙 0.5mm 以下;端面平滑,无氧化膜,不用打磨,高速切断,提高作业效率。

②自动(电动式)加压装置可以同时运作两个压焊点(两台加热装置自动运行)。

③将钢筋直径输入电脑,调整火焰和加热器,可得到最合适的加热时间与加压时间,自动完成压接。将数据接到电脑上,进行输出打印,提高压接的可靠性。

④压接器具有高强度和耐久性,容易调整和操作。

设备改进与工艺简化:钢筋气压焊工艺可分固态气压焊(闭式)和熔态气压焊(开式)两种。采用固态气压焊时,两钢筋端面顶紧,钢筋端部加热至塑性状态,约

1250～1300℃,通过加压使两钢筋端面原子相互移动,完成焊接。原来采用手动多嘴环管加热器,环管上只有垂直方向的喷嘴,焊接工艺是三次加压法,如图 4-88 所示。现在,环管上增加了倾斜方向的喷嘴,针对钢筋接口附近加热,使钢筋端面密合与接头镦粗同时进行,变 3 次加压为 1 次加压这样简化了工艺,提高了工效,实现了加压自动化。

图 4-88　三次加压法焊接工艺过程

t_1—碳化焰对准钢筋接缝处集中加热　　F_1——次加压,预压

t_2—中性焰往复宽幅加热　　F_2—二次加压,接缝密合

t_1+t_2—根据钢筋直径和火焰热功率而定　　F_3—三次加压,镦粗成形

　　工程应用表明,该设备适用于钢筋混凝土结构 HPB300、HRB335、HRB400 的 $\phi16\sim51$ 钢筋在垂直、水平和倾斜位置的焊接。在本工程中,主要在平地焊接,然后搬运至桥墩安装。

　　2)主要有如下优点:

　　①操作简单,易掌握,劳动强度低。

　　②焊接速度快,提高工效,接头外表美观,钢筋线形顺直。

　　③无有毒气体产生,对环境无污染。

　　④焊接质量稳定,成品合格率高,在本工程中,根据行业标准《钢筋焊接及验收规程》(JGJ 18—2012)中规定,从接头中抽取拉伸、弯曲试件共 100 组,一次合格率达 100%。

　　⑤成本低,具有较好的经济价值。以 $\phi32$ 钢筋接头为例,钢筋气压焊与钢筋滚轧直螺纹连接比较见表 4-57。

表 4-57　钢筋气压焊与钢筋滚轧直螺纹连接比较(元)

连接方法	材料费	设备折旧费	工费	小计
滚轧直螺纹	6.0	1.0	2.5	9.5
气压焊	1.0	1.5	2.0	4.5

　　结语:采用半自动(或全自动)钢筋气压焊技术,可以简化操作工序、确保质量、

提高工效、降低成本,符合国家节能环保政策,具有广阔的应用前景。

【例13】 中港第三航务工程局上海浦东分公司应用预埋件钢筋埋弧压力焊已有多年。该公司主要生产预应力混凝土管桩(ϕ600～1200)、钢筋混凝土方桩及梁、板等预制混凝土构件。管桩端板制作中采用了钢筋埋弧压力焊。钢筋牌号是HRB335,直径为10、12、14mm。端板最大外径为1200mm,锚筋为18根,由于工作量大,公司自制埋弧压力焊机2台,焊接电源为上海电焊机厂生产的BX2-1000型弧焊变压器。施焊时,电弧电压为25～30V,焊剂431。2002年生产管桩端板35000件。此外,还生产其他预埋件32.6t。埋弧压力焊生产率高,焊接质量好,改善焊工劳动条件,具有明显的技术经济效益。

【例14】 埋弧螺柱焊在北京国家体育场工程的应用

基本情况:钢筋采用HRB400,直径20mm,长度700mm;钢板Q345B,厚度200mm,尺寸80mm×80mm,预埋件总数568个,每一预埋件钢筋接头数8个。螺柱焊机型号RSM2500,焊剂牌号SJ101,烘干温度350℃,120min。

SJ101焊剂性能:该焊剂是氟碱型烧结焊剂,是碱性焊剂。外观为灰色圆形颗粒,碱度值1.8,粒度为2.0～2.8mm(10～16目)。可交流、直流两用。直流焊时钢筋(焊丝)接正极,电弧燃烧稳定,脱渣容易,焊缝成型美观。焊缝金属具有较高的低温冲击韧度,该焊剂具有较好的抗吸潮性。

焊接工艺参数:焊接电流1800A,焊接时间指示刻度2格,钢筋提升高度3～5mm,伸出长度9～10mm。

焊接接头质量:国家体育场有568个预埋件,4万多个接头全部按此焊接工艺进行指导焊接,施工过程中对T形接头进行抽检40多件,全部试验合格。国家体育场结构柱每根柱质量达700t,没有发生因预埋件焊接质量而引起柱安装变形的质量问题。

【例15】 埋弧螺柱焊在上海世博会工程中的应用

基本情况:该焊接技术在上海世博会中国馆、上海世博会演艺中心工程中应用。钢筋牌号HRB400,直径25mm和28mm,长900mm;钢板牌号Q345B,厚度不小于30mm,尺寸800mm×1000mm,预埋件总数50个,每个预埋件钢筋接头数60个。焊机型号为RSM5-A3150,焊剂牌号SJ101,烘干温度为350℃,时间120min。

焊接参数:焊接电流为1300A,焊接时间6s,提升高度7mm,伸出长度11mm。

接头外观质量检查:符合行标《钢筋焊接及验收规程》(JGJ 18—2012)中的相关规定。

①本条明确规定以300个同牌号钢筋接头作为一批。

②本条文规定对钢筋熔态气压焊接头的镦粗直径与固态气压焊接头相比,稍

有不同。

　　接头轴线偏移在钢筋直径 3/10 以下时,可加热矫正,如图 4-89 所示。

(a)　　　　　　(b)　　　　　　(c)

图 4-89　接头轴线偏移加热矫正示意

(a)第一次加热扳移　(b)第二次加热扳正　(c)已矫正

(注:粗箭头为火焰加热方向,细箭头为用力扳移方向)

　　接头力学性能检验:拉抻试验结果,断裂于钢筋母材,抗拉强度为 550～610MPa,合格。

参 考 文 献

[1]JGJ 107—2016 钢筋机械连接技术规程[S]. 北京:中国建筑工业出版社,2016.

[2]JGJ 18—2012 钢筋焊接及验收规程[S]. 北京:中国建筑工业出版社,2012.

[3]JGJ/T27—2014 钢筋焊接接头试验方法标准[S]. 北京:中国建筑工业出版社,2014.

[4]JG/T 398—2012 钢筋连接用灌浆套筒[S]. 北京:中国标准出版社,2012.

[5]GB/T 13788—2017 冷轧带肋钢筋[S]. 北京:中国标准出版社,2017.

[6]GB 13014—2013 钢筋混凝土用余热处理钢筋[S]. 北京:中国标准出版社,2013.

[7]GB 1499.1—2008 钢筋混凝土用钢 第 1 部分:热轧光圆钢筋[S]. 北京:中国标准出版社,2008.

[8]GB 1499.2—2007 钢筋混凝土用钢 第 2 部分:热轧带肋钢筋[S]. 北京:中国标准出版社,2007.

[9]侯军伟. 钢筋工手册[M]. 北京:中国建筑工业出版社,2008.

[10]徐有邻,吴晓星. 滚轧直螺纹钢筋连接技术应用指南[M]. 北京:化学工业出版社,2005.

[11]梁绍平. 钢筋巧加工[M]. 北京:中国建筑工业出版社,2010.

[12]林振伦,张云. 钢筋焊接网混凝土结构实用技术指南[M]. 北京:中国建筑工业出版社,2008.